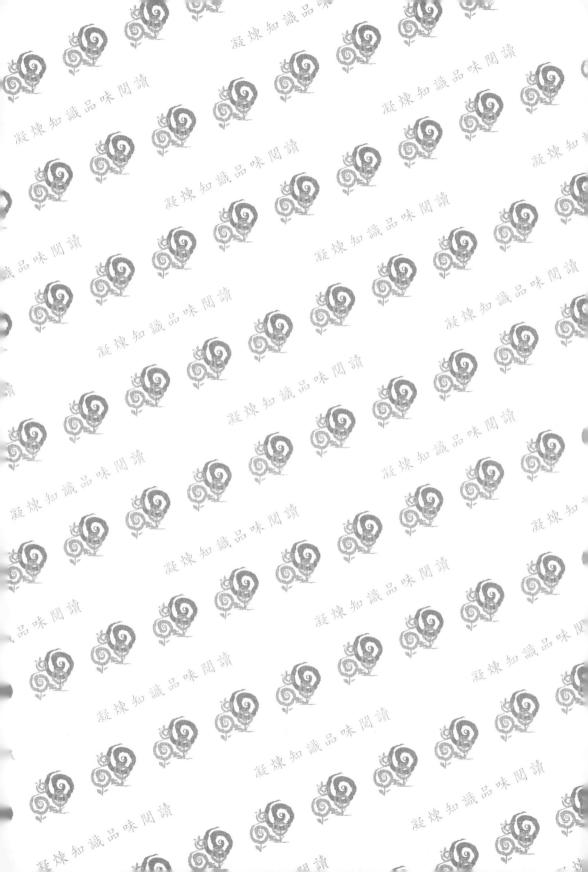

圖解系列

圖解
領導學

第四版

戴國良 博士／著

五南圖書出版公司 印行

 **自 序**

「領導」（Leadership）議題在企業經營，乃至於國家經營，都是非常重要的主題。領導議題不是只有公司負責人董事長的問題，而是小至工廠課長、單位主任，大到部門經理、協理、處長、總監、副總經理，以及執行長、總經理、執行董事等，都必須研習「領導」課題。

好領導靠的是好制度

企業經營績效的好壞，其實主要關鍵在「領導」。凡是企業有優質的領導群或最高領導人，這個企業或集團的經營績效就會表現卓越亮麗；反之，亦然。台塑企業在已故王永慶董事長時代發光發熱、台積電在張忠謀前董事長領導下亦歷久不衰；另外，統一超商的徐重仁前總經理亦將零售流通業經營的有聲有色，其他還有遠東集團、統一企業集團、富邦金控集團、鴻海集團等，都因為有優秀的最高領導者及其經營團隊，然後才能有可觀與出色的經營成果。

就實務而言，領導其實可以再分為大領導與小領導兩個層面。就董事會、董事長、總經理、執行長高階層級的領導，可視為大領導，因為他們的領導收關這個集團、這個公司的未來興衰與版圖擴張與否；而部門經理、廠務主管、門市店長則可視為小領導，因為他們的領導，只要做好眼前與當下較小範圍的事情及目標的達成即可。

但無論大領導或小領導，每個主管都是一個實實在在的領導者，也都必須擁有領導的知識與常識，然後成為優質與成功的領導者，發揮決斷的超高領導力，帶好自己的單位與部門。如果每個主管都能做到優質與成功的領導，那麼這個公司或集團也必然會成功，而且長青不墜。

美國可口可樂公司已有132年（1886～）經營歷史，仍然歷久不衰；日本TOYOTA汽車公司也有81年（1937～）歷史，仍居全球第一大銷售量車廠；此外，P&G公司、迪士尼公司、花旗銀行、資生堂、時代華納電影公司、賓士汽車公司、LV精品、Gucci精品、Chanel精品等優秀公司亦都有百年以上歷史，仍基業長青歷久不衰。相信這些公司必定有很好的領導團隊，才能如此代代相接。

好領導靠的是制度，而不是創辦人一個人的超級領導。很多國內外案例證明，公司的永續經營並不需要超級領導人或強人領導；企業靠強人領導，註定無法長久，因為每個強人都會離開人間，強人領導無法世世代代。試問沒有王永慶強人領導的台塑集團，今日又如何？試問誰能叫出已有132年歷史的美國可口可樂公司的現任董事長、總經理的名字？可是可口可樂至今依然歷久不衰。

企業經營＝領導＋管理

企業經營，簡單來說，就是「領導」＋「管理」。「領導」管大方向、大戰略、大前瞻、大視野、大高度及大人才；而「管理」則是管細節、管預算、管目標、管執行、管達成、管效能及管效率。

企業若是能同時做好「領導」及「管理」，則企業必可世世代代，百年不衰，基業長青。

 ## 本書特色

本書可說是內容完整，涵蓋「領導力」的全部面向，領導力不是一句口號或簡單內容，它具有一套周全完整的內涵支撐著領導力。因此，企業界每個主管及領導幹部，要修煉自己扎實的領導力，一定要從多方面充實自己的領導知識與常識，然後從實務工作中，不斷淬鍊及昇華自己的領導力。

本書乃國內第一本「領導學」的圖解專業書籍，相信本書以一單元一概念的表達方式，透過圖表對照精簡彰顯出領導學全面知識，有助閱讀者一目了然，並達成快速簡易學習的效果。

本書適合國內服務業、製造業、科技業等各公司各級經理人與領導幹部自我學習與充實之用，亦適合大學選修課的參考用書。

❧ 感謝與祝福 ❧

本書能夠順利出版，衷心感謝五南圖書，我的家人、我的長官、我的學生，以及我的好友們的鼓勵與關愛；當然，更感謝購買本書讀者們的支持與指導，希望你們都能從此書，快樂的學到最高級的「領導力」。

感謝大家，祝福各位都能走一趟屬於你們的快樂、成長、成功、幸福、滿足、順利、平安、健康與美麗的人生旅途，在每一天的光陰歲月中。

戴國良

taikuo@mail.shu.edu.tw

本書目錄

本書目錄

本書目錄

第 8 章　領導與溝通協調

第 9 章　領導與問題解決力

本書目錄

本書目錄

第 **1** 章

領導入門基礎知識

●●●●●●●●●●●●●●●●●●●●●●●●●●● 章節體系架構 ▼

Unit **1-1**
領導的真實涵義 Part I

什麼是領導？我們就字義來說，段玉裁《說文解字注》詮釋：「領猶治也。領，理也。皆引伸之義，謂得其首領也。」「導者引也。」可見領導兩字含有治理引導之義。從古文觀今日，那什麼才是所謂的真領導？由於內容豐富，特分兩單元介紹。

一.領導，是帶領組織朝目標與願景邁進

領導學大師華倫・班尼斯（Warren Bennis）曾經為「領導」（Leadership）下了一個簡單定義——領導，是帶領人們朝特定願景與目標邁進。班尼斯認為，領導的核心價值，就在於能提供一個指導願景（Guiding Vision），讓領導人清楚知道自己和組織前進的目的為何，同時具備堅持下去的意志力。

曾著述《一分鐘經理人》，目前為知名企管顧問公司肯・布蘭佳公司董事長暨總精神長的肯・布蘭佳（Ken Blanchard）在《願景領導》一書中，曾以愛麗絲與咧嘴貓的對話，闡述「願景」對領導人與企業的重要性。肯・布蘭佳強調，「領導力攸關企業的未來走向！如果企業經營者和員工都不知道公司未來將何去何從，那麼經營者的領導力也將變得可有可無。」成功的領導人懂得喚起組織共同的願景，讓員工能看到美好、光明的未來。肯・布蘭佳認為，「願景能讓企業跳脫『擊敗競爭同業』的窠臼，讓企業展現真正的卓越，而不是整天在數字上錙銖必較。」

肯・布蘭佳公司的顧問合夥人——潔西・史東納（Jesse Stoner）與紀雅・齊加米（Drea Zigarmi）在《從願景到現實》一書指出，一位成功的領導人要創造一個具說服力的願景，首先得提出一個「有意義的目標」，接著再勾勒出「未來成功的圖像」。值得注意的是，當領導人在追求目標與未來圖像時，還得具備「清楚的價值觀」，以作為持續進行工作的判斷準則。正如肯・布蘭佳所強調的，「卓越的組織都擁有一個高貴、具有深度的目標，也就是一個有意義的目標，好激勵員工士氣與向心力。」

小博士解說

西方「領導」的緣起

「領導」兩字在西方是何時出現呢？據《牛津英語字典》所註：「領導者（Leader）一字最早是在1300年出現；惟領導（Leadership）一字直至1834年方才產生，其意義係指領導者的領導能力。」《韋氏大辭典》則將領導解釋為獲得他人信仰、尊敬、忠誠及合作之行為。於是有人對「領導」這麼解釋：領導是領導者及其領導活動的簡稱。領導者是組織中那些有影響力的人員，他們可以是組織中擁有合法職位、對各類管理活動具有決定權的主管人員，也可能是一些沒有確定職位的權威人士。領導活動是領導者運用權力或權威對組織成員進行引導或施加影響，以使組織成員自覺地與領導者一起去實現組織目標的過程。

領導的真實涵義

領導是什麼？

⬇

帶領眾人！

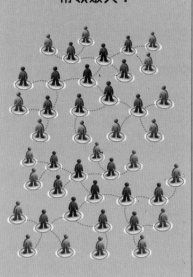

⬇

朝向願景與目標邁進！
Lead to Vision！

領導者是什麼？

- 領導者＝願景建立者
- 領導者＝戰略實踐者
- 領導者＝目標達成者
- 領導者＝人才育成者
- 領導者＝價值創造者

知識補充站

願景領導

願景領導（Visionary Leadership）係指組織中的領導者，建立共同的價值、信念與目標，來引導組織成員行為，凝聚團體共識，促進組織的進步與發展。

願景（Vision）一詞，不管在企業界或教育界應用相當普遍，已經成為耳熟能詳的名詞，它可以視為一種視野、遠見、想像力、洞察力，提供組織未來發展方向，組織有了願景，前景才能看好，也才充滿希望，此乃願景近年來受到高度重視的原因所在。

基本上，願景領導具有下列功能：1.想像組織未來發展圖像，以利界定組織目標與任務；2.激勵組織成員朝向組織目標邁進，實現組織目標；3.幫助組織的任務與成員工作行為相連接，發揮成員工作效果；4.提升組織核心價值，發展組織特色。

Unit 1-2
領導的真實涵義 Part II

好的領導能帶來改變，翻轉一個組織、提升百倍成效！所以，怎能不看重領導？

二.彼得‧杜拉克對領導者特質的看法

管理大師彼得‧杜拉克（Peter Drucker）認為世界變化太快，沒有永遠的領導者。他在2003年出版的《談未來管理》，其中對領導者有精闢的說明，茲摘錄如下。

彼得‧杜拉克認為現今許多關於「領導」的討論，其實都沒有什麼讓他感覺深刻的。彼得‧杜拉克曾經跟政府部門許多領袖一起共事過（包括兩位美國總統杜魯門與艾森豪），也跟企業界、非政府組織、非營利組織，例如：大學、醫院或教會的領導者，有過許多相處的經驗。彼得‧杜拉克表示，沒有任何一位領導者是一樣的。他指出成功的領導者只有兩點共同的特質：他們都有許多追隨者（所以，不是管理階層就是領導者，領導者要有追隨者）；另外，他們都得到這些追隨者很大的信任。

因此，所謂的領導者並沒有一個定義，更不要說第一流的領導者了。而且，某一個人在當今情勢下或某一個時機、某一個組織是第一流的領導人，卻很可能在另外一個情勢、另外一個時間，跌得四腳朝天。最重要的還是一個組織的自我管理、自我創新，領導者不是永遠的，尤其不可能依賴超級領導者，因為超級領導者的數量有限；若是公司只想靠英雄或天才來治理，其結果就是一個「慘」字可以形容。

三.領導者及高階主管的頭等大事──找能幹的人

從事管理工作的人都知道，把對的人擺在對的位置上，事情就搞定一大半。有的主管會把找人當作優先且重要的事來做；有些雖然自己忙得不可開交，卻總覺部屬能力不夠，工作交待不下去，成果做得不理想，可是就是不會花些時間去找好的幫手。

用人的第一個步驟是要認識人，其次是要判斷是不是有能力，再來就要思考適不適合引進組織，最後還要說服他願意離開原來工作，跟你一起打拼。而在公司內部，如何說動上層主管願意用這個人就要花不少力氣；再來，薪水、職稱等都需要跟人力資源部門溝通，等這個人順利進了公司之後，還要設法讓他融入現在團隊，不會很快陣亡。每個環節都需要兼顧，才能把一個好的幹部導入公司。

小博士解說

專家對領導的看法

通用汽車副總裁馬克‧赫根（Mark Hogan）說：「記住，是人使事情發生，世界上最好的計畫，如果沒有人去執行，那它就沒有任何意義。我努力讓最聰明、最有創造性的人們在我周圍。我的目標是永遠為那些最優秀、最有天才的人們創造他們想要的工作環境。如果你尊敬人們並且永遠保持你的諾言，你將會是一個領導者，不管你在公司的位置高低。」

圖解領導學

領導的真實涵義

彼得・杜拉克——沒有永遠的領導者

1-1 不需要超級領導者　　　　1-2 沒有永遠的領導者

2.要建立制度化與專業化的領導者

3.讓優秀且正常的領導者一代一代接班下去

領導人頭等大事

領導人的頭等大事　尋找　能幹的人　才能　達成公司發展願景

・人對了，策略就會對！
・人，是公司策略的第一步！

彼得・杜拉克簡介

知識補充站

被很多政府和企業不惜重金聘請解決一些疑難雜症的「管理大師中的大師」——杜拉克教授，常會先拒絕為經營者解決目前最迫切的問題，總是以一些簡單、基本的問句提問：我們現在正在從事何種事業？這個事業將來會變成什麼樣子？我們應該從事何種事業？因為他認為辨明長期、根本的問題，更為重要。

彼得・杜拉克（Peter F. Drucker）於1909年生於奧地利維也納知識分子家庭，父親是經濟學者、母親是醫生，在奧地利及英國完成教育。1929年起，正式展開作家生涯，歷任報社的海外通訊記者。1931年獲得法蘭克福大學法學博士。1938年因為反抗納粹德國政權，隨父母逃往美國。1950年任紐約大學管理學教授。1954年出版《管理與實踐》。1973年出版《管理：任務、責任與實踐》，厚達840頁，被譽為「管理學的聖經」。1979年出版自傳《旁觀者》。1997年，富比士雜誌將他評選為封面人物，標題為「依然是思想最年輕的人」。之前，美國《商業週刊》也曾盛讚他為「當代管理界不朽的思想家」。2002年獲頒總統自由勳章，這是美國公民所能得到的最高榮譽。2005年11月11日，他在加州克萊蒙特家中逝世，享年95歲。

回顧彼得・杜拉克的生平，可說是專注於管理學範疇的文章寫作，「知識工作者」一詞經由他的作品，而廣為人知。他同時預測知識經濟時代的到來。他被某些人譽為「現代管理學之父」，而他的言論和政治立場也被人歸屬於保守派。

Unit **1-3**
領導人 VS. 經理人

　　前文提到「領導，是帶領組織朝目標與願景邁進」，因此，我們可以在實務上看到，凡是企業有優質的領導群或最高領導人，這個企業或集團的經營績效就會表現卓越亮麗；然而好的領導靠的是好制度，這裡所說的「好制度」，是不是意味著好的管理呢？以下我們即來探討領導人與經理人兩者間有何不同與關聯。

一.領導與管理的定義不同

　　「領導」的定義是：「在一特定情境下，為影響一人或一群體之行為，使其趨向於達成某種群體目標之人際互動程序。」

　　而「管理」的定義則是：「管理者立基於個人的能力，包括專業能力、人際關係能力、判斷能力及經營能力；然後發揮管理機能，包括計畫、組織、領導、激勵、溝通協調、考核及再行動，以及能夠有效運用企業資源，包括人力、財力、物力、資訊情報力等，做好企業之研發、生產、銷售、物流、服務等工作，最終能達成企業與組織所設定的目標。」

　　雖然領導人與經理人的角色，乍看之下類似，但由上所述顯然有其不同之處，再經過以下仔細分類對照後，會發現真的很不同。

二.領導人與經理人的角色不同

　　(一)方向不同：經理人基本上「向內看」，管理企業各項活動的進行，確保目標的達成；領導人則多半「向外看」，為企業尋找新的方向與機會。

　　(二)面對問題不同：管理的工作，是要面對複雜，為組織帶來秩序、控制和一致性；領導卻是要面對變化、因應變化。企業組織裡，必然有一部分的高層職務需要較多的領導，另外一部分職位則需要較多的管理。

　　(三)兩者無法彼此取代：管理無法取代領導，同樣地，領導也不是管理的替代品，兩者其實是互補的關係。

　　(四)工作重點不同：管理的工作重點，是掌握預算與營運計畫，專注的核心是組織架構與流程，是人員編制與工作計畫、是控制與解決問題。而領導的重點卻是策略、願景和方向，專注的是如何藉由明確有力的溝通，激發出員工的使命感，共同參與創造企業的未來。正因為如此，管理與領導，兩者缺一不可。缺乏管理的領導，將引發混亂；缺乏領導的管理，容易滋生官僚習氣。

　　不過，面對不確定的年代，隨著變化的腳步不斷加快，為了因應多變的市場與競爭，領導對於企業組織的興衰存亡，已經來愈來愈重要了。

　　總而言之，領導者（Leader）和管理者（Manager）最大的差異在於：領導者最重要的能力可以說就是影響力，是間接的、是站在前方引導的、是能讓他人從內在願意主動追隨的夢想家；而管理者最重要的能力就是執行力，是直接的、是站在後方鞭策或在旁邊指正的、是能讓他人透過外在制度與規範下，依序前進的實踐者。

領導人與經理的區別

	(一) 經理人的角色 (Manager)	(二) 領導人的角色 (Leader)
1	管理	創新
2	維持	開發
3	接受現實	探究現實
4	專注於制度與架構	專注於人
5	看短期	看長期
6	質問how &when	質問 how & why
7	目光放在財務盈虧	目光在公司未來
8	模仿	原創
9	依賴控制	依賴信任
10	優秀的企業戰士	自己的主人

領導與管理的差異

差異點　　　項目	(一) 管理的特色	(二) 領導的特色
1.出發點不同	找出員工個人的特質與能力，將人擺在適當的位置，以正確有效的執行。	找出追隨者的共同心理，而加以利用，以達到領導的目的。
2.要求不同	要求人按照基準的方法、制度、系統、規範、程序，正確執行工作。	希望人更積極的發揮創意，改善現有的做事方法。
3.目的不同	講究的是執行力。	追求的是自發的創造力。
4.人力運用不同	有效的利用人力資源。	激發人力資源的潛在價值。

Unit 1-4
領導的意義及力量基礎

有人說「領導」是一種藝術，既是藝術，就要不斷學習；而藝術也千變萬化，各有特色。身為領導者要如何將多樣的團隊成員歸於一心，進而發揮每個團隊成員的才智，以匯集成一股力量，是領導者和成員都必須深思的問題。

真正的領導者，不一定是自己能力要有多強，只要懂得信任、下放權力、尊重專業，以及珍惜其他成員的長處等，必能凝結超越自己N倍的力量，從而提升自己及企業的身價。

一.領導的意義

管理學家對「領導」之定義，有些不同的看法。

戴利（Terry）認為：「領導乃係為影響人們自願努力，以達成群體目標所採之行動。」

坦邦（Tarmenbaum）則認為：「領導乃係一種人際關係的活動程序，一經理人藉由這種程序以影響他人的行為，使其趨向於達成既定的目標。」

而另一種對「領導」比較普遍性的定義是：「在一特定情境下，為影響一人或一群體之行為，使其趨向於達成某種群體目標之人際互動程序。」

換句話說，領導程序即是：領導者、被領導者、情境等三方向變項之函數。

用算術式表達，即為 $L=f(l, f, s)$

---

l: leader, f: follower, s: situation

二.領導力量的基礎

從管理學者對主管人員領導力量之來源或基礎，可含括以下幾種：

(一)傳統法定力量（Legitimate Power）：一位主管經過正式任命，即擁有該職位上之傳統職權，即有權力命令部屬在責任範圍內應所作為。

(二)獎酬力量（Reward Power）：一位主管如對部屬享有獎酬決定權，即對部屬之影響力也將增加，因為部屬的薪資、獎金、福利及升遷均操控於主管手中。

(三)脅迫力量（Coercive Power）：透過對部屬之可能調職、降職、減薪或解僱之權力，可對部屬產生嚇阻作用。

(四)專技力量（Expert Power）：一位主管如擁有部屬所缺乏之專門知識與技術，則部屬應較能服從領導。

(五)感情力量（Affection Power）：在群體中由於人緣良好，隨時關懷幫助部屬，則可以得到部屬之衷心配合之友誼情感力量。

(六)敬仰力量（Respect Power）：主管如果德高望重或具正義感，因此備受部屬敬重，而接近其領導。

領導的意義

領導力
(Leadership) = 領導者
(leader) + 跟隨者
(follower) + 情境
(situation)

領導力量6大基礎

1.傳統法定力量
一位主管經過正式任命，即擁有該職位傳統職權，即有權力命令部屬在責任範圍內應所作為。

2.獎酬力量
一位主管如對部屬的薪資、資金、福利及升遷享有獎酬決定權，即對部屬之影響力也將增加。

3.脅迫力量
透過對部屬之可能調職、降職、減薪或解僱之權力，可對部屬產生嚇阻作用。

4.專技力量
一位主管如擁有部屬所缺乏之專門知識與技術，則部屬應較能服從領導。

5.感情力量
隨時關懷幫助部屬，則可以得到部屬之衷心配合之友誼情感力量。

6.敬仰力量
主管如果德高望重或具正義感而使部屬對他敬重，而接受其領導。

知識補充站

影響作用之表現方式

領導者要如何才能完全發揮其領導效能，除了有上述基礎外，尚有以下方式可資運用：1.身教：以身作則，言行如一，成為部屬模仿的典範，所謂身教重於言教、言教不如身教，即為此意；2.建議：提出友善的建議，期使部屬改變作為；3.說服：必須以比建議更直接的表達方式，具有某些壓力或誘因，以及4.強制：具體化的壓力，此乃不得已的下下策之手段。

Unit **1-5**
領導力的 7 個 I 特質 Part I

　　領導力可以被形容為一系列行為的組合，而這些行為將會激勵人們跟隨領導去要去的地方，不是簡單的服從。而一個頭銜或職務不能自動創造出一個領導。

　　中國文化大學創新育成中心執行長廖肇弘曾經提出領導力的 7I 特質，其論述精闢，茲摘述如下，以供參考。由於內容豐富，特分兩單元介紹。

一.Insight——遠見

　　Insight（遠見）代表著領導者的策略觀點與重大決策的選擇，領導者是否能夠選擇正確的方向與戰略，往往就是決定戰局最後勝敗的核心關鍵要素。

二.Influence——影響力

　　無疑地， Influence（影響力）是所有成功領導者最基本，也最必備的重要特質。這種個人的魅力並不是來自於外表，而是來自於對理念的堅持、對他人的關懷、對願景的認同，以及對改變現狀的渴望等。短期的影響力來自於個人聲望、魅力或熱情的感情力；長期的影響力則來自於共同的理念，以及誠信所累積的信賴。

三.Inspiration——激勵

　　成功的領導者，也一定是能強烈鼓舞士氣、快速激發團隊潛能的高手。歷史上以寡擊眾的戰役告訴我們，戰場上勝利一方的領袖所憑藉的，並不是武器糧秣的多寡，絕對是軍心士氣的強弱。同樣的，商場上領導者是否能夠啟發與激勵團隊整體士氣，達成既定目標，帶領組織邁向成長的高峰，更占有舉足輕重的角色。

四.Integration——凝聚

　　隨著組織不斷成長，團隊成員陸續增多，出現許多意見不合或溝通瓶頸，都是組織發展過程中的常態。而在此階段，領導者是否能夠兼容並蓄，訂出能服眾的決策，進而整合各界的助力而非形成阻礙進步的阻力，顯然是領導者在領導力形成過程中將會遭遇的最大挑戰與考驗。

小博士解說

領導力的研究

領導力的研究首先是從領導研究開始的。從19世紀末、20世紀初，著重研究領導者人格特質的領導特質理論，到40年代探尋領導者在領導過程中的具體行為及不同領導行為對部屬影響的領導行為理論，60年代研究與領導行為有關的情境因素對領導效力潛在影響的領導權變理論（情境理論），以及之後的領導歸因理論、交易型與轉化型理論等，逐漸從領導者的人格特質和行為等個體研究，擴展到整個組織情境交互作用的影響。

Leadership→領導

1.Insight→遠見
①遠見代表著領導者的策略觀點與重大決策的選擇。
②領導者是否能夠選擇正確的方向與戰略，往往就是決定戰局最後勝敗的核心關鍵要素。

2.Influence→影響力
①影響力是所有成功領導者最基本，也最必備的重要特質。
②這種個人魅力不是來自外表，而是來自對理念的堅持、對他人的關懷、對願景的認同，以及對改變現狀的渴望等。

③

短期影響力	長期影響力
個人聲望、魅力或熱情的感情力	共同理念與誠信所累積的信賴

3.Inspiration→激勵
①成功的領導者，也一定是能強烈鼓舞士氣、快速激發團隊潛能的高手。
②歷史上以寡擊眾的戰役告訴我們，戰場上勝利一方的領袖所憑藉的，並不是武器糧秣的多寡，絕對是軍心士氣的強弱。
③商場上領導者是否能夠啟發與激勵團隊整體士氣，達成既定目標，帶領組織邁向成長的高峰，更占有舉足輕重的角色。

4.Integration→凝聚
①隨著組織不斷成長，團隊成員陸續增多，出現許多意見不合或溝通瓶頸，都是組織發展過程中的常態。
②在此階段，領導者是否能夠兼容並蓄，訂出能服眾的決策，進而整合各界，顯然是領導者在領導力形成過程中的最大挑戰與考驗。

5.Instruction→教導

6.Innovation→創新

7.Integrity→誠信

Unit **1-6**
領導力的 7 個 I 特質 Part II

　　以領導藝術聞名的美國當代傑出的組織理論、領導理論大師——華倫‧班尼斯（Warren Bennis）曾說，「領導力就像美，它難以定義，但當你看到時，你就知道。」可見領導的巧妙與精準盡在直覺與構思，你覺得呢？

　　前文我們介紹了中國文化大學創新育成中心執行長廖肇弘的領導力 7I 特質中的四種特質，接下來要再介紹其他三種特質。組織在挑選或鍛鍊領導人的過程中，可以透過這七個 I 的不同構面，設計或規劃不同的評估準則或活動，對於未來接班人的評估方法或是領導人的領導力培養上，可以得到一定程度的啟發。

五.Instruction——教導

　　領導，就某種程度而言，包含了「引導」與「教導」的內涵。一位優異的領導人，絕對會非常重視人才延攬和人才培育的工作。對團隊同仁來說，好的領導者也一定同時扮演著一位好導師的角色。領導人要能透過言教與身教，引導團隊同仁在不斷學習的過程中，增強自我的信心與能力，使得各方面的人才能在組織中發揮更大的貢獻。

六.Innovation——創新

　　通常團隊同仁願意追隨領導者，是因為相信領導者能帶領大家「改變現狀」，並讓「明天更美好」。而領導者除了要能夠描繪遠大的願景，當然也需要具備以創新的思維來實踐理想的能力。不論是組織變革、技術創新、組織創新、或是各式各樣的創新，基本上，「創新」就代表著「改變」，而「改變」最需要的往往就是「勇氣」與「毅力」。領導者，就是需要具備大膽創新的思維和勇於挑戰的勇氣。

七.Integrity——誠信

　　前文提到，領導者的影響力和凝聚力的來源，最重要的就是團隊成員的信任。而團隊成員的信任，最重要的基礎來自於領導者的誠信。歷史故事上，許多三顧茅廬、禮賢下士的賢君，以及忠肝義膽兩肋插刀的義士，寫下了許多可歌可泣的故事，不也都是為了「誠信」二字而已？

小博士解說

領導應有的基本能力

領導不是職務、地位，也不是少數人的特權，而是一種積極互動的目的、明確的動力。一般來說，領導就是引導團隊成員去實現目標的過程，主要包括以下幾個方面：1.引導：即領導者的領導技巧，包括授權和管理下屬；2.團隊成員：即在團隊中員工的人際關係、溝通、衝突管理與團隊建設及維持；3.目標：即企業戰略目標的制定與決策，以及4.實現過程：即戰略實施中的執行，以目標為導向的組織變革和組織創新。

Leadership→領導

1.Insight→遠見

2.Influence→影響力

3.Inspiration→激勵

4.Integration→凝聚

5.Instruction→教導

①領導包含「引導」與「教導」的內涵。
②一位優異的領導人,絕對會非常重視人才延攬和人才培育的工作。
③好的領導者也一定同時扮演著一位好導師的角色。

6.Innovation→創新

①領導者除了要能夠描繪遠大的願景,當然也需要具備以創新的思維來
實踐理想的能力。
②創新就代表改變,而改變最需要的往往就是勇氣與毅力。
③領導者需要具備大膽創新的思維和勇於挑戰的勇氣。

7.Integrity→誠信

①領導者的影響力和凝聚力的來源,最重要的就是團隊成員的信任。
②團隊成員的信任,最重要的基礎來自於領導者的誠信。

誠信領導

知識
補充站

誠信領導是指領導者在領導過程中,能夠表現出誠實守信、
言行一致、表裡如一、誠懇負責的品質和行為,從而有利於
團體實現組織目標。誠信領導並非唯一理想的領導模式,但
在這個各種矛盾衝突不斷加劇的社會環境中,誠信領導的確
有助於緩和組織矛盾,促進企業可持續發展與社會和諧發
展。誠信領導與下屬的態度及行為的關係模式,強調誠信領
導者透過與追隨者共同創造個人認同感和社會認同感,來提高追隨者的
承諾水準、滿意度及工作投入度等,從而持續提高追隨者的績效;揭示
了追隨者的希望、樂觀和積極情緒等積極心理變數,以及追隨者對領導
者的信任的中介影響作用。

Unit **1-7**
領導效能與高效領導者的能力 Part I

圖解領導學

領導者的效能，決定了一個企業會往好的地方，還是壞的地方去。一個成功的領導者，不但懂得如何經營企業，更懂得人性，因此能夠影響周遭的人，一起為他工作，這背後最主要的目的，在於增進組織效能。

管理學大師彼得‧杜拉克（Peter Drucker）就認為，人們對於領導力談論得太多，對於領導效能，卻沒有足夠的認識。

所謂的領導效能（Leadership Effectiveness），是指領導者在施行領導的過程中，為了實現目標而施展出的領導能力，以及領導效率與領導效益。而衡量領導效能最重要的指標，就是實現目標的程度。

然而什麼樣的領導，才能創造出高效能的領導成果？以下歸納整理了高效領導者應具備的八項能力，可資參考運用，由於內容豐富，特分兩單元介紹。

一.對於人才海納百川的容納力

高效領導者所需培養的第一個能力，就是對於人才海納百川的容納力。他們對於人才近乎狂熱，而且不怕人才比自己優秀。像是米開朗基羅（Michelangelo）在蓋教堂時，召集了其他十三個工匠，和他一起建造教堂，這些工匠每一個都很有才能，個個都比他優秀，但他卻不避諱，而將注意力完全放在建造教會建築上。

二.建立一個優質的環境組織

高效領導者的第二個能力，就是能夠建立一個適當的環境組織，讓對的人，能夠在對的工作崗位上，盡心盡力、心無旁騖地做事。

很多時候，員工會因為自我意識過高，而產生衝突，領導者要知道如何排除這些衝突，讓員工能夠繼續朝向工作目標前進。

三.敢於作夢

高效領導者的第三個能力，就是肩負來自於神聖的使命，敢於作夢。

在工作上，他們能夠看到其他員工所看不到的價值，並且願意和員工分享，以幫助他們實現公司整體目標。他們會讓員工覺得，就算是很簡單的接聽電話的工作，都有其崇高的價值蘊含在內。

四.激勵團隊向前行

高效領導者的第四個能力，就是懂得運用敵人，激勵團隊向前。假如沒有競爭對手，他會想辦法帶著大家去冒險，或把自己當成標準，與自己競爭。

美國福特汽車剛到亞洲開拓市場時，為了打通日本的經濟據點，特別使用豐田汽車的退休人員，使得開拓日本很順利。而後來他們也投資馬自達（Mazda），讓福特在經營臺灣和韓國市場時，如虎添翼。

領導效能與高效領導者的能力

領導者	追隨者	達成領導效能
		・達成願景 ・達成目標 ・達成預算 ・創造好的經營績效與企業文化

領導效能 →

高效領導者8能力

高效領導者能力

1.對於人才海納百川的容納力

高效領導者對於人才近乎狂熱，而且不怕人才比自己優秀。

★例如：米開朗基羅召集13個工匠建造教堂，這些工匠個個都比他優秀，但他卻不避諱，而將注意力完全放在建造教會建築上。

2.建立一個優質的組織環境

①高效領導者要能建立一個讓對的人，在對的工作崗位，盡心盡力、心無旁鶩地做事的環境組織。

②高效領導者要知道如何排除員工因自我意識過高而產生的衝突，讓員工能繼續朝工作目標前進。

3.敢於作夢

①高效領導者要能肩負來自於神聖的使命，敢於作夢。

②高效領導者能看到員工看不到的價值，並且願意和員工分享，以實現公司整體目標。

③高效領導者會讓員工覺得，就算是很簡單的接聽電話的工作，都有其崇高的價值蘊含在內。

4.激勵團隊向前行

①高效領導者懂得運用敵人，激勵團隊向前。

②假如沒有競爭對手，高效領導者會想辦法帶大家去冒險，或把自己當成標準，與自己競爭。

★例如：美國福特汽車剛到亞洲開拓市場時，為打通日本經濟據點，特別使用豐田汽車的退休人員，使得開拓日本很順利；後來也投資馬自達（Mazda），讓福特在經營臺灣和韓國市場時，如虎添翼。

5.幫助團隊得到所需一切資源

6.知道何時放手

7.不怕面對每一天的困難與挑戰

8.永遠保持良好結果產出狀況

Unit **1-8**
領導效能與高效領導者的能力 Part II

　　檢驗企業績效最客觀與務實的標準就是「利潤」。除了利潤，還是利潤，很難有第二種選擇。但是，為什麼有些企業賺錢，有些虧損？有領導變革之父之稱的約翰·科特（John P. Kotter）教授一針見血的指出，關鍵性的癥結應在於管理過度，同時又領導不足；意即成功的企業，在於結合優秀的領導和管理，兩者如果能夠各得其所、恰如其分、相輔相成，就能有良好的互動，而形成一個有效率和有效果的團隊。

　　企業處在網路科技、資訊爆炸、知識經濟的時代裡，絕大多數領導者的領導力都是經由訓練、學習、煎熬、試煉及嘗試錯誤養成的。如果期待領導力能迅速養成，我們不妨考慮以「虛擬領導」來取代，或許也能造就出高效能的領導者。

圖解領導學

五.幫助團隊得到所需一切資源

　　高效領導者的第五個能力，是知道如何幫團隊得到所需的一切，舉凡是工作相關的資源、溝通協助、指引方向、精神鼓勵或授權等，他都必須很了解團隊的狀況，掌握時機，給予團隊所需要的資源。因此，領導者必須要有很好的EQ、掌握人情世故的能力，並且知道位置愈高，愈少人會講真話，故需要運用組織的動力，比如說意見回饋的會議，來獲得組織所需的相關資訊。

六.知道何時放手

　　高效領導者的第六個能力，是知道何時放手，何時不需要告訴部屬太多線索，讓他們能夠自己尋找答案。他讓團隊成員有機會能夠嘗試，在適當的挫折中成長。

　　高效領導者並非什麼都要懂，當他不懂時，他知道如何暫時離開團隊一陣子，讓團隊能夠自己發掘出解決方法來。

七.不怕面對每一天的困難與挑戰

　　高效領導者的第七個能力，是不怕面對每一天的困難與挑戰。領導並非只是口號而已，每一天、每個時刻當中，都要持續不間斷地去了解所有工作的內容細節，從工作夥伴中得到更多訊息，並且和工作夥伴之間形成很好的同盟關係，這一切都需要在每個時刻當中，拿出和困難險阻相搏的勇氣。

八.永遠保持良好結果產出狀況

　　高效領導者的第八個能力，是永遠都保持在結果產出的狀態，他永遠都想把事情做完，並且做好，對工作總是非常有熱忱，無論是在順境或是逆境。

　　前卡地亞臺灣分公司總經理陸伯寧（Luc Benoit）後來升任為日內瓦江詩丹頓鐘錶公司國際總監，他之所以能夠升任的原因，正是因為他對工作非常有熱忱，經常是全公司最早到，但最晚下班的人，工作時也總是展現無比的精力，因此創造了好的業績，從小小臺灣區的總監，晉升為全球業務總監。

高效領導者8能力

1.對於人才海納百川的容納力

高效領導者對於人才近乎狂熱,而且不怕人才比自己優秀。

2.建立一個優質的組織環境

高效領導者要能建立一個讓對的人,在對的工作崗位,盡心盡力、心無旁騖地做事的環境組織。

3.敢於作夢

高效領導者能看到員工看不到的價值,並且願意和員工分享,以實現公司整體目標。

4.激勵團隊向前行

高效領導者懂得運用敵人,激勵團隊向前;沒有競爭對手,也想辦法帶大家去冒險,或把自己當成標準,與自己競爭。

5.幫助團隊得到所需一切資源

①高效領導者必須很了解團隊狀況,掌握時機,給予所需要的資源
　・溝通協助　・指引方向　・精神鼓勵　・授權　……

②高效領導者必須要有很好的EQ、掌握人情世故的能力,並且知道位置愈高,愈少人會講真話,故需要運用組織的動力,獲得組織所需資訊。

6.知道何時放手

①高效領導者知道何時不需要告訴部屬太多線索,讓他們有機會能夠嘗試,在適當的挫折中成長。

②高效領導者並非什麼都要懂,當他不懂時,他知道如何暫時離開團隊,讓團隊自己找出解決方法。

7.不怕面對每一天的困難與挑戰

①領導並非只是口號,而是要持續不斷了解所有工作內容細節。

②從工作夥伴中得到更多訊息,並且和工作夥伴之間形成很好的同盟關係。

8.永遠保持良好結果產出狀況

高效領導者永遠都想把事情做完、做好,對工作總是非常有熱忱,無論是順境或逆境。

前卡地亞臺灣分公司總經理——陸伯寧(Luc Benoit)

 案例

升任的原因:
①對工作非常有熱忱
②經常是全公司最早到,最晚下班的人
③工作時總是展現無比精力

日內瓦江詩丹頓鐘錶公司國際總監

高效領導者能力

Unit 1-9
領導人屬性理論與領導行為模式理論

早期的領導理論研究，著重在領導者本身（屬性理論），以及領導者如何與團隊成員互動（行為理論）兩大類。

一.領導人屬性理論

所謂領導人「屬性理論」（Trait Theory）或稱「偉人理論」（Great Man Theory），乃是認為成功的領導人，大體上都是由於這些領導人具有異於常人的一些特質屬性。這些特質屬性包含有外型、儀容、人格、智慧、精力、體能、親和、主動、自信等。此派學者認為成功的領導效能，乃因領導者擁有某些個人特質使然，但似乎陷入以偏概全的缺失，茲簡明扼要分述如下：

(一)只重領導者個人特質而忽略被領導的人：此學派以領導者特質構面解釋或預測領導效能，忽略了被領導者的地位和影響作用。

(二)沒有絕對成功的屬性：屬性特質種類太多，而且相反的屬性都有成功的事例，因此，對於到底哪些屬性是成功屬性很難確定。

(三)屬性輕重難以劃分：各種屬性之間，難以決定彼此之重要程度（權數）。

(四)無法量化：這種領袖人才，是天生的，很難描述及量化。

二.領導行為模式理論

所謂領導行為模式理論（Behavioral Pattern Theory），乃是認為領導效能如何，並非取決於領導者是怎樣一個人，而是取決於他如何去做，也就是他的行為。因此，行為模式與領導效能就產生了關聯。換言之，領導者與被領導者之間的互動是衡量領導效能的主要關鍵。又可分為以下幾種類型：

(一)懷特與李皮特的領導理論：在團體動力文獻上經常被引用，包括權威式領導（Authoritation）、民主式領導（Democratic），以及放任式領導（Laissez-Faire）。

(二)李克的「工作中心式」與「員工中心式」理論：管理學者李克（Likert）將領導區分為兩種基本型態：1.以工作為中心（Job-Centered）：任務分配結構、嚴密監督、工作激勵、依詳盡規定辦事，以及2.以員工為中心（Employee-Centered）：重視人員的反應及問題，利用群體達成目標，給予員工較大的裁量權。

依李克實證研究顯示，生產力較高的單位，大都採行以員工為中心；反之，則以工作為中心。

(三)布萊克及摩頓（Blake & Mouton）的「管理方格」理論：此係以「關心員工」及「關心生產」構成領導基礎的兩個構面，各有九型領導方式，故稱之為「管理方格」，即1-1型：對生產及員工關心度均低，只要不出錯，多一事不如少一事；9-1型：關心生產，較不關心員工，要求任務與效率；1-9型：關心員工，較不關心生產，重視友誼及群體，但稍忽略效率；5-5型：中庸之道方式，兼顧員工與生產，以及9-9型：對員工及生產均相當重視，既要求績效，也要求溝通融洽。

早期的領導理論研究

早期的領導理論研究，著重在領導者本身（屬性理論），以及領導者如何與團隊成員互動（行為理論）兩大類。

領導人屬性理論

此派學者認為成功的領導效能，乃因領導者擁有某些個人特質使然，包含有外型、儀容、人格、智慧、精力、體能、親和、主動、自信等。

缺　失

①忽略了被領導者的地位和影響作用。
②屬性特質種類太多，而且相反的屬性都有成功的事例，因此，對於到底哪些屬性是成功屬性很難確定。
③各種屬性之間，難以決定彼此之重要程度（權數）。
④這種領袖人才，是天生的，很難描述及量化。

領導行為模式3理論

1.懷特與李皮特的領導理論

①權威式領導　②民主式領導　③放任式領導

2.李克的「工作中心式」與「員工中心式」理論

①以工作為中心：任務分配結構、嚴密監督、工作激勵、依詳盡規定辦事。
②以員工為中心：重視人員的反應及問題，利用群體達成目標，給予員工較大的裁量權。

> 依李克實證研究顯示，生產力較高的單位，大都採行以員工為中心；反之，則以工作為中心。

3.布萊克及摩頓的「管理方格」理論

此係以「關心員工」及「關心生產」構成領導基礎的兩個構面，各有九型領導方式，故稱之為「管理方格」。

管理方格理論

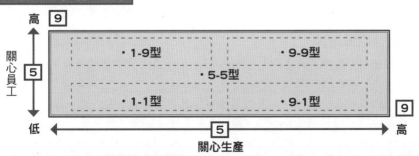

Unit 1-10
情境領導理論

　　傳統的偉人論到行為論的領導理論，導致研究結果應用上的差別及限制，因此權變研究取向於焉產生。權變研究取向整合個人與組織研究途徑，強調領導者的個人因素必須與組織情境因素加以結合，方能得到最佳的領導效能。

一.情境領導模式

　　費德勒（Fiedler）提出他的情境領導模式（Contingency Theory），其情境因素有三：

　　(一)領導者與部屬關係：此係部屬對領導者信服、依賴、信任與忠誠的程度，區分為良好及惡劣。

　　(二)任務結構：此係指部屬的工作性質，其清晰明確、結構化、標準化的程度區分為高與低。例如：研發單位的任務結構與生產線的任務結構，就大不相同，後者非常標準化及機械化，前者就非常重視自由性與創意性，而且也較不受朝九晚五約束。

　　(三)領導者地位是否堅強：此係指領導主管來自上級的支持與權力下放之程度，區分為強與弱，愈由董事長集權的公司，領導者就愈有地位。

　　將這三項情境構面各自分為兩類，則將形成八種不同情境，對其領導實力各有不同的影響程度。在此種理論下，沒有一種領導方式是可以適用於任何情境都有高度效果，而必須求取相配對目標。費德勒認為當主管對情境有很高控制力時，以生產工作為導向的領導者，其績效會高；反之，在情境中只有中等程度控制時，以員工為導向的領導者，會有較高績效。費德勒的理論，一般又稱為「權變理論」。

二.領袖制宜技巧

　　費德勒發展一套技巧，可幫助管理階層人員評估他們自己的「領導風格」和「所處情境」，藉以增加他們在領導上之有效性（Effectiveness），此係為領袖制宜技巧（Leader Match Technique）。費德勒領袖制宜的基本觀念乃是：1.須先了解自己的領導風格；2.再透過對三項情境因素（主管與成員間關係、工作結構程度、職位權力）之控制、改善與增強，以及3.最終得以提高領導績效。也就是說，費德勒認為一個領導者之績效絕大部分取決於領導風格與對工作情境之控制力，在這兩者間尋求制宜配合。例如：有些高級主管是強勢領導風格，其情境因素也必然有些相配合之條件存在。

三.適應性領導理論

　　美國著名管理學家阿吉利斯（Argyris），曾綜合各家領導理論，而以整合性觀點提出他的「適應性領導」（Adaptive Leadership）。他認為所謂「有效的領導」（Effective Leadrship），是基於各種變化的情境而定，故沒有一種領導型態被認為是最有效的，此必須基於不同的現實環境需求。因此，他提出以「現實為導向」（Reality Centered）的「適應性領導理論」（Adaptive Leadership Theory）。這從國家領導人及企業界領導人等身上，都可看到這種以現實為導向的領導模式與風格。

情境領導理論

1.情境領導模式

① 領導者與部屬關係
② 任務結構因素
③ 領導者地位是否堅強因素

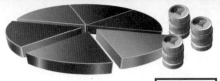

各種情境領導狀況

| 績效高 | ⤙ | ⤚ | 任務導向 |
| 低 | ⤙ | ⤚ | 關係導向 |

領導者與部屬關係	良好	良好	良好	良好	惡劣	惡劣	惡劣	惡劣
任務結構上	高	高	低	低	高	高	低	低
領導者地位力量	強	弱	強	弱	強	弱	強	弱

有利 ◀━━━━━ 情境有利性 ━━━━━▶ 不利

2.領袖制宜技巧

① 須先了解自己的領導風格。
② 再透過對三項情境因素（主管與成員間關係、工作結構程度、職位權力）之控制、改善與增強。
③ 最終得以提高領導績效。

> 領導者的領導風格對工作情境之控制力，在這兩者間尋求制宜配合。

3.適應性領導理論

① 所謂「有效的領導」，是基於各種變化的情境而定；因此沒有一種領導型態被認為是最有效的，此必須基於不同的現實環境需求。
② 這從國家領導人及企業界領導人等身上，都可以看到這種以現實為導向的領導模式與風格。

知識補充站

費德勒簡介

弗雷德‧費德勒（Fred Fiedler），美國當代著名心理學和管理專家。於芝加哥大學獲得博士學位，現為美國西雅圖華盛頓大學心理學與管理學教授。他從1951年起由管理心理學和實證環境分析兩方面研究領導學，提出了「權變領導理論」，開創了西方領導學理論的一個新階段，使以往盛行的領導型態學理論研究轉向了領導動態學研究的新軌道，對以後的管理思想發展產生了重要影響。他的主要著作和論文包括《一種領導效能理論》、《讓工作適應管理者》、《權變模型——領導效用的新方向》，以及《領導遊戲：人與環境的匹配》等。
在許多研究者仍然爭論究竟哪一種領導風格更為有效時，費德勒在大量研究的基礎上提出了有效領導的權變模型，他認為任何領導型態均可能有效，其有效性完全取決於所處的環境是否適合。

Unit **1-11**
參與式領導

所謂參與式領導（Participation Leadership）係指鼓勵員工主動參與公司內部決策之規劃、研討與執行。

一.參與式領導的優點

但為何要參與式領導，當然有其優點所在，我們會發現讓部屬參與有關公司之決策時，會有意想不到的凝聚力與創新力產生，因為：

1.參與決策之各單位部屬，對該決策會較有承諾感及接受感，而減少排斥。

2.參與決策可讓員工自覺身價與地位之提升，會要求更優秀之表現。

3.廣納雅言對高階經營者而言，會做出比較正確之最後決策。

二.參與式領導的缺點

一個政策不會是完美無缺的，凡事總是一體兩面甚至多面，所以參與式領導也有可能產生以下落差：

1.參與決策雖提升部屬的期望，但是當他們的觀點未被採納時，士氣可能因此便大幅下降。

2.有些部屬並非都喜歡決策或做不同層次的事務，因為他們只希望接受指導；在如此意願下，參與式領導的成效即不會太大。

3.參與式領導對部屬而言，雖會讓他們更覺地位之重要，但不表示一定會有高度績效產生，有時在不同環境下，集權式領導反而來得成功。

三.參與程度的情境

領導者要決定員工參與決策之程度，須視下列七項情境狀況而定：

1.決策品質之重要性程度為何？

2.領導者所擁有可獨自做一個高品質決策之資訊、知識、情報是否十足充分？

3.該問題是否例行化或結構化？還是複雜模糊？

4.部屬之接納或承諾的程度，對此決策未來執行之重要性為何？

5.領導者的獨裁決定，過去被部屬接納的可能性為何？

6.部屬們反對領導者想要實施方案的可能性如何？

7.部屬們受到激勵解決問題，而達成組織目標的程度為何？

四.參與程度的決定

管理學者汝門（Vroom）認為，從以生產為主的集權領導到以員工為主的參與式領導，會有以下五種參與程度，即：無參與、少量參與、多量參與、更多參與及全面參與，可說員工參與程度愈高，其自由程度愈高，管理者可以視組織狀況，決定讓員工參與管理的程度。

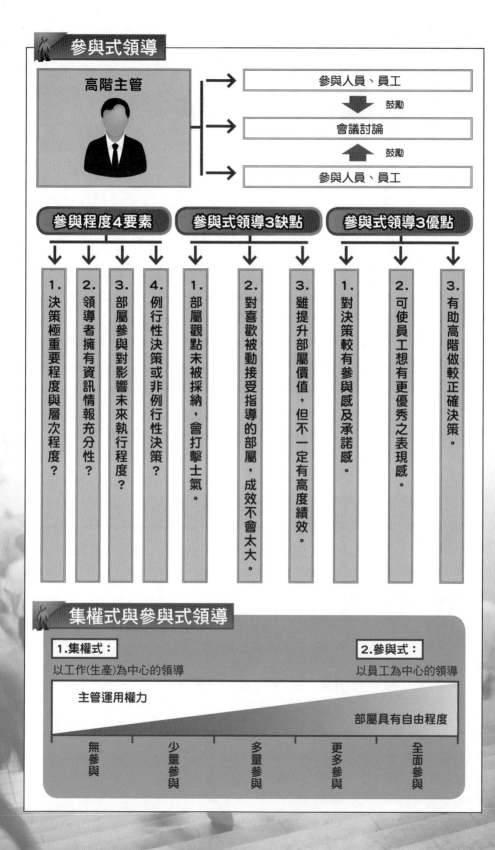

參與式領導

高階主管	→	參與人員、員工
		↓ 鼓勵
	→	會議討論
		↑ 鼓勵
	→	參與人員、員工

參與程度4要素

1. 決策極重要程度與層次程度？

2. 領導者擁有資訊情報充分性？

3. 部屬參與對影響未來執行程度？

4. 例行性決策或非例行性決策？

參與式領導3缺點

1. 部屬觀點未被採納，會打擊士氣。

2. 對喜歡被動接受指導的部屬，成效不會太大。

3. 雖提升部屬價值，但不一定有高度績效。

參與式領導3優點

1. 對決策較有參與感及承諾感。

2. 可使員工想有更優秀之表現感。

3. 有助高階做較正確決策。

集權式與參與式領導

1.集權式：
以工作(生產)為中心的領導

2.參與式：
以員工為中心的領導

主管運用權力

部屬具有自由程度

| 無參與 | 少量參與 | 多量參與 | 更多參與 | 全面參與 |

Unit **1-12**
影響領導效能之因素與訓練

　　領導效能和領導者行為之間無必然的關係，而是需要配合情境因素（部屬的準備度），這三者之間才會有所關聯，亦即領導者的領導行為如果能配合部屬的準備度，並給予訓練，則會有較好的領導效能。

一.影響領導效能之因素

　　如依前述各項理論來看，我們可以綜合出影響領導效能有四大要素，茲簡要說明如下：

　　(一)領導者特質與能力：即身為一家企業或部門單位的領導者，必須具有基本的人格特質乃是對自己深具信心，並且有很強的溝通能力；再來，即是具有強烈的成就需求動機，以及在過去擁有豐富的領導與管理經驗。

　　(二)部屬特徵與素質：同樣地，領導力是否能彰顯好效能，部屬的特質也具有深厚的影響力。如果部屬人格特質，是理性的、願意溝通的，並且也具有一定的領導與被領導之間的觀念與知識，則達成高領導效能已不遠矣；當然，部屬的需求動機，與過去經驗等兩方面因素，也會影響到領導的效能。

　　(三)領導者行為：經過上述兩項的分析後，領導者便可思考，究竟是要採取人際關係導向型或工作任務導向型，哪一種模式，最能達到階段性的領導目標。

　　(四)情境因素：領導者如要發揮領導的效能，必須針對個體、群體或組織的不同發展層次，運用不同的領導型態或採取不同的領導策略，唯有如此，始能達成領導目標，完成組織任務。

　　上述所提及的群體與組織結構，可明確做以下劃分：在群體（部門）特性方面，即群體結構、群體任務、群體規範等三構面為何，以及在組織結構方面，即職權與層級、規則辦法等兩構面為何，才能評估在生產力、滿足感、流動率、缺勤率、抱怨率，以及營運成果等六構面之領導效能的影響力如何。

二.改變領導方式的訓練

　　管理學者認為要改變主管之領導方式，可透過兩種主要訓練加以達成：

　　(一)領導能力訓練（Leadership Training）：領導能力訓練之內容包括：1.特定企業功能之專門知識（如財務、投資、策略、行銷）；2.較新的管理技術（如電腦、電子商務、顧客關係管理、核心價值、六個標準差、人力智慧資本、策略分析等）；3.人際關係訓練（如溝通、參與、激勵等），以及4.問題分析與解決等四方面。而訓練之方法則可為讀書會、討論會、講習、演練、諮商，以及個案分析等。

　　(二)敏感能力訓練（Sensitivity Training）：所謂敏感能力訓練，意指經由這種訓練，使一個人得以了解（或敏感）自己以及自己和他人相處的關係。更細來看，包括了解：1.自己行為；2.自己行為對他人所產生之影響；3.他人的情緒及需求；4.自己對他人行為的反應；5.群體動態程序，以及6.組織的複雜性與改變程序等。

影響領導效能之因素與如何訓練

1.領導者特性與能力
①人格特質
②需求動機
③過去經驗

5.群體特性
①群體結構
②群體任務
③群體規範

6.領導效能
①生產力
②滿足感
③流動率
④缺勤率
⑤抱怨率
⑥營運成果

2.領導者行為
①人際關係導向
②工作任務導向

影響力

3.部屬特性
①人格特質
②需求動機
③工作經驗

4.組織結構
①職權、層級
②規則、辦法

改變領導方式的訓練

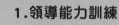

1.領導能力訓練

如何改變領導人?

①訓練內容
❶特定企業功能之專門知識
★財務　　　　★投資
★策略　　　　★行銷
❷較新的管理技術
★電腦　　　　★電子商務
★顧客關係管理　★核心價值
★6個標準差　　★人力智慧資本
★策略分析
❸人際關係訓練
★溝通　★參與　★激勵
❹問題分析與解決
★專業知識　　★管理技能
★人際訓練　　★問題解決

②訓練方法
★讀書會　★討論會　★講習
★演練　　★諮商　　★個案分析

2.敏感能力訓練

①自己行為
②自己行為對他人所產生之影響
③他人的情緒及需求
④自己對他人行為的反應
⑤群體動態程序
⑥組織的複雜性與改變程序

Unit **1-13**
成功領導者的觀念與法則

　　松下幸之助曾說：「一個公司業績的好壞，決定領導者本身的領導能力。」可見領導者在經營過程中占有舉足輕重的作用。領導者一如火車頭，火車頭要開往何處，直接關係到企業經營的成敗和業績的好壞。因此，現在成功的領導者必須把整個組織的價值及願景，帶進所領導的團隊，使團隊能全力投入，達成公司的策略目標。

一.成功領導者五種觀念

　　領導者有什麼樣的觀念，就會有什麼的方法。所以樹立起一個正確的觀念體系，並用來指導自己的行為方式和領導方法，對領導者來說，是十分重要的。

　　(一)使員工適才適所：了解下屬的新責任領域、技能及背景，以使其適才適所，與工作搭配得天衣無縫。若你想透過授權以有效且有用的方式執行更廣泛的指揮權，就需要把握下屬資訊。

　　(二)應隨時主動傾聽：這涵蓋了傾聽明說或未明說之事。更重要的一點是，這意味著你以一種願意改變的態度，就等於是送出願意分享領導權的訊號。

　　(三)要求部屬工作應目標導向：你與下屬間的作業內容，與整個部門或組織目標之間應存在一種關係。在交付任務時，你應作為這種關係的溝通橋梁。下屬應了解其作業程度，才能主動做出可能是最有效率的決策。

　　(四)注重員工部屬的成長與機會：無論何種情況，領導人及經理人必須向下屬提出樂觀的遠景，以半杯水為例，你得鼓勵員工注意半滿的部分，不要看半空的部分。

　　(五)訓練員工具批判性與建設性思考：在完成一項工作後鼓勵下屬馬上檢視一些指標，包括如何及為何進行以及要做些什麼，並讓他們發問（例如：過去如何完成這項工作），鼓勵他們想出新的作業流程、進度或操作模式，使其工作更有效率與效能。

二.成功領導者六大法則

　　領導者有了上述成功觀念的建立後，處理工作問題時，必須注意到幾個法則：

　　(一)尊重人格原則：主管與部屬間雖有地位上之高低，但在人格上完全平等。

　　(二)相互利益原則：相互利益乃「對價」原則，亦即互惠互利，雙方各盡所能各取所需，維持利益均衡化，關係才會持久。上級的領導，也必須注意下屬的利益。

　　(三)積極激勵原則：人性擁有不同程度及階段性之需求，領導者必須了解其真正需求，而多加積極激勵，以激發下屬的充分潛力。

　　(四)意見溝通原則：透過溝通，上下及平行關係才能得到共識，從而團結，否則必然障礙重重。順利溝通，是領導的基礎。

　　(五)參與原則：採民主作風之參與原則，乃是未來大勢所趨，也是發揮員工自主管理及潛能的最好方法。這也是集思廣益的最佳方法。

　　(六)相互領導：以前認為領導即權力運用，是命令與服從關係，其實不然，現代進步的領導乃是影響力的高度運用。而主管並非事事都懂，有時部屬會有獨到見解。

成功領導者的觀念與法則

成功領導者5大觀念

1.使員工適才適所

了解下屬新責任領域、技能及背景，使其適才適所，與工作搭配得天衣無縫。

2.應隨時主動傾聽

涵蓋傾聽明說或未明說之事，意味著領導者以一種願意改變的態度，等於是送出願意分享領導權的訊號。

3.要求部屬工作應目標導向

你的下屬應了解他們的作業程度，使他們主動做出可能是最有效率的決策。

4.注重員工部屬成長與機會

無論任何情況，領導人必須向下屬提出樂觀的遠景。

5.訓練員工具批判性思考

部屬完成一項工作後鼓勵馬上檢視如何進行、為何進步，以及要做些什麼的指標，並給機會發問，鼓勵他們想出更有效率與效能的作業方式。

成功領導者6大法則

1.尊重人格原則

職位雖有高低，但人格無貴賤，一律平等，所謂敬人者，人恆敬之。

2.相互利益原則

即對價原則，互惠互利，各盡所能、各取所需，維持利益平衡。

3.積極激勵原則

了解個人不同程度的需求，以積極的激勵激發成員之最大潛力。

4.意見溝通原則

透過垂直與平行關係的溝通，得到共識，促成團結，破除障礙。

5.參與原則

民主作風為未來之大趨勢，發揮成員自主管理及潛能，更能達到集思廣益之效。

6.相互領導

現代的領導是影響力的高度運用，主管未必事事精通，因此，主管要有雅量接納部屬比自己高明的意見。

Unit **1-14**
如何成功領導團隊 Part I

在講究專業分工的現代社會，企業所面對的環境及任務往往相當複雜，必須集合眾人智慧及團隊運作，群策群力達成目標。因此，如何有效帶領團隊達成企業目標，經理人可從下列七大關鍵因素著手。由於本主題內容豐富，特分兩單元介紹。

一.建立良好的團隊「關係」

團隊成功與否，主要繫於成員之間良好的互動與默契。身為經理人，你除了觀察成員的互動情況，更須時時鼓勵成員相互支持。你可以運用技巧，逐步鞏固團隊成員關係，例如：鼓勵團隊成員分享好創意、共同尋求進步與突破、共同追求成功與榮譽等。唯有團隊成員能互相了解與支持，尊重彼此感受，方能維持正向提升的團隊關係。

二.提高成員的團隊「參與」

由於任務與階段的不同，團隊成員的參與也就會有所差異。因此，如何讓成員明白彼此的參與程度，以及尊重彼此的角色，是團隊領導者的重要工作。經理人有責任，也有義務塑造一個良好而善意的溝通環境，讓每一位成員皆有表達意見的機會，並願意分享自己的經驗，進而提高成員的團隊參與。

三.注意管理團隊「衝突」

任何一個團隊都很難避免衝突。但正面的團隊衝突，不僅不會傷害團隊情感，更能轉換成前進動力。因此正面衝突，應視為一種意見整合的過程。在態度上，你更應該對事不對人的了解衝突原因及背景，進一步鼓勵成員使用合理的方式解決衝突。

四.誘導正面的團隊「影響力」

所謂的團隊影響力是指改變團隊行為的能力。在團隊中，每一位成員都掌握或多或少的影響力。但是，如何將影響力導向正面，以協助團隊持續努力，實為經理人的重要工作。你可以試著檢視個別成員的影響力、判斷是否有少數人牽制大局的狀況，同時營造每一位成員的機會，讓他們也可以展現影響力。

小博士解說

領導者的體能會影響效能

關於這點，很少有管理書籍談到。然而在現實生活上，這的確是一個領導者走向成功的主要條件之一。身體狀況的好壞，有時會影響到情緒、信心、判斷、決策等。一般來說，體能素質差的領導者難以負荷沉重的工作壓力，暮氣由此會產生，而且很快就感染到部屬和員工。在一個暮氣沉沉的企業工作環境中，誰也別指望去提高工作效率。所以，我們說身體是事業的本錢，身體亦是成功的本錢。

圖解領導學

 **成功領導團隊7原則**

經理人如何成功領導團隊？

1.建立良好的團隊關係

→①團隊成功與否，主要繫於成員之間良好的互動與默契。
　②經理人除觀察成員的互動情況，更須時時鼓勵成員相互支持。
　③運用技巧，逐步鞏固團隊成員關係：
　　★鼓勵團隊成員分享好創意　★共同尋求進步與突破　★共同追求成功與榮譽

2.提高成員的團隊參與

→①由於任務與階段的不同，團隊成員的參與也就會有所差異。
　②要讓成員明白彼此的參與程度，以及尊重彼此的角色，是團隊領導者的重要工作。
　③塑造一個良好而善意的溝通環境，讓成員皆有表達意見與願意分享的機會，以提高團隊參與。

3.注意管理團隊衝突

→①任何團隊難免會有衝突。但正面衝突，不會傷害團隊情感，更能轉換成前進動力。
　②要對事不對人的了解衝突原因及背景，進一步鼓勵成員使用合理的方式解決衝突。

4.誘導正面的團隊影響力

→①團隊影響力是指改變團隊行為的能力。
　②團隊成員每位都掌握或多或少的影響力。
　③要檢視成員是否有少數人牽制大局的狀況，同時營造每一位成員的機會，使其展現影響力。

5.確立團隊 決策模式	▶	6.維持健全的 團隊合作	▶	7.制定公平的 團隊制度

 知識補充站

什麼是衝突？

衝突是需要、價值觀念和利益引致實際或想像的反對表現。衝突可以是內部（自己）或外部（兩個或以上的個人）的。衝突作為一個概念可以幫助解釋許多方面的社會生活，如社會分歧、利益衝突，以及個人、團體、企業或組織之間的爭鬥。在政治方面，「衝突」可能是指戰爭、革命或其他的鬥爭，這可能涉及使用武力，在長期的武裝衝突。如果沒有適當的社會安排或決議，在社會環境的衝突可能造成壓力或利益相關者之間的緊張局勢。當人際衝突發生時，其效果常常比這兩名個人的參與更廣泛，而且可以在或多或少不利的方式，影響到許多關聯的個人和關係。

Unit **1-15**
如何成功領導團隊 Part II

今天企業在走向成功的過程，呼喚著怎樣的領導者？他要求領導者具有何種能力與特質？反過來說，領導者站在個人成功角度，如何提高自身修養、樹立科學領導、確立工作原則、調動和運用個人領導風格，達到最佳績效等，都是我們要不斷檢討。

五.確立團隊「決策模式」

一個團隊究竟該採多數決策？少數決策？究竟有多少人應參與決策過程？經理人的責任在於凝聚成員的共識後，選擇一個合理的、共通的決策模式。一旦決策模式確定之後，你就必須與團隊溝通該決策模式，以獲得成員的支持與配合。

六.維持健全的團隊「合作」

任何一個團隊的運作，都是為了達成某種任務，或是完成某項工作。因此，為了確保健全的團隊運作，你可以透過下列幾項指標，檢視團隊運作現況：團隊的目標是否經過全體成員的同意？團隊解決問題的方式是否有效且具體？團隊成員是否具有時間管理能力？團隊成員是否會互相幫助以促使任務順利達成？這些都有助於經理人偵測現況，以維持健全的團隊運作。

七.制定公平的團隊「制度」

所謂的團隊規範是指成員所接受的團隊行為標準。公平的團隊規範不僅能幫助達成任務，更可以維持團隊運作不致偏差。因此，經理人有義務與團隊成員發展適用的規範，並形成團隊的行為文化。同時經理人不僅要設定規範，更要鼓勵嘉獎符合規範的正確行為，如果團隊中發生偏離規範的行為，則要檢討與改進。

上述七項關鍵因素，你掌握了多少？良好團隊都是經理人苦心經營、隊員全力配合的結果。因此，我們特別勉勵經理人，善用七項關鍵因素，帶領團隊，創造佳績！

小博士解說

挑戰＋恆心＋實幹

有些因素在一個成功的領導者身上會表現得格外突出：一是當一個高成就者的慾望，吉斯理（Edwin Ghiselli）教授曾對美國九十個不同行業進行調查研究，發現有效的領導者往往是有很高成就的人，他們強烈實現自己潛力，並成為有成就的人物，他們喜歡挑戰，並把這些視為達成他們事業目標的階梯；二是持之以恆，緊咬不放的精神，這是一種更為強烈的執著心、耐心和信心的綜合體現；三是扎扎實實的實幹精神，從成功的實例來看，成功的領導者都有一顆強烈的實幹心，他們穩紮穩打，步步為營，在實幹中結合巧幹，但從不把成功寄託在僥倖取勝的機會上。

成功領導團隊7原則

經理人如何成功領導團隊？

1.建立良好的團隊關係
→團隊成功與否，主要繫於成員之間良好的互動與默契。

2.提高成員的團隊參與
→要讓成員明白彼此的參與程度，以及尊重彼此的角色，是團隊領導者的重要工作。

3.注意管理團隊衝突
→要對事不對人的了解衝突原因及背景，進一步鼓勵成員使用合理的方式解決衝突。

4.誘導正面的團隊影響力
→要檢視成員是否有少數人牽制大局的狀況，同時營造每一位成員的機會，使其展現影響力。

5.確立團隊決策模式
→①一個團隊要有多少人參與決策，經理人應凝聚成員共識後，選擇一個合理與共通的決策模式。

②經理人一旦決策模式確定後，就要與團隊溝通決策模式，以獲得成員的支持與配合。

6.維持健全的團隊合作
→①任何一個團隊的運作，都是為了達成某種任務，或是完成某項工作。

②為確保健全的團隊運作，可透過下列幾項指標，檢視團隊運作現況：

★團隊的目標是否經過全體成員的同意？

★團隊解決問題的方式是否有效且具體？

★團隊成員是否具有時間管理能力？

★團隊成員是否會互相幫助，以促使任務順利達成？

7.制定公平的團隊制度
→①團隊規範是指成員所接受的團隊行為標準，公平的團隊規範不僅有助達成任務，更可維持團隊運作不致偏差。

②經理人有義務與團隊成員發展適用的規範，並形成團隊的行為文化。

③經理人不僅要設定規範，更要鼓勵嘉獎符合規範的正確行為，如果團隊中發生偏離規範的行為，則要檢討與改進。

團隊領導是現代企業特色及主流

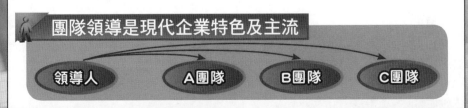

Unit 1-16
前GE執行長威爾許對領導人的看法

「4E與1P」五項領導人特質，乃是前GE公司執行長傑克·威爾許的觀點。

一.正面能量

第一個 E 是正面能量（Positive Energy）。正面能量意指往前衝的能力，也就是從實際行動中獲得成長，享受變化。擁有正面能量的人，通常外向樂觀。他們很容易和別人交談、做朋友。他們從早到晚都保持神采奕奕，極少露出疲態。他們樂在工作，從不抱怨工作辛苦。擁有正面能量的人，熱愛人生。

二.鼓舞他人

第二個 E 是鼓舞他人（Energize Others）的能力。正面能量能激勵他人振作，懂得激勵別人的人，能夠鼓舞他的團隊去做不可能做的事，而且在進行的過程，樂在其中。事實上，這種人能吸引別人搶破頭，找機會和他們共事。

鼓舞他人不只是做做巴頓將軍式的演說。你必須深入了解你的業務，也要具備強大的說服力，能講得頭頭是道，以激起他人的鬥志。

三.當機立斷

第三個 E 是當機立斷（Edge），也就是勇於做出「是或非」的困難決定。

這個世界充滿灰色地帶，任何人都可以從各種不同的角度來看待某個問題。有些聰明人有能力從不同的角度切入，而他們也真的會去追根究柢分析。但是，有效率的人，曉得什麼時候該停止評估，就算手邊資訊不夠完整，也能當機立斷。

四.執行力

第四個 E 是執行力（Execute），即完成任務的能力。這似乎毋庸贅述，但是GE（奇異）多年來一直只強調前三個E，威爾許以為這些特質已經夠了，並據此評量數百名員工，評量結果可以歸類於「高潛力」的人不少，其中也有許多獲得晉升至管理職。

結果顯示，你或許具備正面能量、善於鼓舞士氣、並能當機立斷，然而你還是無法抵達終點線。執行力是種不凡而獨到的能力，代表一個人懂得如何化決策為行動，克服阻力、混亂或者始料未及的障礙，往前推進，直到完成。具備執行力的人，很清楚要做出成果，才能致勝。

五.熱情

如果候選人具備四個E，接著你得看最後一個P，那就是熱情（Passion）。所謂熱情，威爾許的意思是指發自內心深處對工作產生真正熱忱的人。有熱情的人打從心底希望同事、下屬和朋友能夠勝出。他們熱愛學習與成長；若是身邊有志同道合的人，他們便大感振奮。

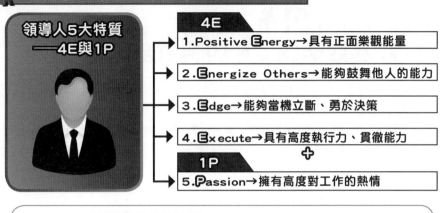

領導人5大特質
——4E與1P

4E
1.Positive **E**nergy→具有正面樂觀能量

2.**E**nergize Others→能夠鼓舞他人的能力

3.**E**dge→能夠當機立斷、勇於決策

4.**E**xecute→具有高度執行力、貫徹能力
＋
1P
5.**P**assion→擁有高度對工作的熱情

巴頓將軍式的演說

知識
補充站

一些研究巴頓的學者指出：「作為統帥人物，巴頓將軍的最大特點就是以他本人的尚武精神去激勵部下，用他的個性去影響部下。」巴頓本人也宣稱：「在一週之內，我能使任何部隊的士氣高昂。」巴頓為什麼會有這麼大的感染力和號召力呢？從某種意義上來說，是他的無與倫比的演說才能和以身作則的實幹精神起了重要作用。重視言傳和身教是巴頓最突出的領導技巧和軍人品格。

從第二次世界大戰初期起，巴頓就用他天生的演說才能來鼓舞士氣，貫徹他的戰術意圖。無論訓練或戰場、勝利或受挫，只要一有機會，他總要發表即興演說，向將士們講解戰爭的目的和作戰布署，激發部隊的士氣，表彰作戰勇敢有功者，鞭策激勵膽小懦弱的人。他講話一般不用講稿，滔滔不絕，音調非常高，聽起來有些刺耳。在許多場合，他的講話直率潑辣，妙語連珠，但往往粗俗不堪，具有一種狂熱的氣質。巴頓本人也清楚，自己的粗話是對人尊嚴的一種冒犯，但他認為這對於刺激和提高部隊的戰鬥意志很有必要。他指出，戰爭本身就不是一件斯文的事情，斯文的人一定打不過那些滿懷仇恨和具有狂熱精神的人。美國士兵唯一不具備的氣質就是狂熱，當我們與狂熱者作戰時，要用粗俗、潑辣和露骨的語言喚起這種狂熱氣質，努力使士兵們仇恨敵人，以凶猛拼命的姿態投入戰鬥。

但巴頓並不是不分場合隨意使用粗俗的語言。除了大量即興講話外，他還經常發表一些正式演說、文告和書面命令，它們以措辭規範、行文典雅和感情深邃而著稱，有一種拿破崙式的威嚴和英雄史詩般的韻味，讓人會產生一種蕩氣迴腸、精神振奮的感覺，猶如戰鬥的號角和長鳴的警鐘，又像勝利的召喚，令人熱血沸騰，充滿戰鬥的豪情。但巴頓並不像某些人所說的是一個華而不實的浮誇之人，他是一個十足的實踐家，巴頓常說：「從某種意義上說，一個戰場上的將軍就是一個演員，他必須以自己的一言一行去影響部下，並盡力使他們仿效和追隨。」巴頓正是以自己的實際行動作為無聲的語言，向部隊傳遞著自己的信念。

Unit 1-17
高效能領導者的特質及培養

　　高效能的主管知道，他們能享有權威，是因為公司信任他們；也就是說，他們會優先考量公司的需求和機會，然後才考慮自己的需求和機會。

　　同時，高效能的主管要成為成功領導者的前提，除上述所說不但要能帶領團隊成就組織目標外，如果也能因此造就別人，而且也具有成全別人的無私雅量，那更是好上加好。你覺得呢？

一.成功領導人的特質

　　領導人是熱忱的學習者，他們從過去經驗中記取教訓，作為未來的借鏡。同時他們也具有「傳授」領導的能力，是贏家特有的一項核心競爭力。除此之外，這些領導人同時也具有以下幾點特質：

　　(一)理念：對於哪種作法能在市場上成功，以及如何經營組織，他們有很清楚的想法。他們會隨環境變動而更新想法，也協助其他人形成自己的想法。

　　(二)價值：成功領導人和組織都有一套人人能懂且身體力行的強烈價值。

　　(三)活力：領導人不但自己精力特別旺盛，也積極創造其他人的正面活力。他們的作法是，破除組織結構上不合理的官僚作風。

　　(四)膽識：成功領導人願意做出重大決定，也鼓舞和獎勵這麼做的人。

　　(五)故事：成功領導人透過講述兼具感性與理性的故事，使他們的願景和想法更加生動。

二.高效領導者的培養

　　領導者如果想要增進領導品質，可以著重下列三個基本原則，培養出自己的領導特質：

　　(一)設定目標：領導學之父華倫・班尼斯（Warren Bennis）曾為領導下了一個簡單的定義：「領導，就是帶領他人前往某個目標」。領導的功能在於創造變革，設定變革的方向就是領導的根本要件。設定方向與規劃不同，它產出的不是計畫，而是願景與策略，說明企業長遠的樣貌。

　　(二)凝聚人心，步調一致：俗話說，沒有帶不好的兵，只有帶不好兵的將軍。讓人步調、目標一致（Alignment）比較像是一個溝通挑戰，領導者必須勾勒長遠的願景，並且使人信服，傳遞的訊息才會被接受，就好比將軍帶兵一樣，帶人要帶心，帶了心之後，就能發揮十足的戰力。

　　(三)激勵和激發（Encourage and Inspire）：讓每位成員覺得他們是受到重視的，能夠對團隊產生貢獻，並且激發創意，對工作產生重要貢獻。如同《領導是一門藝術》作者馬克思・迪伯瑞（Max Depree）指出：「組織當中最優秀的員工都是志願者，相較於薪水和頭銜，他們更看重的是組織的共同理念」，因此領導者如何「滿足他們更深層的需求，使工作更有意義和成就感」，相當重要。

高效能領導者的特質及培養

成功領導人5特質

1.理念

→①很清楚哪種作法能在市場上成功，以及如何經營組織。
②想法會隨環境變動而更新，也協助其他人形成自己的想法。

2.價值

→具有一套人人能懂且身體力行的強烈價值。

3.活力

→①不但自己精力旺盛，也積極創造其他人的正面活力。
②作法是破除組織結構上不合理的官僚作風。

4.膽識

→願意做出重大決定，也鼓舞和獎勵這麼做的人。

5.故事

→透過講述兼具感性與理性的故事，使願景和想法更加生動。

高效領導者3大原則

1.設定目標
→領導的功能在於創造變革，設定變革的方向就是領導的根本要件。

2.凝聚人心，步調一致
→領導者必須勾勒長遠的願景，並且使人信服，傳遞的訊息才會被接受。

3.激勵與激發
→讓每位成員覺得受到重視，對團隊產生貢獻，並且激發創意，對工作產生重要貢獻。

最後，達成目標

Unit **1-18**
領導人攸關企業成敗與盛衰

領導比其他因素重要的一項理由是，真正決定什麼該做，又能具體實現的人，就是領導人。的確，光靠一個人的力量改變不了這個世界，甚至連要改變一個中等規模的組織都是不可能的。這需要凝聚很多人的精力、想法和熱忱。但是，如果沒有領導人，任何行動根本無從開始，要不然，也會很快就因為缺乏方向和動力而停擺。

一.領導人的工作就是挑戰現狀

廣義而言，領導人的工作是階段性革命。他們必須不斷地挑戰現狀，並留意所做的一切是否得當，或哪些事情可以做得更好、更有效率。最重要的是，當發覺有改革必要時，他們必須立即展開行動。更具體地說，他們必須擔負兩項職責：

(一)認清現實： 根據實際情況評估公司當前處境，而不是根據過去經驗或所期望的情況。為了看清現實，領導人不能只挑想知道的資源來看，必須看清自己和公司的缺點，並承認有改變的需要。

(二)發動適當的回應行動： 一旦領導人了解問題、挑戰、機會何在，他必須決定一種回應方式、確定必須採取行動，以及確保那些行動執行得既迅速又有效率。

二.領導人如何帶動變革

奇異公司執行長傑克·威爾許設計了一部「奇異事業引擎」，著手整頓該公司的技術體系。這部機器由兩類事業部構成：一類是成長穩定且高獲利的事業部，它們能為公司賺入資金；另一類則是能運用所賺資金創造更高回收，本身也成長快速的事業部。威爾許提出的口號是，該公司必須「在任何所屬產業中排名一、二，否則只好整頓、關閉或乾脆賣斷該事業部。」事實上，在所屬產業排名一、二仍然不夠。他宣布說，任何想留在奇異的事業部，實際獲利要達到平均值以上，並具有獨特競爭優勢。威爾許相信，那些成不了市場龍頭的事業部其實是在浪費公司資本，因此，他在任期內關閉了一些收支勉強平衡的事業。

三.創造「無疆界」的企業文化

過去，在奇異，成千上百的員工和主管是在一個由無數小團體組成的事業體中成長的，在這樣的環境中，沒有人自覺須對其他團體的成敗負責。威爾許提出一個「無疆界」（Boundarylessness）口號，來說明他想要的文化環境。

威爾許以一個簡單的比喻說明「無疆界」的概念：「如果你把這家公司想像成一棟房子，房子會愈蓋愈高。當我們的規模擴大時，我們加蓋樓層，房子變得愈來愈大。當我們組織更複雜時，我們又按功能築起了牆。我們當前的目標應該是摧毀內部的牆——水平和垂直的隔板。」如此公司才可以「以大企業的體型，擁有小企業的速度。」一家「無疆界」企業的核心成員，是那些不管地位或部門重要性而毅然行動，並多方請益（包括公司內部、客戶或供應商）的人。

 領導人攸關企業的成敗與盛衰

1.領導人的重要性高過一切

↓

2.領導人的工作

挑戰現狀→①認清現實
　　　　②發動適當的回應行動

↓

做得更好，更有效率
因此

↓

3.領導人必須帶領組織展開變革

同時
↓

4.領導人必須創造沒有組織本位主義的無疆界企業文化

並且
↓

5.建立機制，推行新作法

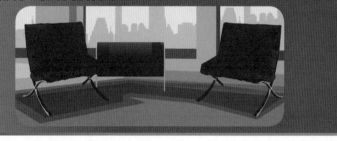

> ### ▶建立機制，推行新作法

知識補充站

威爾許不厭其煩地教導「無疆界」的想法，並提供各種機制推行新作法。在奇異一向自豪的「動腦行動」中，無數的公司員工、供應商和客戶齊聚一堂，商議問題的解決之道。「動腦」並非可有可無的活動，威爾許要求每個事業單位召開這類會議。他還規定會議的形式，須由不同部門和層級的員工，共同研討某些特定議題。會議中，與會人員必須將階級和部門藩籬暫拋門外，也要求每個人提出看法。會議的目的在於產生結論，領導人也必須採行下屬所提的建議。

Unit 1-19
領導就是教導

　　教導是領導工作的核心。領導人其實是透過教導來領導其他人。領導不是規定特定作法、發號施令或要求服從，領導是要讓其他人看到真實情況，並了解達成組織目標所需採取的行動。教導攸關如何有效傳達想法和價值，因此，組織中任何層級的領導人都必須是一位指導者。簡單來說，如果你沒有教導，你就不是在領導。

一.建立教導型的組織

　　英特爾的全部領導人，從執行長葛洛夫到經驗豐富的經理人中（平均十二至十五年年資者），都必須負責教導工作，成效好壞甚至攸關他們的紅利。有的人負責教授公司的正式課程，有的人在世界各地的事業單位裡開課。那並不是決定紅利多寡的最大因素，但是卻是葛洛夫用來表明「這很重要，我要你們去做」的一種方式。如果你的主管向來不做教導，最後就跟1990年代初期的IBM一樣。他們把教導的工作全部交給那些本身不是領導人，甚至是公司外部的人負責。而一旦狀況改變，他們自己的人就不懂得如何做出重大決定，因為這只能從公司的資深人員學到。

二.領導與教導的作法

　　(一)命令他們：領導人對追隨者發號施令——聽命行事。這是最低層次的領導。

　　(二)告訴他們：領導人向追隨者講授他的可傳授觀點，追隨者也應當接受這項觀點。一切行動遵循共同認可的觀點。這是稍高一層次的領導。

　　(三)推銷給他們：領導人提出他的可傳播觀點，說服追隨者那是正確的，還可能包括給予模擬參與、有限的幾個選擇，形同一種交心模式。這是再高一層次的領導。

　　(四)教導他們：領導人藉著建立教導型組織，培養其他領導人，來建構成功的組織。這是最高層次的領導。美國密西根大學商學院教授諾爾‧提區（Noel M. Tichy）與艾利‧柯恩（Eli Cohen）在2000年曾合著出版《領導引擎》，榮獲該年度商業週刊推薦的商業書籍前十名。該書是研究調查美國十多家卓越優秀的企業所撰成的調查報告，對於領導議題有第一線訪談調查的精華重點，具有實務性。該書指出成功的組織是「教導型組織」，並提到企業之所以成為贏家，是因為具有優秀的領導人，這些領導人還協助培養內部各層級的領導人才。評斷一個組織成功與否的最終依據，不在於它今天是否成功，而在於它能否保持領先優勢到更久的未來。教導型組織的概念其實更勝於學習型組織，企業要發展成為內部各個層級都有教導者的組織。

　　在加州的聖塔克拉爾市（Santa Clara），英特爾執行長安迪‧葛洛夫（Andy Grove）每年都要踏進課堂好幾次。葛洛夫的課程中，主要探討身為一個領導人，在察覺產業變動和帶領公司通過生存考驗上，應該扮演什麼樣的角色。葛洛夫為什麼花時間這麼做？因為他相信如果英特爾內部各層級領導人都具備洞察趨勢能力，又有勇氣付諸行動，英特爾就能在競爭對手衰退時，依舊蓬勃發展。因此，葛洛夫一心一意要為公司每個層級培訓出優秀領導人。

Leadership=Coaching
如果你沒有教導，你就不是在領導

1.教導，才是領導工作的核心

2.不只是領導者，更要成為「教導者」

3.全公司建立及轉變成一個「教導型組織」

4.使每個部門、每個員工在教導下，不斷提升他們的專業能力、管理能力及領導能力。

領導與教導的作法

①命令他們→領導人對追隨者發號施令——聽命行事。這是最低層次的
　★☆☆☆　領導。

②告訴他們→領導人向追隨者講授他的可傳授觀點，追隨者也應當接受
　★★☆☆　這項觀點。這是稍高一層次的領導。

③推銷給他們→領導人提出他的可傳播觀點，說服追隨者那是正確的，
　★★★☆　　還可能包括給予模擬參與、有限的幾個選擇，形同一種
　　　　　　　交心模式。這是再高一層次的領導。

④教導他們→領導人藉著建立教導型組織，培養其他領導人，來建構成
　★★★★　功的組織。這是最高層次的領導。

最終，成為：

5.高效能組織體

High Performance Organization

①身為一個領導人，在察覺產業變動和帶領公司通過生存考驗上，應該扮演什麼樣的角色。

②如果組織內部各層級領導人都具備洞察趨勢能力，又有勇氣付諸行動，公司就能在競爭對手衰退時，依舊蓬勃發展。

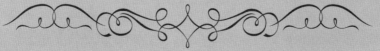

Unit 1-20
領導人應具備好EQ能力

《EQ》一書作者丹尼爾・高曼（Daniel Goleman）經過多年研究，認為主管的管理能力，在於情緒穩定，EQ 均衡才能先穩下自己的情緒，然後把部屬的情緒安撫下來，雙方取得和諧的共鳴，思考才有交集。高曼在他的著作《基本的領導力》中，強調主管的 EQ 來自兩方面，特摘述如下，以供參考。

一.個人的能力

(一)自我覺察力：了解自我情緒的狀況，以及情緒可能產生的影響，作為決策的思考；精確的自我評量，以了解自己的優缺點；自信力，了解自我價值及能力。

(二)自我管理能力：控制自我情緒，以免情緒失控或因衝動而無法自制。在部屬心目中，相當坦白，而獲得他們的依賴，並維持相當的靈活性以適應環境變遷；有旺盛的成就動機，把事情做到盡善盡美；有樂觀的心情，時時積極主動掌握機會。

二.社交的能力

人際互動應懂得掌握彼此的良好關係，以潤滑人際關係與工作關係，順利整合外部與內部人力資源。茲分述如下：

(一)社會的覺察力：人際互動過程必須掌握以下重點：

1.同理心：以同理心來設身處地思考問題，並適時掌握情緒的信號，感受其中奧妙，亦即傾聽對方意見，掌握問題核心，才能與各種不同背景的人合作無間。

2.組織的覺察力：領導者要有政治的敏感性，判斷組織的網路關係，並正確解讀權力結構，不但了解組織內部的政治關係，同時也能按照人性或價值來行事。

3.服務部屬：確保第一線人員服務顧客時有適當的支援資源，能讓顧客滿意。

(二)關係管理：領導者與部屬的互動關係，可以經由下列幾個途徑建立：

1.鼓舞和激勵：領導者能以共識遠景鼓舞並激勵部屬，以獲致共鳴，讓部屬能夠自動自發投入工作，而無須主管在後面窮追猛打。

2.影響力：能依不同的部屬給予適當的誘導，並讓部屬心甘情願的接受，主動投入工作。

3.培育部屬：悉心教導部屬，培養他們對工作的興趣，了解部屬的個人目標、優缺點與特質，以便適時給予建設性的回饋，扮演好教練的角色。

4.促動變革：領導者了解變革對部屬的好處，並時時鼓勵部屬挑戰現況，引進新方法或新思維。領導者也懂得為部屬排除變革時所面臨的障礙。

5.化解衝突：領導者負責化解部屬間的衝突，了解衝突的各方情境，以獲致雙方都可接受的解決方法，激發雙方潛力，朝共同的目標努力。

6.團隊合作：整合團隊成員的特質，釐定共同的目標，建立成員之間的工作關係或職責分配；營造和諧的氣氛，以發揮個人所長，透過團隊合作創造更高產值，使團隊成員都有成就感。

領導人應具備好EQ能力

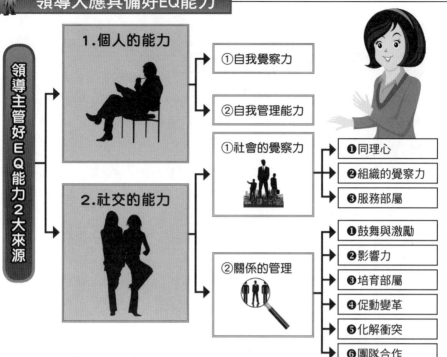

領導主管好EQ能力2大來源

1.個人的能力
- ①自我覺察力
- ②自我管理能力

2.社交的能力
- ①社會的覺察力
  - ❶同理心
  - ❷組織的覺察力
  - ❸服務部屬
- ②關係的管理
  - ❶鼓舞與激勵
  - ❷影響力
  - ❸培育部屬
  - ❹促動變革
  - ❺化解衝突
  - ❻團隊合作

領導主管要修練EQ能力

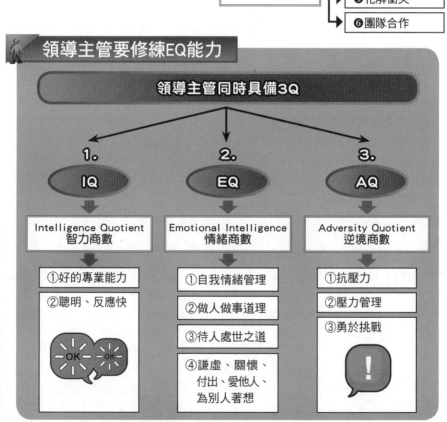

領導主管同時具備3Q

1. IQ
Intelligence Quotient
智力商數
- ①好的專業能力
- ②聰明、反應快

2. EQ
Emotional Intelligence
情緒商數
- ①自我情緒管理
- ②做人做事道理
- ③待人處世之道
- ④謙虛、關懷、付出、愛他人、為別人著想

3. AQ
Adversity Quotient
逆境商數
- ①抗壓力
- ②壓力管理
- ③勇於挑戰

Unit **1-21**
領導行動模式型態

　　領導者是什麼呢？日本學者大中忠夫做過一個完整的學術理論歸納，他認為領導可以區分為右圖所示的四類型領導者，茲分述如下，以供參考運用。

一.戰略實踐型領導者

　　此類領導者比較重視如何去做企業與組織的戰略分析、產業分析、市場分析，以及戰略因應規劃與戰略因應執行，然後完成組織領導的使命。因此，他視領導者就是戰略實踐者，企業戰略是領導者首要考量的問題。

二.目標達成型領導者

　　此類領導者比較強調組織目標的達成使命；不管是採用什麼方法、人力、途徑、工具、戰術行動與計畫，領導者的首要任務，就是強調目標要達成；目標經常達不到，那就不是一個好的領導者。因此，他視領導者就是目標達成者。

三.人才育成型領導者

　　此類領導者比較重視組織人才優勢及人才團隊競爭力的問題。他認為只要組織有好的人才團隊，組織任何的問題與目標，都可以解決，也都可以達成。因此，他比較重視本質原因，可以說此類領導者就是人才育成者。

四.價值創造型領導者

　　此類領導者比較重視企業對市場與產品的價值創造，然後獲得消費者的認同與肯定，因此組織目標也就可以達成。因此，他要求組織的領導者就是要不斷思考及創造出各種產品、服務與營運模式的新價值出來。故領導者即是價值創造者。

小博士解說

政治謀略大師——馬基維利

馬基維利被後代視為背叛與機會主義的代名詞，他的一本關於治國方針的經典著作《君主論》，至今仍飽受爭論。馬基維利1469年5月3日出生在佛羅倫斯的一個小地方，二十九歲擔任公職，而且以獨特的才幹受任為佛羅倫斯政府的國家戰略機要祕書，深受國防外交委員會主席的欣賞，曾擔任三十多次的重要外交任務，表現優異。也由於馬基維利數度出使法、德等強國，看盡政客玩弄權術，也受盡列強的屈辱，所以馬基的理念非常現實，完全脫去一般思想家偏重價值的理想主義色彩。他終其一生致力在遊說建立一個統一而強大的義大利。而且不談怎麼運作，而是告訴君王要怎樣做一個君王，才是一個真正的政治領袖。

042

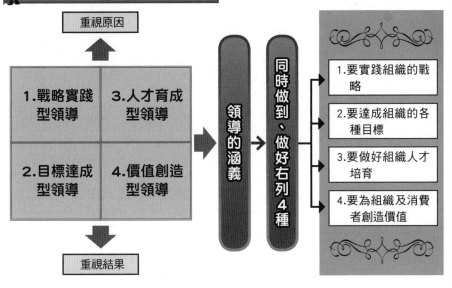

領導4種行動模式型態

重視原因

1.戰略實踐型領導	3.人才育成型領導
2.目標達成型領導	4.價值創造型領導

重視結果

領導的涵義 → 同時做到、做好右列4種

1. 要實踐組織的戰略

2. 要達成組織的各種目標

3. 要做好組織人才培育

4. 要為組織及消費者創造價值

君主論

知識補充站

馬基維利在他書中沒有理論,只談實務。他闡述了一個君主(統治者)應該要採用怎樣的統治手段才能保住自己的政權。馬基維利主要關注的是「新君主」的部分,因為世襲而來的君主由於人民已經習慣了舊政權,統治困難要比新君主要來得少。世襲君主要做的只是小心維持其既有制度,但新君主為了維持其奪取的土地,要建構一套新而恆久的權力架構則不是一件易事。為了穩定政權,君主在公眾上必須保持完美的名聲,但在私底下則必須採取許多本質邪惡的政治手段。《君主論》並沒有告訴讀者一個理想的君主或王國應該是怎麼樣子。馬基維利透過許多例子解釋了哪些君主得以成功取得並保持權力,這些例子來自於他在擔任佛羅倫斯外交官時對各國政局的觀察,也是來自於他對於古代歷史的研究。他的著作也代表了義大利文藝復興的高潮,他在書中大量採用來自古代文獻的歷史例子。如是不謹慎研讀馬基維利的論點,讀者經常會以為《君主論》一書的中心思想是「為達目的而可以不擇手段」,這其實是一種目的論的哲學觀點,亦即只要目的正當,所有的邪惡手段也都是正當的。然而這只是對於馬基維利的誤解,因為馬基維利也指出了邪惡手段的一些限制。首先,他指出只有維持穩定和繁榮才是國家可以追求的正當目標,個人為了利益而不擇手段則不是正當的目標,而且也不能正當化邪惡的手段;再者,馬基維利並沒有完全否定道德的存在,也並非鼓吹完全的自私或墮落。馬基維利明白澄清了他的定義,以及採取殘忍手段的前提(必須要快速、有效,而且短期)。

第 2 章

團隊管理與領導

●●●●●●●●●●●●●●●●●●●●●●●●●●●●●● 章節體系架構 ▼

Unit **2-1**
團隊的目的、特質與定義 Part I

　　愈來愈多的組織發現，團隊提供了一個有效的方法協助組織解決問題、增加員工對組織的認同感、提高員工工作潛能和快速回應環境變遷與顧客需求。

　　在企業實務上，也常看到企業強調有個堅強的研發團隊、經營團隊或銷售力團隊等，可見團結力量大，以下即來探討企業對團隊的定義及其目的與特色，由於內容豐富，特分兩單元介紹。

一.團隊的目的

　　團隊的主要目的是透過組織和管理一群人，讓他們在團隊所投入的心力能有效凝聚、發揮；同時也透過團隊的運作過程能夠學習到更多工作上的知識、技巧與經驗。

　　簡單來說，團隊即是指將幾個人集結在一起，去完成一特定的工作或任務。進一步而言，團隊是一群人共同為一特定目標，一起分擔工作，並為他們努力的成果共同擔負成敗責任。例如：可能是一個研發團隊、西進大陸設廠團隊、新事業籌備小組團隊、降低成本工作團隊、海外融資財務工作團隊或教育訓練講師團隊等均屬之。

二.團隊的特質

　　(一)團隊隊員具「相互依存性」：團隊中每個隊員均具有不同技能、知識或經驗。每個隊員都能對這個團隊有著不同貢獻，團隊隊員能了解彼此特長及團隊中的角色與重要性。團隊隊員在團隊中分工合作，分享資訊，交換資訊，並相互接納。團隊隊員體認到每個隊員的重要性，少了任何一個隊員，團隊目標將無法達成。

小博士解說

團隊VS.群體

團隊和群體經常容易被混為一談，但它們之間有根本性的區別，即1.領導方面：作為群體應該有明確的領導人；團隊可能就不一樣，尤其團隊發展到成熟階段，成員共用決策權；2.目標方面：群體目標必須跟組織保持一致，但團隊中除此之外，還可以產生自己的目標；3.協調方面：協調是群體和團隊最根本的差異，群體的協調性可能是中等程度，有時成員還有些消極，有些對立；但團隊中是一種齊心協力的氣氛；4.責任方面：群體的領導者要負很大責任，而團隊中除了領導者要負責之外，每一個團隊的成員也要負責，甚至要一起相互合作，共同負責；5.技能方面：群體成員的技能可能是不同的，也可能是相同的，而團隊成員的技能是互補的，把不同知識、技能和經驗的人綜合在一起，形成角色互補，從而達到整個團隊的有效組合，以及6.結果方面：群體的績效是每個個體的績效相加之和，團隊的結果或績效是由大家共同合作完成的產品。

團隊目的／特質／定義

團隊目的

企業常態組織架構 → 專責成立一個團隊小組 →
①加速解決組織所面臨特定問題
②達成組織特定的新目標、新任務
③組織的特攻小組

團隊4特質

1.團隊隊員具相互依存性

→①團隊中每個隊員均具有不同技能、知識或經驗。
②每個隊員都能對這個團隊有著不同貢獻，團隊隊員能了解彼此特長及團隊中的角色與重要性。
③團隊隊員在團隊中分工合作，分享資訊，交換資訊，並相互接納。
④團隊隊員體認到每個隊員的重要性，少了任何一個隊員，團隊目標將無法達成。

2.協調是在團隊運作過程中不可缺少的活動

3.了解到這個團隊為何存在

4.團隊隊員共同擔負團隊的成敗責任

知識補充站

麥當勞的危機管理團隊

麥當勞有一個危機管理隊伍，責任就是應對重大的危機，由來自於麥當勞營運部、訓練部、採購部、政府關係部等部門的一些資深人員組成，他們平時共同接受危機管理的訓練，甚至模擬當危機到來時如何快速應對，比如廣告招牌被風吹倒，砸傷行人，該怎麼處理？一些人員考慮是否把被砸傷的人送到醫院，如何回答新聞媒體的採訪，當家屬詢問或提出質疑時如何對待？另外一些人要考慮的是如何對這個受傷者負責，保險誰來出，怎樣確定保險？所有這些都要求團隊成員能夠在複雜問題面前做出快速行動，並且進行一些專業化的處理。雖然這種危機管理的團隊究竟在一年當中有多少時候能用得上還是個問題，但對於跨國公司來說是養兵千日，用兵一時，因為一旦問題發生，就不是一個小問題。在面臨危機時，如果做出快速而且專業的反應，危機會變成生機，問題會得到解決，而且還會給顧客及周圍的人留下很專業的印象。

Unit 2-2
團隊的目的、特質與定義 Part II

　　團隊是由員工和管理層組成的一個共同體，它合理利用每一個成員的知識和技能協同工作，解決問題，達到共同的目標。以下我們繼續探討團隊的特質與定義。

二.團隊的特質（續）

　　(二)「協調」是在團隊運作過程中不可缺少的活動：團隊隊員通常具有不同的背景，或來自不同的單位。為凝聚共識，致力於達成團隊的共同目標，團隊隊員應摒棄本位主義，敞開心胸，加強溝通協調；針對問題，解決問題。因此，身為團隊隊員應體認，唯有透過協調及充分溝通，才能完成團隊的共同目標。

　　(三)了解到這個團隊「為何存在」：團隊界限（Boundaries）何在及團隊在組織中所扮演的角色地位和功能性為何。

　　(四)團隊隊員「共同擔負」團隊的「成敗責任」：團隊隊員的責任分享可分為兩個層面來加以分析。

　　第一個層面是團隊隊員在平常的團隊運作過程中或團隊會議中，共同分攤團隊的工作。例如：團隊的領導角色（Team Leadership）或團隊的各項任務指派。

　　第二個層面是針對團隊的最後成果而言，團隊的存在都有其特定任務，能否達成此一任務便有成敗責任歸屬問題。團隊的特色之一，即在於順利完成團隊的目標時，全體團隊隊員將分享此一成果，共同接受組織的激勵與獎勵。相同的，當團隊無法順利完成特定任務時，則全體團隊隊員將共同承擔此一失敗的責任，而非單獨團隊的領導者（Team Leader）或管理者（Manager）承擔失敗的責任。

三.團隊的定義

　　總而言之，團隊在組織中的功能性上優於個人，因為團隊集結了不少各種不同技能、專業知識和經驗的人員一起為組織解決問題，他們更相信「三個臭皮匠，勝過一個諸葛亮」的基本哲學。因此，我們可以將團隊定義為：「一小群具有不同技能的人相互依存的在一起工作；這群人認同於一共同目標，而為了達成此一目標，他們貢獻自己的能力，扮演好自己的角色，彼此分工合作，溝通協調，為達成此一目標而齊心努力，並為此一目標的達成與否，共同承擔成敗責任。」

四.團隊讓一加一大於二

　　工作團隊之所以如此風行的原因，在於愈來愈多的任務需要用到集體的技術、判斷及經驗，而且團隊的績效會勝過個人績效。當組織為了增加經營效率及效能而進行重組時，通常會以團隊為組織設計的基礎。管理者也發現，相較於傳統的部門式組織，以及其他長久性的團體型式，工作團隊比較有彈性，而且也比較能適應環境的變化，可以很快的加以集結、部署、重新界定及遣散。工作團隊也可以產生激勵作用，因為員工的參與本身就會有激勵作用。

團隊4特質

1.團隊隊員具相互依存性

2.協調是在團隊運作過程中不可缺少的活動

→①團隊隊員通常具有不同的背景，或來自不同的單位。
②為達成共同目標，團隊隊員應摒棄本位主義，敞開心胸，加強溝通協調，解決問題。
③身為團隊隊員應體認，唯有透過協調及充分溝通，才能完成團隊的共同目標。

3.了解到這個團隊為何存在

→團隊界限何在及團隊在組織中所扮演的角色地位和功能性為何。

4.團隊隊員共同擔負團隊的成敗責任

→①團隊隊員在平常的團隊運作過程中或團隊會議中，共同分攤團隊的工作。
例如：★團隊的領導角色　★團隊的各項任務指派
②針對團隊的最後成果而言，團隊的存在都有其特定任務，能否達成此一任務便有成敗責任歸屬問題。

↓

○順利完成團隊目標時→團隊隊員分享成果，共同接受組織激勵與獎勵。
×無法完成特定任務時→團隊隊員共同承擔失敗責任。

 團隊效益

1+1＞2 ➡ **集合眾人智慧與經驗**

例子：

★研發團隊　　　　★新商品開發團隊　　　★財務上市團隊
★新事業籌備團隊　★降低成本團隊　　　　★海外市場團隊

麥當勞的能源管理小組

知識補充站

麥當勞成立了一個能源管理小組，成員來自於各連鎖店的不同部門，他們對如何降低能源問題提供自己鑑定的方案，解決這一環節對企業的成本控制非常有幫助。能源管理小組把所有電源開關用紅、藍、黃等不同顏色標出，紅色是開店的時候開，關店的時候關；藍色是開店的時候開，直到最後完全打烊後關掉。透過這種色點系統，他們就可以確定，什麼時候開關最節約能源，同時又能滿足顧客需要。這種能源小隊其實也是一個自我管理型團隊，能夠真正發揮降低運營成本的作用。

Unit **2-3**
影響團隊績效的九大因素 Part I

了解影響團隊績效的因素有助於提升團隊績效。值得注意的是，不是把團體改個名稱成為「工作團隊」就會增加生產力，有效的工作團隊必須具備以下九個重要特徵，由於內容豐富，特分兩單元介紹。

一.工作團隊成員人數的多寡

一般而言，好的工作團隊，其成員人數通常不多。如果人數過多，不僅會造成溝通上的困難，而且也容易造成權責不分、無凝聚力及無承諾的現象。專案組織是工作團隊的一個特定型式。當群體變得愈來愈大時，成員的工作滿足感會降低，而缺勤率及離職率會增加。但是有些專案非常複雜，區區人數很難應付自如，還是必須考慮完成專案的時間，來決定專案人員的數目。團隊成員小則有5至7人，中則10至20人，大則20至50人均有可能存在。

二.成員的能力好壞

團隊成員要能發揮效能，必須要具備四種技能，即技術的、人際的、觀念化的，以及溝通的技能。

三.成員互補性

每個團隊都有特定目標及需求，因此在遴選團隊成員時必須考慮到成員的人格特質及偏好。績效高的團隊必然會使其成員「適才適所」，讓每位成員都能夠發揮所長、扮演適當的角色。團隊成員亦不適宜全部是同質性的，存在異質化，也是必須的。

四.對共同目標的承諾深度

團隊是否有成員願意施展其抱負的目標？這個目標必須比特定標的具有更寬廣的視野。有效團隊必有一個共同的、有意義的目標，而此目標是指導行動、激發成員承諾的動力。

小博士解說

何謂專案？

有些人對於專案的定義不是很清楚，甚至容易與常態性的管理事務混淆在一起。簡單的說，專案是指在一定時間內，為了完成特定目標的組織活動。好比說一家做進出口貿易的中小型企業，如果老闆擬定了一個目標，要業務與相關行銷人員針對年終至隔年農曆過年期間進行某一產品的進口促銷方案，這就可以被當作一個專案來看待。因此，專案包含了以下幾個特性：1.明確的目標；2.特定的時間（明確的開始與結束時間）；3.非重複性（非日常例行性事務），以及4.特定的人員。

影響團隊績效9大因素

1.工作團隊成員人數的多寡

→①好的工作團隊，成員人數通常不多。

②人數過多，不僅會造成溝通上的困難，也容易造成權責不分、無凝聚力及無承諾的現象。

③當群體愈來愈大時，成員的工作滿足感會降低，而缺勤率及離職率會增加。

↓

> 專案組織是工作團隊的一個特定型式

④有些專案非常複雜，區區人數很難應付自如，還是必須考慮完成專案的時間，來決定專案人員的數目。

⑤團隊成員

小→5至7人

↓

中→10至20人

↓

大→20至50人

2.成員的能力好壞

→團隊成員要能發揮效能，必須要具備4種技能
★技術 ★人際 ★觀念化 ★溝通技能

3.成員互補性

→①每個團隊都有特定目標及需求，因此在遴選團隊成員時，必須考慮到成員的人格特質及偏好。

②績效高的團隊必然會使其成員「適才適所」，讓每位成員都能夠發揮所長、扮演適當的角色。

③團隊成員不宜全部同質性，也要存在異質化。

4.對共同目標的承諾深度

→①團隊是否有成員願意施展其抱負的目標？這個目標必須比特定標的具有更寬廣的視野。

②有效團隊必有一個共同的、有意義的目標，而此目標是指導行動、激發成員承諾的動力。

5.建立特定目標的明確化程度

6.領導人與結構適當與否

7.社會賦閒及責任

8.績效評估及報酬制度

9.成員彼此互信程度

Unit **2-4**
影響團隊績效的九大因素 Part II

各學派專家透過對高效和失敗團隊的表象特徵進行分析，發現團隊目標、成員選擇、職責分工、過程管理、人際關係、成員技能和團隊激勵是影響團隊績效的關鍵因素。在此，我們將它衍生成九大影響團隊績效的因素予以進一步說明，前文已介紹四種，以下再說明其他五種。

五.建立特定目標的明確化程度

成功的團隊會將其共同目標轉換成特定的、可衡量的、實際的績效標的。標的可以提供成員無窮的動力，促進成員間的有效溝通，使成員專注於目標的達成。

六.領導人與結構適當與否

目標界定了成員的最終理想，但是，高績效的團隊還需要有效的領導及結構來提供焦點及方向。

團隊成員必須共同決定：誰該做什麼事情？每個成員工作負荷量如何均衡？如何做好工作排程？需要培養什麼技術？如何解決可能衝突？如何做決策、調整決策？要解決這些問題並達成共識，以整合成員的技術，就需要領導及結構。

由企業高層指派或由成員推舉。被推舉者必須要能夠扮演促進者、組織者、生產者、維持者，以及連結者的角色。

七.社會賦閒及責任

成員可能「混」在團隊內不做任何貢獻，但卻搭別人的便車，這種現象稱為社會賦閒。成功的團隊不允許成員發生這種混水摸魚的現象，它會要求每位成員肩負起應該扛的責任。

八.績效評估及報酬制度

如何讓每位成員都能肩負起責任？傳統個人導向的績效評估及報酬制度必須加以調整，才能夠反映出團隊績效。

個人的績效評估、固定時段的報酬、個人的誘因等，並不能完全適用於高績效的團隊，所以除了以個人為基礎的評估及報酬制度外，還要重視以整個群體為基礎的評價、利潤分享、小團隊誘因，以及其他能增強團隊努力與承諾的誘因。

九.成員彼此互信程度

高績效團隊成員都是互信的，成員之間都會相信對方的廉潔、品格及能力。但是就人際關係而言，互信其實是相當脆弱的——因為需要長時間的培養，但卻容易毀於一旦，一旦破壞要再恢復更是難上加難。由於互信有相乘效果，互不信任也是一樣，所以領導者必須在組織團隊成員方面投入更多的關注。

影響團隊績效9大因素

1.工作團隊成員人數的多寡	**3.成員互補性**
2.成員的能力好壞	**4.對共同目標的承諾深度**

5.建立特定目標的明確化程度

→①成功的團隊會將其共同目標轉換成特定的、可衡量的、實際的績效標的。
　②標的可提供成員無窮動力，促進成員間有效溝通，使成員專注目標達成。

6.領導人與結構適當與否

→①目標界定成員最終理想，但高績效的團隊還需要有效的領導及結構提供焦點
　　及方向。
　②團隊成員必須共同決定
　　★誰該做什麼事情？　　　★每個成員工作負荷量如何均衡？
　　★如何做好工作排程？　　★需要培養什麼技術？
　　★如何解決可能衝突？　　★如何做決策與調整決策？
　③要解決上述問題並達成共識，以整合成員的技術，就需要領導及結構。
　④由企業高層指派或由成員推舉。
　⑤被推舉者必須要扮演5角色
　　★促進者　★組織者　★生產者　★維持者　★連結者

7.社會賦閒及責任

→①成員可能「混」在團隊內不做任何貢獻，但卻搭別人的便車，這種現象稱為
　　社會賦閒。
　②成功的團隊不允許成員發生這種混水摸魚的現象，它會要求成員肩負起責
　　任。

8.績效評估及報酬制度

→①傳統個人導向的績效評估及報酬制度必須調整，才能夠反映出團隊績效。
　②個人的績效評估、固定時段的報酬、個人的誘因等，並不能完全適用於高績
　　效的團隊。
　③還要重視以整個群體為基礎的評價、利潤分享、小團隊誘因，以及其他能增
　　強團隊努力與承諾的誘因。

9.成員彼此互信程度

→①高績效團隊成員都是互信的，成員之間都會相信對方的廉潔、品格及能力。
　②互信其實相當脆弱——因為需要長時間的培養，但卻容易毀於一旦，一旦破壞
　　要再恢復很難。
　③互信有相乘效果，互不信任也是一樣，領導者必須在組織團隊成員方面投入
　　更多關注。

影響團隊的戰鬥力

影響團隊的績效好壞

影響團隊的目標達成與否

Unit **2-5**
任務團隊的趨勢與階段

近幾年來，另一種組織模型不斷出現在有關企業的報導和文獻中，一般稱之為「以團隊為基礎的組織」（Team-Based-Organization），或簡稱為「團隊型」組織，代表人類進入所謂「知識社會」的產生。這種組織具備靈活和彈性的優點，適合知識社會所帶來的創新和多元的需要。

一.組織走向「團隊化」的最新趨勢

由於這種團隊具有完整自主和自我負責的特性，使得往昔那些用以監督、協調和指揮作用的層層上級單位也都變為不必要了，所謂「組織扁平化」也就成為自然而然的結果。

今天的企業已不能完全依靠傳統金字塔組織，也可能須借助外部專家，結合內部各個部門的專業人士，在一起針對一個目標去推動，達到某個績效。

團隊的種類非常多，國家有國家團隊，內閣有內閣團隊，公司也一樣，有經營團隊、董事會團隊、管理團隊、部門的矩陣組織，以及任務團隊。

在發展團隊組織的過程中，和一般傳統的組織概念不一樣。例如：一個在國內發展的企業，有一天要到大陸或東南亞投資，就要發展出一個投資團隊或先遣部隊，這個先遣部隊派駐在上海、廣州或北京，他們有一個明確的目標要達成，將原來分散在各地的專業人才，例如：財務、管銷或工程人員整合起來，成為一個有特殊目的團體。

二.任務團隊組建的五個階段

發展中的團隊在不同的階段有不同的挑戰，無法度過這一關即無法邁向下一階段，這個過程大概有五個階段：

(一)開始階段：徵召人才，吸引人才，共同討論團隊的使命和目的。接下來，人馬集結好，開始在一個目標之下共同奮鬥，但這時會產生競爭、內鬥，各種人際之間的問題就產生了。

(二)穩定階段：接下來，就是進入穩定階段。當大家都清楚自己的角色定位，可以一起工作，這個團隊就開始成型。

(三)掙扎期：然後，就開始了掙扎期。這麼多人在一起，每個人的工作方法、步調，對計畫的輕重緩急都不一樣，如何接受新任務？職位如何界定？如何分配？如何讓每個人在工作過程中有所成長，這些都是領導者所要做的事情。

(四)成功階段：當有了正面的效應後，就可能是組織的成功階段。這時，大家就可能產生一種期待、期望、憧憬，士氣也被激發出來，想超越目標，將目標推動的愈來愈高。

(五)終止階段：最後就是終止階段，也就是說，目標達成，團隊也就終止了，這時要慶賀，為了達到目標而產生的激勵、報酬、獎金、表揚，做一個總結。當然也可能是沒有達到目標的悔恨、沮喪和挫折。

任務團隊的趨勢與階段

團隊型組織的產生，代表人類進入所謂「知識社會」。這種組織具備靈活和彈性的優點，適合知識社會所帶來的創新和多元的需要。

組織走向團隊化類型

1.國家團隊	2.董事會團隊
3.內閣團隊	4.研發團隊
5.公司管理團隊	
6.新產品開發團隊	

↓ 整合
一個事業的或多元的團隊
↓ 才能集合
眾人能力
↓ 達成
組織目標

 新任務團隊組建5階段

1.開始階段
→①徵召內、外部人才，成立團隊。
　②共同討論團隊的使命和目的。

2.穩定階段
→就定位，開始成型。

3.掙扎期
→①這麼多人在一起，每人的工作方法、步調，對計畫的輕重緩急都不一樣。
　②領導人要確定目標、工作分配、展開工作。

4.成功階段
→全力朝向團隊目標不斷努力與激勵。

5.終止階段

☑ 達成團隊目標，獲得獎勵。

☒ 未達到目標的悔恨、沮喪和挫折。

Unit **2-6**
任務團隊的領導

成功的組織可能會複製，將組織再擴大，人員重新分配，接受新任務。

一.任務團隊的「領導」

一個團隊的發展，是周而復始的階段。在這幾個階段中如何去維持，使大家能夠很投入，並且在工作上有好的表現呢？

(一)必須強調重視團隊而非個人英雄：領導人應該將團隊的表現作為最高的表徵，而不是強調個人的英雄主義。

(二)團隊充分溝通與分享：鼓勵團隊成員之間充分的溝通，願意表達、願意分享。

(三)互相依賴：讓每個人都產生互相依賴的感覺，發展一個好的關係。

(四)遇問題即刻處理：如果有問題發生時，應該列為專案，立即處理。

(五)成員隨時具有簡報的能力：要求員工有隨時做簡報和口頭報告的能力。

(六)全力協助成員：提供資源和協助，幫助全體成員成長。

(七)領導者不能高高在上：領導者應清楚自己的角色定位也是團隊成員之一，不要高高在上。

056

(八)監控目標承諾：針對每個人對目標的承諾進行監控，而非傳統管制方式。

(九)激發成長：透過工作挑戰，定期訓練和生涯發展，激發成員共同成長。

很多人對團隊的看法，只是一群人在一起工作而已。但團隊領導者的領導方式，是會影響到這個團隊的成敗。

二.高清愿——團隊精神是企業的靈魂

臺灣的企業，這十多年來，朝大型化、團隊化與多角化發展的同時，在經營管理上，團隊已經逐漸取代個人，企業的績效，也多取決於團隊精神能否落實。

統一企業在逐漸擴大，成為擁有幾十家關係企業的集團後，高清愿深刻體會到，團隊精神就是集團的生命力，從長遠來說，往往能夠決定集團的成敗。畢竟，一個集團旗下的企業，總是有好有壞，差的企業需要整頓時，就得靠其他企業的奧援，包括人才，甚至資金。在這個節骨眼上，有些企業的總經理，難免堅持本位主義，不願割愛。有人則能顧全大局，出人出錢，兩者的區別，就關係到團隊精神的有無。

統一超商前總經理徐重仁，在零售服務業的經營成就，頗受各界肯定，他在統一集團內，另一個備受好評之處，就是行事以大我為重。舉凡服務業有關的領域，統一有哪個關係企業的營運，出了問題，找他來解決，徐重仁從不推辭，這些企業在他整合資源、派員整飭後，都有了新氣象，也有已轉虧為盈。這類例子比比皆是。像是過去一年動輒虧一、二億的統一藥品，在統一超商派員經營後，2002年獲利超過五千萬元。統一精工也是統一超商的資金與財務人員進駐後，有了新面貌，2002年賺了一億多元。

團隊精神，最簡單的解釋，就是不自私、不本位，再了不起的企業，少了這個要素，也撐不了多時。

任務團隊的領導

團隊精神，是企業的靈魂

團隊精神
★不自私　★不本位　★相互支援

統一超商

- 救援統一企業旗下有問題的企業，使其轉虧為盈。

領導團隊9原則

如何領導團隊

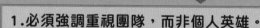

1. 必須強調重視團隊，而非個人英雄。

2. 鼓勵團隊成員充分溝通，願意表達、願意分享。

3. 團隊成員間建立良好、互信、互助精神。

4. 如果有問題發生時，應該列為專案，立即處理。

5. 要求員工有隨時做簡報和口頭報告的能力。

6. 提供資源和協助，幫助全體成員成長。

7. 領導者也是團隊成員之一，不要高高在上。

8. 針對每個人對目標的承諾進行監控，而非傳統管制方式。

9. 透過工作挑戰，定期訓練和生涯發展，激發成員共同成長。

第 **3** 章

領導與決策

Unit **3-1**
決策模式的類別與其影響

決策是一個決策者在一個決策環境中所做的選擇；既然是選擇，就很難保證所選擇的決策模式一定正確無誤，所以下決策時，絕對不可輕忽可能會影響決定的每個環節及因素。

一.決策模式的類別

一般來說，決策程度模式可以區分為以下三種型態，可供實務上運用：

(一)直覺性決策：此是基於決策者靠「感覺」什麼是正確的，而加以選定。不過，這種決策模式已愈來愈少。

(二)經驗判斷決策：此是基於決策者靠「過去的經驗與知識」以擇定方案。這種決策在老闆心中，仍然存在的。

(三)理性決策：此是基於決策者靠系統性分析、目標分析、優劣比較分析、SWOT分析、產業五力架構分析及市場分析等而選定最後決策。這是最常用的決策分析。

二.影響決策的因素

哪些因素會影響決策呢？以下將概述可能會影響決策的六個因素，亦可稱之為決策分析應考量的六個構面：

(一)策略規劃者或各部門經理人員的經驗與態度：經理人員過去對企業發展成功或失敗的經驗，常造成首要的影響因素。而對環境變化的看法與態度也會影響決策之選擇，有些經理人員目光短淺只重近利，則與目光宏遠、重視短長期利潤協調之經理人員，自有很大不同。因此，成功的策略規劃人員及專業經理人，應該都受過策略規劃課程的訓練為佳。

(二)企業歷史的長短：若企業營運歷史長久，而且經理人員也是識途老馬時，對於決策選擇之掌握，會做得比無經驗或較新企業為佳。

(三)企業的規模與力量：如果企業規模與力量相形強大，則對環境變化之掌握控制力也會比較得心應手，亦即對外界的依賴性會較小。因此，大企業的各種資源及力量也比較厚實，包括人才、品牌、財力、設備、R&D技術、通路拓點等資源項目。因此，其決策的正確性、多元性及可執行性，也就較佳。

(四)科技變化的程度：第四個構面是所處的科技環境相對的穩定程度，此包括環境變動之頻率、幅度與不可預知性等。當科技環境變動多、幅度大，且常不可預知時，則經理人員對其所投下之心力與財力就應較大，否則不能做出正確決策。

(五)地理範圍是地方性、全國性或全球性：其決策構面的複雜性也不同，例如：小區域之企業，決策就較單純；大區域之企業，決策就較複雜；全球化企業的決策，其眼光與視野就必須更高、更遠了。

(六)企業業務的複雜性：企業產品線與市場愈複雜，其決策過程就較難以決定，因為要顧慮太多的牽扯變化。若只賣單一產品，下決策就容易多了。

決策模式類別與影響

決策模式3類別	1.直覺性決策	→	這種決策模式已愈來愈少
	2.經驗判斷決策	→	這種決策在老闆心中，仍然存在。
	3.理性決策	→	①這是最常用的決策分析。 ②決策者會基於以下各種分析做決策 　★系統性分析 　★目標分析 　★優劣比較分析 　★SWOT分析 　★產業5力架構分析 　★市場分析

影響決策6大構面因素

影響決策因素
↓

1.策略規劃者的經驗及態度

→①經理人員過去對企業發展成功或失敗的經驗，常造成首要的影響因素。
　②對環境變化的看法與態度也會影響決策之選擇。
　③成功的策略規劃人員及專業經理人，應該都受過策略規劃課程的訓練為佳。

2.企業歷史的長短

→企業營運歷史長久＋經理人員識途老馬
　決策選擇之掌握 → 比無經驗或較新企業 → 佳

3.企業的規模與力量

→①企業規模與力量相形強大，則對環境變化之掌握控制力也會比較得心應手，亦即對外界的依賴性會較小。
　②大企業的各種資源及力量比較厚實，因此其決策的正確性、多元性及可執行性也就較佳。

4.科技變化的程度

→①包括環境變動之頻率、幅度與不可預知性等。
　②當科技環境變動多、幅度大，且常不可預知時，則經理人員對其所投下之心力與財力就應較大，否則不能做出正確決策。

5.地理範圍的大或小

→①小區域之企業，決策就較單純。
　②大區域之企業，決策就較複雜。
　③全球化企業的決策，其眼光與視野就必須更高、更遠。

6.企業業務與市場的複雜性

→①愈複雜，決策過程就較難以決定，因為要顧慮太多的牽扯變化。
　②若只賣單一產品，下決策就容易多了。

第3章 領導與決策

061

Unit 3-2
領導決策上的考量與指南

一個高效能的領導決策者，應考慮哪些變數才能讓決策有實質效果？以下我們探討之。

一.領導決策上的考慮點

一個有效的領導決策，應該考慮到以下幾點變動因素之影響：

(一)決策者的價值觀：一項決策的品質、速度、方向之發展，與組織之決策者的價值觀有密切關係，特別是在一個集權式領導型的企業中。例如：董事長式決策或總經理式決策模式。

(二)決策環境：包括確定情況如何、風險機率如何，以及不確定情況如何。

(三)資訊不足與時效的限制：決策有時有其時間上壓力，必須立即下決策，若資訊不足時會存在風險。此外，另一種狀況是此種資訊情報相當稀少，也存在風險。這在企業界也是常見的。因此，更須仰賴有豐富經驗的高階主管判斷了。

(四)人性行為的限制：包括負面的態度、個別的偏差，以及知覺的障礙。

(五)負面的結果產生：做決策時，也必須考量到是否會產生不利的負面結果，以及能否承受。例如：做出提高品質的決策，可能相對帶來更高的成本。

(六)對他部門之影響關係：對某部門的決策，可能會不利其他部門時，也應一併顧及。

二.有效決策之指南

如何才能讓決策有其實質上的效果產生？其實不難，只要掌握以下幾點原則，並妥善運用，即能徹底發揮決策的功效：

(一)要根據事實：有效的決策，必須根據事實的數字資料與實際發生情況訂定，不可道聽塗說。因此，決策前的市調、民調及資料完整、數據齊全是很重要的。

(二)要敞開心胸，分析問題：在分析的過程中，決策人員必須將心胸敞開，不能局限於個人的價值觀、理念與私利，如此才能尋求客觀性與可觀性。另外，也不能報喜不報憂，或是過於輕敵與自信。

(三)不要過分強調決策的終點：這一次的決策，並非此問題之終結點，未來持續相關的決策還會出現，而且僅以本次決策來看，也未必一試即能成功；有必要時，仍要彈性修正，以符實際。實務上，也經常如此，邊做邊修改，沒有一個決策是十全十美可以解決所有問題，決策是有累積性的。

(四)檢查你的假設：很多決策的基礎乃是根源於已定的假設或預測，然而當假設預測與原先構想大相逕庭時，這項決策必屬錯誤。因此，事前必須切實檢查所做之假設是否接近事實。

(五)下決策時機要適當：決策人員跟一般人一樣，也有情緒起伏。因此為不影響決策之正確走向，決策人員應該於心緒最平和、穩定，以及頭腦清楚時，才做決策。

領導決策上6考慮點

1.決策者的價值觀 → 例如：董事長式決策或總經理式決策模式。

2.決策環境 → 包括確定情況如何、風險機率如何，以及不確定情況如何。

3.資訊不足與時效限制 → 這在企業界也是常見的，更須仰賴有豐富經驗的高階主管判斷。

4.人性行為的限制 → 負面的態度、個別的偏差，以及知覺的障礙。

5.負面結果產生 → 例如：做出提高品質的決策，可能相對帶來更高的成本。

6.對其他部門的影響 → 對某部門所做之決策，可能會不利於其他部門。

有效決策5指南要點

1.要根據事實
→決策之前的市調、民調及資料完整、數據齊全是很重要的。

2.要敞開心胸，分析問題
→決策人員不能局限於個人的價值觀、理念與私利，如此才能客觀。也不能報喜不報憂，或過於輕敵與自信。

3.不要過分強調決策終點
→實務上，也經常邊做邊修改，沒有一個決策是十全十美可以解決所有問題，決策是有累積性的。

4.檢查你的假設
→為免假設與原先構想大相逕庭，故事前必須切實檢查所做之假設。

5.下決策時機要適當
→決策人員應該於心緒最平和、穩定，以及頭腦清楚時，才做決策。

Unit 3-3
如何提高決策能力 Part I

作為一個企業家、高階主管、企劃主管，甚至是企劃人員，最重要能力是展現在他的「決策能力」或「判斷能力」。因為，這是企業經營與管理的最後一道防線。究竟要如何增強自己的決策能力或判斷能力？國內外領導幾萬名、幾十萬名員工的大企業領導人，他們之所以卓越成功，擊敗競爭對手，取得市場領先地位，不是沒有原因的。最重要的原因是——他們有很正確與很強的決策能力與判斷能力。

依據筆者工作與教學經驗，歸納十一項有效增強自己決策能力的作法，由於內容豐富，特分三單元介紹，提供讀者參考。

一.多吸取新知與資訊

多看書、多吸取新知，包括同業及異業資訊，乃是培養決策能力的第一個基本功夫。統一超商前總經理徐重仁曾要求該公司主管，不管每天如何忙碌，都應靜下心來，讀半個小時的書，然後想想看，如何將書上的東西，運用到自己的公司，以及自己的工作崗位上。

依筆者的經驗與觀察，吸取新知與資訊大概可有幾種管道：1.國內外專業財經報紙；2.國內外專業財經雜誌；3.國內外專業研究機構的出版報告；4.專業網站；5.國內外專業財經商業書籍；6.國際級公司年報及企業網站；7.跟國際級公司領導人訪談、對談；8.跟有學問的學者專家訪談、對談；9.跟公司外部獨立董事訪談、對談，以及10.跟優秀異業企業家訪談、對談。

值得一提的是，吸收國內外新知與資訊時，除了同業訊息一定要看之外，異業的訊息也必須一併納入。因為非同業的國際級好公司，也會有很好的想法、作法、戰略、模式、計畫、方向、願景、政策、理念、原則、企業文化，以及專長等，值得借鏡學習與啟發。

二.掌握公司內部會議自我學習機會

大公司經常舉行各種專案會議、跨部門主管會議或跨公司高階經營會議等，這些都是非常難得的學習機會。從這裡可以學到什麼東西呢？

(一)學到各個部門的專業知識及常識：包括財務、會計、稅務、營業（銷售）、生產、採購、研發設計、行銷企劃、法務、品管、商品、物流、人力資源、行政管理、資訊、稽核、公共事務、廣告宣傳、公益活動、店頭營運、經營分析、策略規劃、投資、融資等各種專業功能知識。

(二)學到資深報告臨場經驗：包括學到高階主管如何做報告及如何回答老闆的詢問等應對技巧。

(三)學到卓越優秀老闆如何問問題、裁示、做決策，以及他的思考點及分析構面：另外，老闆多年累積的經驗能力，也是值得傾聽。老闆有時也會主動拋出很多想法、策略與點子，也是值得吸收學習的。

有效增強決策能力11項要點

1. 多看書、多吸取新知與資訊（包括同業與異業）

2. 應掌握公司內部各種會議的學習機會

3. 應向世界級卓越公司借鏡

4. 提升學歷水準與理論的精實

5. 應掌握主要競爭對手與主力顧客的動態情報

6. 累積豐厚的人脈存摺

7. 親臨第一現場，腳到、眼到、手到、心到

8. 善用資訊工具

9. 思維要站在戰略高點與前瞻視野

10. 累積經驗能量，養成直覺判斷力或直觀能力

11. 有目標、有計畫、有紀律的終身學習

知識補充站

得勝的人生

你不必倒地不起。即使在外在你無法屹立不搖，但在內心，你仍要起身站立！換句話說，內心要抱著得勝的態度，保持信心的態度，別讓自己墮入負面思考、發怨言或責備命運捉弄。

人生不可避免的，每天必須面對大小問題，同時要成為一個得勝者。「得勝」的希臘文意思是「解決問題」，因此一個得勝者就是解決問題的人，其成功的祕訣在於面對問題、困難或壓力的心態。成功的人通常堅持正面的心態，有堅強的信念，相信自己不會被拉下去，可以超越並且成功的征服它，當情況愈來愈困難時，他們看到的永遠是機會。

無論你在生命中面對什麼，若你知道如何在內心起身站立，困難就永遠無法打倒你。

Unit **3-4**
如何提高決策能力 Part II

前面單元提到多吸取新知與資訊，以及掌握公司內部會議自我學習機會等兩種有效增強決策能力的要點，本單元繼續介紹其他三種，希望讀者能從中得到如何增強決策能力的啟示。

三.應向世界級卓越公司借鏡

世界級成功且卓越的公司一定有其可取之處，臺灣市場規模小，不易有跨國級與世界級公司出現。

因此，這些世界級大公司的發展策略、人才培育、經營模式、競爭優勢、決策思維、企業文化、營運作法、獲利模式、組織發展、研發方向、技術專利、全球運籌、世界市場行銷，以及國際資金等，在在都有精闢與可行之處，值得我們學習與模仿。借鏡學習的方式，可有以下幾種：

(一)展開參訪實地見習之旅：所謂讀萬卷書，不如行萬里路，眼見為實。

(二)透過書面資料：廣為蒐集、分析與引用。

(三)展開雙方策略聯盟合作：包括人員、業務、技術、生產、管理、情報等多元互惠合作，必要時要付些學費。

四.提升學歷水準與理論精進

現代上班族的學歷水準不斷提升，大學畢業生滿街都是，進修碩士成為晉升主管的「基礎門檻」，進修博士也對晉升為總經理具有「加分效果」。這當然不是說學歷高就是做事能力高或人緣好，而是說如果兩個人具有同樣能力及經驗時，老闆可能會拔擢較高學歷的人或名校畢業者擔任主管。

另外，如果你是四十歲的高級主管，但三十多歲部屬的學歷都比你高時，你自己也會感受些許壓力。

提升學歷水準，除了增加自己的自信心之外，在研究所所受的訓練、理論架構的井然有序、專業理論名詞的認識、整體的分析能力、審慎的決策思維，以及邏輯推演與客觀精神建立等，對每天涉入快速、忙碌、緊湊的營運活動與片段的日常作業中，恰好是一個相對比的訓練優勢。唯有實務結合理論，才能相得益彰，文武合一（文是學術理論精進，武是實戰實務）。這應是最好的決策本質所在。

五.應掌握主要對手動態與主力顧客需求情報

俗稱「沒有真實情報，就難有正確決策」，因此，儘量周全與真實的情報，將是正確與及時決策的根本。要達成這樣的目標，企業內部必須要有專責單位，專人負責此事，才能把情報蒐集完備。

好比是政府也有國安局、調查局、軍情局、外交部等單位，分別蒐集國際、大陸及國內的相關國家安全資訊情報，這是一樣的道理。

如何提升判斷力？	1.個人經驗要加速累積
	2.具有經驗的長官要好好指導
	3.個人要更加勤奮，勤能補拙
	4.個人要累積更多的專長及非專長知識
	5.個人要看更多的、更廣泛性的常識
	6.個人要養成大格局／全局的觀念
	7.個人要具有高瞻遠矚的眼光
	8.個人要參考以前成功或失敗的經驗
	9.要加強各種方式的訓練
	10.要加強各種語言的充實
	11.不懂的要多問
	12.要多思考、深思考、再思考
	13.要了解、體會及記住老闆的訓示
	14.要接觸更多外部的人
	15.要堅持科學化、系統化的數據分析
	16.最後靠直覺也很重要

067

知識補充站

得勝者面對困境應有的態度

想成為一個得勝者，面對困難應有的基本心態是：1.困難是暫時的，沒有什麼問題是永遠存在，要永遠存在盼望；2.困難帶有好機會，每件事都有正反兩面，換個角度來看，就會帶來好處；3.困難試驗信心，如果自己的信心只在順境時堅強，這信心不是真的，以及4.困難能帶來成長，面臨困難時，不要讓自己因困境而變得苦惱，倒要因此成長。

困難就好比舉重，不練習舉重就不會有肌肉；困境就像生命的重量，鍛鍊個人性格的肌肉。當面臨受傷、痛苦難過時，不必裝出快樂的樣子，受傷就是受傷了。但是在面對傷害的同時，還是可以選擇積極地面對，只有從對壓力的反應，才能更認識自己性格的深度。

當一切進行順利時，對別人好很容易；但更重要的是，當人對我們不公平的時候，我們是否仍然恩慈待人。

Unit **3-5**
如何提高決策能力 Part III

前面兩單元已分別提到五種有效增強決策能力的要點，本單元繼續介紹其他六種，總計十一種大有能力的增強決策妙方，值得參考運用。

六.累積豐厚的人脈存摺

豐厚人脈存摺對決策形成、決策分析評估及做出決策，有顯著影響。尤其，在極高層才能拍板的狀況下，唯有良好的高層人脈關係，才能達成目標，這不是年輕員工能做到的。此時，老闆就能發揮必要的臨門一腳效益。對一般主管而言，豐富的人脈自然要建立在同業或異業的一般主管。人脈存摺不必然是每天都會用到的，但需要用時，就能顯現它的重要性。

七.親臨第一線現場

各級主管或企劃主管，除了坐在辦公室思考、規劃、安排並指導下屬員工，也要經常親臨第一線，這樣才不會被下屬矇蔽，有助決策擬定。例如：想確知週年慶促銷活動效果，應到店面走走看看，感受當初訂定的促銷計畫是否有效，以及什麼問題沒有設想到，都可以作為下次改善的依據。

八.善用資訊工具提升決策效能

IT軟體工具飛躍進步，過去需依賴大量人力作業，又費時費錢的資訊處理，現在已得到改善。另外，由於顧客或會員人數不斷擴大，高達數十萬、上百萬筆等客戶資料或交易銷售資料，要仰賴IT工具協助分析。目前各種ERP、CRM、SCM、PRM、POS等，都是提高決策分析的工具。

九.思維要站在戰略高點與前瞻視野

年輕的企劃人員，比較不會站在公司整體戰略思維高點及前瞻視野來看待與策劃事務，這是因為經驗不足、工作職位不高，以及知識不夠寬廣。這方面必須靠時間歷練，以及個人心志與內涵的成熟度，才可以提升自己從戰術位置，躍升到戰略位置。

十.累積經驗能量成為直覺判斷力

日本第一便利商店，7-11公司前董事長鈴木敏文曾說過，最頂峰的決策能力，必須變成一種直覺式的「直觀能力」，依據經驗、科學數據與個人累積的學問及智慧，就會形成一種直觀能力，具有勇氣及膽識下決策。

十一.有目標、有計畫、有紀律的終身學習

人生要成功、公司要成功、個人要成功，總結而言，就是要做到「有目標、有計畫、有紀律」的終身學習。

缺乏判斷力會造成9大不利

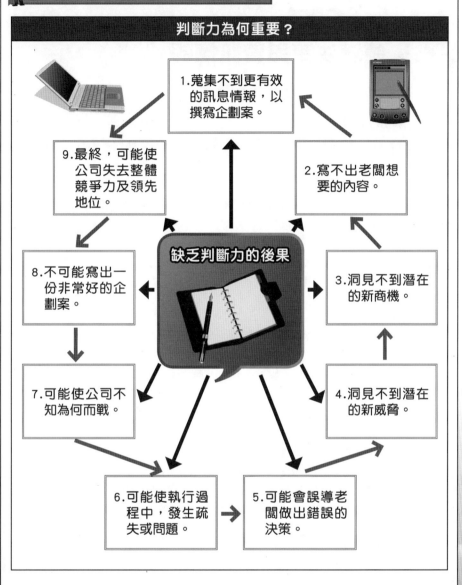

判斷力為何重要？

缺乏判斷力的後果

1. 蒐集不到更有效的訊息情報，以撰寫企劃案。

2. 寫不出老闆想要的內容。

3. 洞見不到潛在的新商機。

4. 洞見不到潛在的新威脅。

5. 可能會誤導老闆做出錯誤的決策。

6. 可能使執行過程中，發生疏失或問題。

7. 可能使公司不知為何而戰。

8. 不可能寫出一份非常好的企劃案。

9. 最終，可能使公司失去整體競爭力及領先地位。

知識補充站

主管不被矇蔽的好方法

主管做決策時，最好常常親臨以下幾個第一線現場：1.直營店、加盟店門市；2.大賣場、超市；3.百貨公司賣場；4.電話行銷中心或客服中心；5.生產工廠；6.物流中心；7.民調、市調焦點團體座談會場；8.法人說明會；9.各種記者會；10.戶外活動，以及11.顧客所在現場等，如此才不會被屬下矇蔽。

Unit 3-6
領導決策與資訊情報

資訊情報對任何一個部門的重要性，當然不可言喻，以下我們將探討之。

一.資訊情報的重要性

過去筆者在撰寫經營企劃、競爭分析、行銷企劃或產業商機報告時，最感到困難之處，就是外部資訊情報的不容易準確與及時的蒐集。

特別是競爭對手的發展情報，以及某些新產品、新技術、新市場、新事業獲利模式等；國外最新資訊情報，也是不容易完整取得，甚至要花錢購買，或赴國外考察，才能得到一部分的解決。

資訊情報一旦不夠完整或不夠精確時，當然會使自己或長官、老闆無法做出精確有效的決策，也連帶使你的報告受到一些質疑或重做的處分。因此，總結來說，企劃人員的一大挑戰，就是外部資訊是否能夠完整的蒐集到，這對企劃寫手是一大考驗。

二.資訊情報獲取來源

依筆者多年實務經驗，撰寫企劃案的資訊情報的主要來源，可歸納以下幾點：

(一)經由大量閱讀而來的資訊情報：這是最基本的。先蒐集大量資訊情報，透過快速的閱讀、瀏覽，然後擷取其中重點及所要的內容段落。

(二)親自詢問及傾聽而來的資訊情報：這是指有些資訊情報無法經由閱讀而來，必須親自詢問。這部分比例不少，只是必須有能力判斷是否正確？但不管如何，就顧客導向而言，詢問及傾聽其需求，當然是企劃案撰寫過程非常重要且必要的一環。

(三)親臨第一現場觀察與體驗：除了上述兩種資訊情報來源外，最後還有一個很重要的是，必須親赴第一現場，親自觀察及體驗，才可以完成一份好的企劃案，如果不赴現場，與現場人員共同規劃、分析、評估及討論，又怎麼能夠憑空想像出來呢？因此，走出辦公室，走向第一現場，從「現場」企劃起，也是重要的企劃要求。

三.平常養成資訊情報的蒐集

企劃高手或優秀企劃單位的養成，不是一蹴可幾，至少需要五年以上的歷練及養成，包括人才、經驗、資料庫，以及單位的能力與貢獻。筆者認為從平常開始，就應展開以下有系統的作法，蒐集更多、更精準的各種資訊情報：

(一)不出門，而能知天下事——閱讀而來，大量閱讀：必須指定專業單位、專業人員閱讀，並且提出影響評估及因應對策上呈。

(二)詢問及傾聽而來——多問、多聽、多打聽：必須指定專業單位及專業人員去問去聽，並且提出報告上呈。

(三)現場觀察而得：經常、定期親赴第一線生產、研究、銷售、賣場、服務、物流、倉儲等據點仔細觀察，並且提出報告上呈。

(四)平時應主動積極的參與各種活動：藉此建立自己豐沛的外部人脈存摺。

資訊情報獲取3來源

1.閱讀來源

→①閱讀國內／國外各種專業、綜合財經與商業的報章雜誌、期刊、專刊、研究報告、調查統計等。

②閱讀國內／國外同業及競爭對手的各種公開報告及非公開報告（包括上網閱讀）。

③閱讀國內／國外重要客戶及其上、中、下游產業價值鏈等業者的動態資訊。

④閱讀有關消費者研究報告。

2.詢問及傾聽

→向下列單位或人員詢問及傾聽

★通路商	★銀行	★會計師
★律師	★投資銀行	★外資
★證券公司	★同業記者	★上游供應商
★競爭對手公司內部消息	★政府行政主管單位	★其他

3.現場觀察

→向下列單位現場人員觀察而來

★國內外生產公司	★經銷商	★零售商
★研發中心	★設計中心	★採購中心
★全球營運中心	★競爭對手	

蒐集資訊情報4管道

平常蒐集更多、更精確資訊情報的準則

1.不出門，而能知天下事——閱讀而來，大量閱讀

→指定專業單位、專業人員閱讀，並且提出影響評估及因應對策上呈。

2.詢問及傾聽而來——多問、多聽、多打聽

→指定專業單位及專業人員去問去聽，並且提出報告上呈。

3.現場觀察而得

→經常定期親赴第一線生產、研究、銷售、賣場、服務、物流、倉儲等據點仔細觀察，並且提出報告上呈。

4.平常應主動積極的參與各種活動

→藉此建立自己豐沛的外部人脈存摺及活躍的人際關係。

Unit **3-7**
決策當時不同觀點的考量

企業高階主管每天都在做決策,但如何做出正確的決策,乃是一門學問。因為決策過程中經常會面對不同觀點的考量,其中內心之忐忑,有經驗之人士必能理解。

一.決策時不同觀點的考量

當最高經營者或決策者要對公司重大決策做選擇時,經常要面對不同觀點的考量,包括:1.長期或短期;2.有形或無形效益;3.戰略或戰術;4.巨觀或微觀;5.一事業部或整個公司;6.迫切或緩慢些;7.短痛或長痛,以及8.集中或分散等構面之抉擇。實務上,面對不同現象的考量,如何取得平衡,以及捨小取大,應是思考主軸。

二.絕不逃避事實

企業經營者及企劃高手,應對重大事件與問題追根究柢。在整個實事求是的企劃過程,企劃人員應該力行以下原則,即:1.發生問題,必有原因;2.決定事情,應先有方案;3.做事情,當然有風險,以及4.欲知事實,必須深入調查。

成功傑出的經營者,經常問「看見什麼事實」就是本文最佳寫照。然而如何實事求是?即必須:1.有問題→必有原因→查明原因;2.決定事情→先有方案→選擇方案;3.做事情→有風險→分析未來,以及4.欲知事實→必經調查→才能掌握狀況。

三.增強決策信心的原則

由上所述,我們看到做決策當下的複雜性與重要性,因此當決策者信心不足而憂慮決策錯誤怎麼辦時,美國管理協會提供以下原則作為有效增強決策信心的參考:

(一)認清並避免偏見:問題也許出在解決方法本身、建議者或剖析問題的工具。認清偏見及避免偏見,有助於深入了解思考模式,進而改善決策品質。

(二)讓別人參與集思廣益,比自己一個人強:理想的情況,應該強迫自己傾聽與自己相左的意見,不宜太有戒心,因為每個人都有其優點,有助於做出最佳決策。

(三)別用昨日辦法解決今日問題:世界變化快,不容以陳腐答案解答新問題。

(四)讓可能受影響的人也參與其事:不論最後決定如何,若事前徵詢過受影響的員工,不但能促使其更投入行動計畫,而且更能共同承擔決策的成敗與執行的信心。

(五)確定對症下藥:我們常把重點擺在症狀,其實應看到問題本質而非表面。

(六)考慮盡可能多元的解決方法:經過個別或集體激盪後,找出盡可能多元的解決方法,然後逐一評估其利弊得失,再選擇最後最好的辦法。

(七)檢查情報數據正確性:若根據具體資料決定,先驗證數據確實,以免被誤導。因此,幕僚作業很重要。

(八)認清解決方法有可能製造新問題:先進行小範圍測試效果,再全面落實。

(九)徵詢批評指教:宣布決定前,應讓原先參與初步討論的人士有機會表示反對或提供不同意見。

決策當下各種觀點的考量

下決策前停・看・聽──不同觀點的思考，很重要！

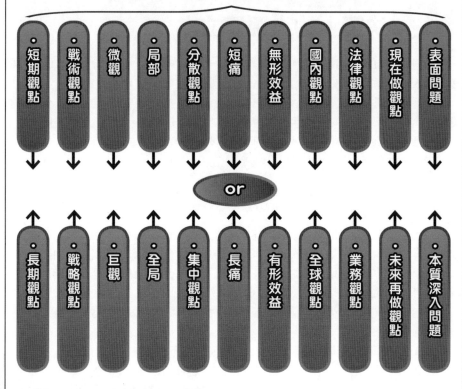

短期觀點	戰術觀點	微觀	局部	分散觀點	短痛	無形效益	國內觀點	法律觀點	現在做觀點	表面問題

or

長期觀點	戰略觀點	巨觀	全局	集中觀點	長痛	有形效益	全球觀點	業務觀點	未來再做觀點	本質深入問題

增強決策信心9原則

1. 認清並避免你的偏見
2. 讓別人參與集思廣益，比自己一個人強
3. 別用昨日辦法來解決今日問題
4. 讓可能受影響的人也參與其事
5. 確定是對症下藥
6. 考慮盡可能多元的解決方案
7. 檢查情報數據是否正確
8. 先小規模試行看看
9. 多徵詢批評指教

Unit **3-8**
決策上的人脈建立

史丹福（Stanford）研究中心曾經發表一份調查報導，結論指出，一個人賺的錢，12.5%來自知識、87.5%來自關係。這個數據是否令你震驚？

再看看坊間許多有關人脈存摺的著作，你會發現，人脈競爭力是如何在個人與企業的成就裡，扮演著重要的角色。這麼說來，時間就是金錢，人脈就等於錢脈，我們不僅要思考人脈建立的重要性，更要把有限的時間與精力用在對的人、事、物上。

或許你會質疑人脈真的那麼有用嗎？看完以下說明後，你對人脈的重要性將會有更深一層的認識。

一.人脈關係力有何用

在企劃過程中，人脈關係或人脈存摺，當然也扮演了一定的角色。因為企劃案的撰寫內容，不可能只有從各種次級資料報告中、上網查詢下載中或是公司內部各種可以拿得到的資料，就可以滿足的。它一定還需要外部很難拿到或不是自己所專精領域的資訊情報。因此，此時就需要仰賴外部的人脈關係不可。

總括來說，良好的人際關係及人脈存摺，對企劃案的撰寫、思考及判斷，有下列幾點你意想不到的助益：

(一)可獲得不易取得的情報：可幫助我們蒐集到不易獲得的資訊情報。

(二)可供求證之用：可供我們做某些方面或某些數據上的「求證之用」。

(三)快速了解不熟悉領域：有助我們快速了解不熟悉的行業、產業與市場。

(四)尋找策略聯盟之用：有助促成我們尋找國內或國外策略聯盟合作之用。

(五)企劃內容可集眾人智慧：有助我們企劃案內容集思廣益討論之用。

(六)促進政策法令修訂：有助我們促進政府修改不合時宜之法令與有利的產業政策之改變。

(七)安排參訪國外：有助我們比較快的安排國外先進國家參訪與見習之用。

(八)引進國外企業合作：有助引進國外知名品牌及廠商之合作。

(九)募集國際資金：有助引進國際財務資金之募集。

二.應跟誰建立人脈存摺

人脈存摺當然愈多愈好，不管是經常可用或長期才用，都是值得我們用心經營及維繫，包括下列這些對象：1.上游供應商（原物料廠商、零組件廠商、進口貿易商、代理商）；2.同業友好廠商；3.下游大客戶（國外OEM大客戶）；4.下游通路商（經銷商、批發商、零售商）；5.政府行政機構；6.國外政府機構；7.媒體界、公關界；8.大學及學者教授；9.產業專家們；10.國內外研究單位；11.國內外銀行主管；12.國內外知名財務公司、投資銀行、招募籌資；13.國內外知名會計師事務所、律師事務所及企管顧問公司；14.國內外財團法人；15.過去相關同學及同事們，以及16.其他各種單位及人員等。

好人脈9大助益

人脈關係良好的益處

良好的人際關係及人脈存摺，對企劃案的撰寫、思考及判斷，很有助益。

1. 可幫助我們蒐集到不易獲得的資訊情報。

2. 可供我們做某些方面或某些數據上的「求證之用」。

3. 有助我們比較快速了解不熟悉的行業、產業與市場。

4. 有助促成我們尋找國內或國外策略聯盟合作之用。

5. 有助我們企劃案內容集思廣益討論之用。

6. 有助我們促進政府修改不合時宜之法令與有利的產業政策之改變。

7. 有助我們比較快的安排國外先進國家參訪與見習之用。

8. 有助引進國外知名品牌及廠商之合作。

9. 有助引進國際財務資金之募集。

應跟誰建立人脈存摺

1. 上游供應商（原物料廠商、零組件廠商、進口貿易商、代理商）
2. 同業友好廠商
3. 下游大客戶（國外OEM大客戶）
4. 下游通路商（經銷商、批發商、零售商）
5. 政府行政機構
6. 國外政府機構
7. 媒體界、公關界
8. 大學及學者教授
9. 產業專家們
10. 國內／國外研究單位
11. 國內／國外銀行主管
12. 國內／國外知名財務公司、投資銀行、招募籌資
13. 國內／國外知名會計師事務所、律師事務所及企管顧問公司
14. 國內／國外財團法人
15. 過去相關同學及同事們
16. 其他各種單位及人員

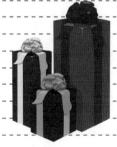

Unit 3-9
領導決策與思考力

筆者經過長時間的實務經驗，認為一個成功企劃家，不只是要熟悉前文各種可以提升企劃能力的知識與技能外，最重要的是，時時保持頭腦的清晰度，以便做更深入的思考。

一.成功領導過程中的無形化關鍵能力

最近，筆者深深覺得，一個所謂成功企劃家的產生過程，應該會受到兩種比較高層次的關鍵無形能力的影響，我把它們歸納為兩種力量：

(一)辨思力：係指辯證與思考的能力養成。

當面對一個企劃案的構思、撰寫、完成及交付執行之前，到底有沒有經過多人及多個單位的共同討論、辯證、集思廣益、佐證，以及深入思考。

我過去多年的實務經驗告訴我，有不少公司、不少部門及不少個人，是沒有經過辨思的過程，這就大大增加了失敗的風險因子。

(二)判斷與決策力：係指是否有能力判斷對與錯、是與非、值得與不值得、現在或未來、方向對不對、本質是什麼、為何要如此做等相關必須讓你做下判斷的人、事、物。然後，最後是Yes or No的決策指令力。

二.隨時記著「深思考」

你一定要有深思考的習慣及能力，然後你才會有與眾不同的洞見及觀察，也才會看出企劃的問題點及商機點。

但這必須平時即養成深思考的習慣性動作，而不是人云亦云，人家講什麼，你就附和什麼，一點也沒有自己的主見、分析、觀點，以及判斷力。如果你是這樣沒有定見的人，成功的企劃案就會離你愈來愈遠。

因此，你的心裡、你的腦海裡，一定要隨時放著「深思考」三個字。請你務必思考、再思考、三思考及深思考，然後再做發言、再做下筆、再做結論、再做總裁指示與指導。如果上述都能做到，那麼犯錯的機會就會降到最低，而成功機會則會提升到最高。

筆者堅信，一個企劃高手，也必然是一個會「深思考」的高手。

三.如何提高思考能力

至於要如何提高思考能力呢？有以下幾個重點可資參考：1.要對問題的最核心本質是什麼，追出最根本的東西；2.要從廣度、深度及重度來看待；3.要有充足的經驗、知識及常識；4.要集思廣益的思考，而非靠一個人的思考；5.不能完全人云亦云，要不斷的問為什麼；6.不能完全依賴過去的經驗及成功，有時要有顛覆傳統及創新的想法；7.要追索出真理及真相；8.要某種程度建立在科學數據分析上；9.有時是靈光乍現、直觀、直覺反射的，以及10.要有嚴謹的邏輯推理能力。

企劃過程中2種無形力

投入（Input）

某人、事件、某物

企劃案

過程（Process）

你有這種能力嗎？

辦思力 ＋ 判斷與決策力

成功企劃的2種無形關鍵能力

產出（Output）

決定

提高思考能力10重點

1.要對問題的最核心本質是什麼，追出最根本的東西

2.要從廣度、深度及重度來看待：
★能看得廣→全方位、全局、多角度的思考點
★能看得深→一直看到縱深的思考點
★能看得遠→優先性（Priority）的思考點

3.要有充足的經驗、知識及常識

4.要集思廣益的思考，而非靠一個人的思考

5.不能完全人云亦云，要不斷的問Why？Why？Why？

6.不能完全依賴過去的經驗及成功，有時要有顛覆傳統及創新的想法

7.要追索出真理及真相出來

8.要某種程度建立在科學數據分析上

9.有時是靈光乍現、直觀、直覺反射的

10.要有嚴謹的邏輯推理能力

Unit **3-10**
IBM公司制定決策五步驟

　　瞬息萬變的現代社會，你是否計算過身為一位專業經理人，每天要下多少個決策？無論你必須獨立判斷，還是經眾人討論後決定，「培養決策力」已是經理人必備的基本能力。IBM內部發展出一套「最佳決策五步驟」，讓經理人可循序漸進制定成功的決策。

一.建立決策的需求和目標為何

　　在制定任何決策時，先思考制定決策原先目標和需求為何？在做決策後，可得到最好的結果為何？唯有找出促成決策背後最原始的需求，才能擁有清楚的決策方向。

二.判斷是否尋求員工參與及想法

　　制定決策可以由經理人獨立完成，亦可邀請員工腦力激盪，得到更多樣的選擇及想法。不過，在此想強調的是「如何適時地讓員工參與決策」。一般可以依照下列五項標準，判斷讓員工參與決策的必要性：1.你是否有充足的資訊制定決策？2.員工是否有足夠的能力與必備的知識參與制定決策？3.員工是否有意願參與決策過程？4.讓員工參與是否會增加決策的接受度？以及5.速度是否很重要？

三.準備並比較各項選擇方案

　　在許多情況下，容易受限於過去經驗而無法思考更多的選擇。因此，當決策不易判斷時，建議經理人再回頭思考基本需求，刺激更多的想法，進而擬定最佳的決策。

四.評估負面情境

　　就算是符合需求的周全決策，也會因為一些因素而產生非預期的麻煩。因此，你必須隨時思考負面情境發生的可能性，以備不時之需。特別是在對高階主管提案時，高階主管通常會詢問：若過程不如預期的進行，該如何應變？決策執行過程會有哪些不利的影響因素？是否有其他的可行備案？因此，最好能先針對可能的負面情境，設想應對措施。

五.選擇最適決策方案

　　在審慎進行前面四個步驟，而且經理人已能清楚掌握需求、目標、必須做的事、想要做的事，並確定已評估負面情境後，此時通常已不難選出最適當的決策。不過，仍須提醒經理人要小心別落入「分析的癱瘓」（Paralysis of Analysis）陷阱，因為猶豫不決，或認為所想的方案都不符合理想中的最佳方案，結果到最後一個決策也沒下！

　　IBM前任董事長華特生（Thomas J. Watson, Jr）曾說過：「無論決策是正確或是錯誤，我們期望經理人快速做決策！倘若你的決策錯誤，問題會再度浮現，強迫你繼續面對，直到做了正確決策為止！因此，與其什麼都不做，還不如勇往前行！」

決策能量最重要

企業最重視的主管核心職能		
排名	項目	比率(%)
1	**決策能力**	60.0
2	創新求變及進行突破性思考	60.0
3	危機處理	58.6
4	前瞻性的策略思考	54.3
5	凝聚團隊向心力	51.4
6	目標管理	47.1
7	規劃及執行力	41.4
8	啟發指導部屬能力	38.6
9	邏輯分析及判斷能力	37.1
10	跨部門協調	37.0

資料來源：就業情報

IBM公司最佳決策5步驟

1.建立決策的需求與目標為何

2.判斷是否尋求員工參與及想法

3.準備並比較各項選擇方案

4.評估負面情境

5.選擇最適決策方案

知識補充站

▶負面情境三思考

針對可能的負面情境，經理人可以就下列問題進行較全面的思考：

1. 你所擁有的訊息正確嗎？訊息來源是什麼？無論從短期或是長期觀點，你都會下這個決策嗎？

2. 此一決策結果對於其他正在進行的事項有何影響？這個決策對於組織其他部門是否會造成麻煩，或產生不良反應？

3. 哪些因素可能改變？這些改變有何影響？目前或未來組織高層、管理、技術的改變，對決策者有何衝擊？

第 4 章

領導與SWOT分析及產業分析

●●●●●●●●●●●●●●●●●●●●●●● 章節體系架構 ▼

Unit 4-1
SWOT分析及因應策略

　　企業經營管理營運過程中，最常運用的分析工具就是SWOT分析。所謂SWOT分析，就是企業內部資源優勢（Strength）與劣勢（Weakness）分析，以及所面對環境的機會（Opportunity）與威脅（Threat）分析。

　　針對SWOT分析之後，企業高階決策者，即可以研訂因應的決策或是策略性決定。有關SWOT分析圖示如下：

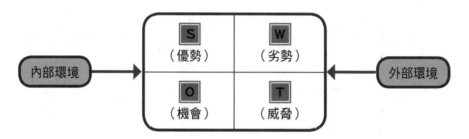

一.攻勢策略

　　當外在機會多於威脅，以及企業內部資源條件優勢多於劣勢時，企業可以大膽的採取攻勢策略展開行動。

　　例如：統一超商在SWOT分析之後，認為公司連鎖經營管理經驗豐富，而咖啡連鎖商及藥妝連鎖商機愈來愈顯著，是進入時機到了。因此，就轉投資成立統一星巴克公司及康是美公司，目前亦已營運有成。

二.退守策略

　　當外在機會少而威脅大，以及企業內部資源條件優勢漸失，而呈現劣勢時，企業就可能必須採取退守策略。例如：臺灣桌上型電腦營運條件優勢已漸失，因此必須轉向筆記型電腦的高階產品，而放棄桌上型電腦的生產。

三.穩定策略

　　當外在機會少而威脅增大，但企業仍有內部資源優勢，則企業可採取穩定策略，力求守住現有成果，並等待好時機做新的發展。例如：中華電信公司面對多家民營固網公司強力競爭之威脅，但因中華電信既有內部資源優勢仍相當充裕，遠優於三大固網公司新成立的有限資源。

四.防禦策略

　　當外在機會大於威脅，而公司內部資源優勢卻少於劣勢，則企業應採取防禦性策略，較為穩健。

第1種		
	S：強項（優勢）	W：弱勢（劣勢）
公司內部環境	S ： strength S1：_____ S2：_____	W ：weakness W1：_____ W2：_____
	O：機會	T：威脅
公司外部環境	O ： opportunity O1：_____ O2：_____	T ：threat T1：_____ T2：_____

第2種		
	S：強項（優勢）	W：弱勢（劣勢）
機會 ?	A行動	B行動
威脅 !	C行動	D行動

知識補充站

OT分析

公司在行銷整體面向，面臨哪些外部環境帶來的商機或威脅？可從下列改變進行是否帶來有利或不利的分析：1.競爭對手面向；2.顧客群面向；3.上游供應商面向；4.下游通路商面向；5.政治與經濟面向；6.社會化、文化、潮流面向；7.經濟面向，以及8.產業結構面向。

SW分析

行銷企劃人員也要定期檢視公司內部環境及內部營運數據的改變，而從此觀察到本公司過去長期以來的強項及弱項是否也有變化？強項是否更強或衰退了？弱項是否得到改善或更弱了？包括：1.公司整體市占率，個別品牌市占率的變化；2.公司營收額及獲利額的變化；3.公司研發能力的變化；4.公司業務能力的變化；5.公司產品能力的變化；6.公司行銷能力的變化；7.公司通路能力的變化；8.公司企業形象能力的變化；9.公司廣宣能力的變化；10.公司人力素質能力的變化，以及11.公司IT資訊能力的變化。

Unit **4-2**
產業環境分析之要項 Part I

　　產業環境是任何一個企業身處該產業中，所必須有的基本認識。對於本產業的過去、現在及未來發展和演變，必須隨時掌握，然後才會有因應對策及調整策略可言。

　　對於任何一個產業環境分析，它所涉及的內容，大抵包含以下八要項，由於內容豐富，特分兩單位介紹。

一.產業規模大小分析

　　了解這個產業規模有多大？產值有多少？是基礎的第一步。包括：市場營收額？市場多少家競爭者？市場占有率多少？現在多少？以及未來成長多少？當產業規模愈大，代表這個產業可以發揮的空間也較大。例如：臺灣的資訊電腦產業、消費金融產業及IC半導體產業等。

二.產業價值鏈結構分析

　　任何一個產業都會有其上、中、下游產業結構，了解這其間的關係，才能知道企業所處的位置與可以創造價值的地方，以及如何爭取優勢與成功關鍵因素，才能爭取領導位置。

三.產業成本結構分析

　　每個產業成本結構都有差異，例如：化妝保養品的原物料成本就很低，但廣告及推廣人員費用就占較高比例。而像IC晶圓代工，其廣告宣傳費用的支出就很少。另外，像食品飲料、紙品等，其各層通路費用也占較高比例。然而像直銷產業（如安麗、如新、雙鶴等），或電視購物公司及型錄購物公司，就可省略層層通路成本。

四.產業行銷通路分析

　　每個內銷或外銷產業的通路結構、層次及型態，也會有所差異，包括進口商、代理商、經銷商、批發商、大型零售業者、連鎖業者、專賣店、OEM工廠等。隨著資訊材料工具普及、直營店擴張及全球化發展，產業行銷通路其實也有很大改變。

　　例如：美國Dell電腦以網上on line直銷賣電腦，成效卓著。統一食品工廠自己直營統一7-11的通路體系，也有很大勢力。傳統批發商則慢慢失去存在價值，使其空間受到擠壓的主要原因是大賣場的崛起，均直接向原廠議價、大量進貨，以降低成本。

五.產業未來發展趨勢分析

　　例如：桌上型電腦市場已飽和、單價已下降，很難獲利。因此，必須轉向筆記型電腦市場發展。再如Hi-Net撥接上網已漸被寬頻上網（ADSL、Cable Modem）所取代的明顯變化。另外，像手機彩色化、電視畫面液晶化、有線電視數位化，以及隨選視訊化等。

產業生命週期分析

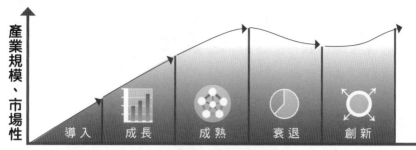

産業規模、市場性

導入　　成長　　成熟　　衰退　　創新

產業4個生命週期

產業環境分析8要項

產業環境分析

1.產業規模大小分析

★市場營收額？★市場多少家競爭者？★市場占有率多少？現在多少？
★未來成長多少？

2.產業價值鏈結構（上、中、下游分析）

①企業所處的位置與可以創造價值的地方。
②如何爭取優勢與成功關鍵因素，以及領導位置。

3.產業成本結構分析

→每個產業成本結構都有差異
★化妝保養品的原物料成本就很低，但廣告及推廣人員費用就很高。
★IC晶圓代工，其廣告宣傳費用的支出就很少。
★食品飲料、紙品等，其各層通路費用也占較高比例。
★直銷產業（如安麗、如新、雙鶴等），或電視購物公司及型錄購物公司，就
可省略通路成本。

4.產業行銷通路分析

→每個內銷或外銷產業的通路結構、層次及型態，也會有所差異。
★美國Dell電腦以網上on line直銷賣電腦，成效卓著。
★統一食品工廠自己直營統一7-11的通路體系，也有很大勢力。
★傳統批發商受到大賣場崛起的影響，均直接向原廠議價、大量進貨，以降低
成本。

5.產業未來發展趨勢分析

★桌上型電腦市場已飽和，很難獲利，必須轉向筆記型電腦市場發展。
★Hi-Net撥接上網已漸被寬頻上網所取代。

6.產業生命週期分析

7.產業集中度分析

8.產業經濟結構分析

Unit 4-3
產業環境分析之要項 Part II

前面單元已介紹了五種產業環境分析要項，再來要繼續說明其他三種。企業除必須掌握各種產業環境的分析外，對現有競爭者的強力競爭也必須有所了解。

六.產業生命週期分析

產業就如同人的生命一樣，會經歷導入期、成長期、成熟期到衰退期等自然變化。如何觀察及掌握這些週期變化的長度及轉折點，然後策定公司的因應對策，是分析的重點。一般來說，大部分的產業是處在成熟期階段，因此產業競爭非常激烈。

七.產業集中度分析

產業集中度係指該產業中的產能及銷售量，是集中在哪幾家大廠身上。如果是集中在少數幾家廠商身上，那我們就稱這幾家廠商是「領導廠商」。如果此產業的規模，在前五家廠商，即占了80%的產銷占有率，則代表此產業是屬於非常集中度高的產業，此五家廠商決定了此市場的生命。

產業集中度愈高的產業，正也代表了這可能是一個典型「寡占」的產業結構。例如：國內的石油消費市場，中國石油及台塑石油公司兩家公司產銷規模，即占臺灣95%的汽車消費市場，是高度集中的產業型態。

臺灣由於內銷市場規模太小，因此很容易前兩大品牌，即占了市場規模的一半以上，包括下列行業均是如此：1.便利超商：統一7-11、全家；2.大賣場：家樂福、大潤發；3.汽油：中油、台塑石油；4.KTV：錢櫃及好樂迪；5.速食麵：統一、維力；6.現金卡：萬泰銀行、台新銀行；7.壽險：國泰人壽、南山人壽，以及8.國際航空：中華、長榮航空。

八.產業經濟結構分析

產業經濟結構，係指每一個產業的結構性，可以區分為四種型態：

(一)獨占性產業：係指一市場中僅有一位生產者，其所生產的是一種無法以其他貨品取代的貨品。在這種情況下，產業之中僅含一家廠商，廠商與產業完全一樣。

(二)寡占性產業：其特色在於廠商數目少，少到彼此的決策會互相影響。

(三)獨占競爭產業：此介於完全競爭與獨占兩種市場間，產業內的廠商數目多，但產品具差異性，因此廠商會利用非價格競爭，來影響產品的價格。

(四)完全競爭產業：係指廠商數很多，完全訊息，自由移動，產品同質，沒有歧視，因此個別廠商無法改變市場價格。

一般來說，獨占性及寡占性產業的獲利性會較高，因為不會面臨競爭壓力；但如果是獨占競爭或完全競爭產業，那麼在面臨價格戰之下，企業獲利就很不容易。對大部分產業結構來說，以獨占競爭結構的產業居多。亦即，在此產業內，大概有五家至十五家的競爭廠商角逐市場。

產業環境分析8要項

產業環境分析

1.產業規模大小分析

2.產業價值鏈結構
（上、中、下游分析）

3.產業成本結構分析　　**4.產業行銷通路分析**　　**5.產業未來發展趨勢分析**

6.產業生命週期分析

①如何觀察及掌握這些週期變化的長度及轉折點，然後策定公司的因應對策，是分析的重點。
②大部分的產業是處在成熟期階段，因此產業競爭非常激烈。

7.產業集中度分析

①指該產業中的產能及銷售量，集中在哪幾家大廠。
②如果集中在少數幾家廠商身上，那就稱這幾家廠商是「領導廠商」。

8.產業經濟結構分析

①獨占性產業　②寡占性產業　③獨占競爭產業　④完全競爭產業

企業如何分析競爭者

企業現有競爭者的強力競爭要項

1.產品競爭	2.價格競爭	3.服務競爭
4.促銷贈品競爭	5.通路競爭	6.採購競爭
7.研發競爭	8.物流速度競爭	9.專利權競爭
10.組織與人才競爭	11.市場占有率競爭	12.成本結構競爭

競爭者分析程序

1.對現有及未來潛在競爭者，蒐集他們日常行銷情報並提出分析。
2.針對雙方的競爭優劣勢、定位及資源力量等加以對照分析。
3.提出我們的因應對策，分為短、中、長期行動計畫及可行方案。

競爭者環境分析14構面

1.定位分析	2.競爭策略分析
3.市場占有率分析	4.顧客分析
5.成本結構分析	6.研發能力分析
7.價格分析	8.產品分析
9.通路分析	10.廣告與促銷分析
11.組織人才與薪獎分析	12.全球布局分析
13.採購與供應商分析	14.資金與財務分析

Unit **4-4**
波特教授的產業獲利五力架構分析

哈佛大學著名的管理策略學者麥克·波特（Michael Porter）曾在其名著《競爭性優勢》（*Competitive Advantage*）一書中，提出影響產業（或企業）發展與利潤之五種競爭的動力，茲特摘述如下，值得在實務上廣為參考運用。

一.產業獲利五力的形成

波特教授當時在研究過幾個國家不同產業之後，發現為什麼有些產業可以賺錢獲利，有些產業卻不易賺錢獲利。後來，波特教授總結出五種原因，或稱為五種力量，這五種力量會影響這個產業或這個公司是否能夠獲利，以及其獲利程度的大與小。例如：如果某一個產業，經過分析後發現：

(一)現有競爭狀況：現有廠商之間的競爭壓力不大，廠商也不算太多。

(二)未來是否有強大競爭對手：未來潛在進入者的競爭可能性也不大，就算有，也不是很強的競爭對手。

(三)未來是否有替代品出現：未來也不太有替代的創新產品可以取代我們。

(四)與現有合作廠商關係如何：我們跟上游零組件供應商的談判力量還算不錯，上游廠商也配合很好。

(五)顧客滿意度如何：在下游顧客方面，我們產品在各方面也會令顧客滿意，短期內彼此談判條件也不會大幅改變。

如果在上述五種力量狀況下，我們公司在此產業內，就較容易獲利，而此產業也算是比較可以賺錢的行業。當然，有些傳統產業雖然這五種力量不是很好，但如果他們公司的品牌或營收、市占率是屬於行業內的第一品牌或第二品牌，仍然是有賺錢獲利的機會。

二.獲利五力的說明與分析

(一)新進入者的威脅：當產業進入障礙很少時，短期內將會有很多業者競相進入，爭食市場大餅，此將導致供過於求與價格競爭。因此，新進入者的威脅，端視其「進入障礙」程度為何而定。而廠商進入障礙可能有七種：1.規模經濟；2.產品差異化；3.資金需求；4.轉換成本；5.配銷通路；6.政府政策，以及7.其他成本不利因素。

(二)現有廠商間的競爭狀況：即同業之間彼此相互爭食市場大餅，採用手段有：1.價格競爭：降價；2.非價格競爭：廣告戰、促銷戰，以及3.造謠、夾攻、中傷。

(三)替代品的壓力：替代品的產生，將使原有產品快速老化其市場生命。

(四)客戶的議價力量：如果客戶對廠商之成本來源、價格有所了解，而且具有採購上優勢時，則將形成對供應廠商之議價壓力，亦即要求降價。

(五)供應廠商的議價力量：供應廠商由於來源的多寡、替代品的競爭力、向下游整合力量等之強弱，將匯聚形成一股對某一種產業廠商之議價力量。另外一個行銷學者基根（Geegan）則認為，政府與總體環境的力量也應該考慮進去。

圖解領導學

產業的5力形成

如果某一個產業，經過分析後發現：

1. 現有廠商之間的競爭壓力不大，廠商也不算太多。

2. 未來潛在進入者的競爭可能性也不大，就算有，也不是很強的競爭對手。

3. 未來也不太有替代的創新產品可以取代我們。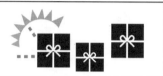

4. 我們跟上游零組件供應商的談判力量還算不錯，上游廠商也配合很好。

5. 在下游顧客方面，我們產品在各方面也會令顧客滿意，短期內彼此談判條件也不會大幅改變。

如果在上述五種力量狀況下，我們公司在此產業內，就較容易獲利，而此產業也算是比較可以賺錢的行業。

產業5力架構圖

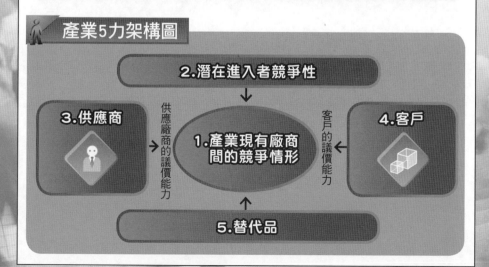

第 **5** 章
領導與經營策略及經營計畫書撰寫

Unit **5-1**
三種層級策略與形成

　　若從公司（集團）的組織架構推演來看策略的研訂，以及從策略層級角度來看，策略可區分為三種類型；而形成策略管理的過程，可區分為五個過程，以下說明之。

一.策略的三種層級

　　從公司組織架構我們可以發展出以下三種策略層級：

　　(一)總公司或集團事業版圖策略：例如富邦金控集團策略、統一超商流通次集團策略、宏碁資訊集團策略、東森媒體集團策略、鴻海電子集團策略、台塑石化集團策略、廣達電腦集團策略、金仁寶集團策略等。

　　(二)事業總部營運策略：例如筆記型電腦事業部、伺服器事業部、列表機事業部、桌上型電腦事業部，以及顯示器事業部之營運管理，包括成本優勢、產品差異化、利基優勢的策略，以及策略聯盟合資與異業合作者。

　　所稱事業總部，乃國內一般說法，又稱事業群，更專業的說法乃是「戰略事業單位」（Strategic Business Unit, SBU），此係指將某產品群的研發、採購、生產，以及行銷等，均交由事業總部最高主管負責。

　　(三)執行功能策略：從各部門實際執行面來看，大致有業務行銷、財務、製造生產、研發、人力資源、法務、採購、工程、品管、全球運籌等功能策略。

　　如以單一事業體（SBU）的角度看各部門運作的策略方式，屬企業的策略布局下，高階主管將針對企業利益擬定策略，強化企業市場地位，獲取該企業的競爭優勢。

二.策略的形成與管理

　　有了上述公司組織層面的三種策略層級為基礎，再來就是策略的形成與管理，可以區分為五個過程，包括：

　　(一)對企業外部環境展開偵測、調查、分析、評估、推演與最後判斷：這個階段非常重要，一旦無法掌握環境快速變化的本質、方向，以及對我們的影響力道，而做出錯誤判斷或太晚下決定，則企業就會面臨困境，而使績效倒退。

　　(二)策略形成：策略不是一朝一夕就形成，它是不斷的發展、討論、分析及判斷形成的，甚至還要做一些測試或嘗試，然後再正式形成。當然策略一旦形成，也不是說不可改變。事實上，策略也經常在改變，因為原先的策略如果效果不顯著或不太對，馬上就要調整策略了。

　　(三)策略執行：執行力是重要的，一個好的策略，而執行不力、不貫徹或執行偏差，都會使策略大打折扣。

　　(四)評估、控制與檢討：執行之後，必須觀察策略的效益如何，而且要及時調整改善，做好控制。

　　(五)回饋與調整：如果原先策略無法達成目標，表示策略有問題，必須調整及改變，以新的策略及方案執行，一直要到有好的效果出現才行。

策略層級3種分類

1.總公司事業版圖策略
→ 總公司或集團

2.事業部營運策略
→ 策略事業單位（SBU） ｜ 策略事業單位（或事業總部）（SBU）

3.執行功能策略

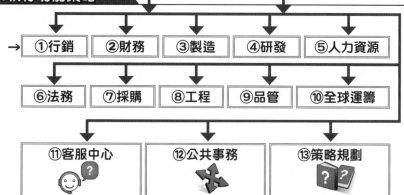

→ ①行銷 ②財務 ③製造 ④研發 ⑤人力資源

⑥法務 ⑦採購 ⑧工程 ⑨品管 ⑩全球運籌

⑪客服中心 ⑫公共事務 ⑬策略規劃

策略形成5過程

1.環境偵察、分析、評估、討論
①這個階段非常重要。
②一旦無法掌握環境快速變化，而做出錯誤判斷或太晚下決定，則企業就會面臨困境，而使績效倒退。

2.策略形成
①策略是不斷的發展、討論、分析及判斷，甚至還要做一些測試，再正式形成。
②策略一旦形成，不是說不可改變，也要隨著事實調整。

3.策略執行力
好的策略，而執行不力、不貫徹或執行偏差，都會使策略大打折扣。

4.評估、控制、檢討
執行之後，必須觀察策略的效益如何，而且要及時調整改善，做好控制。

5.回饋與調整
如果策略無法達成目標，表示有問題，必須調整，以新的策略執行，直到有好效果出現。

Unit **5-2**
波特教授的基本競爭策略

　　根據波特（Porter）教授前面章節所述產業獲利五力的形成與說明，他又進一步提出企業可採行的三種基本競爭策略。

一.全面成本優勢策略

　　全面成本優勢策略（Overall Cost Leadership Strategy）是指根據業界累積的最大經驗值，控制成本低於對手的策略。要獲致成本優勢，具體作法通常是靠規模化經營實現。至於規模化的表現形式，則是「人有我強」。在此所指的「強」，首要追求的不是品質高，而是價格低。所以，在市場競爭激烈中，處於低成本地位的企業，將可獲得高於所處產業平均水準的收益。換句話說，企業實施成本優勢策略時，不是要開發性能領先的高端產品，而是要開發簡易廉價的大眾產品。

　　不過，波特教授也提醒企業，成本優勢策略不能僅著重於擴大規模，必須連同降低單位產品的成本，才具備經濟學上分析的意義。

二.差異化策略

　　差異化策略（Differentiation Strategy）是指利用價格以外的因素，讓顧客感覺有所不同。走差異化路線的企業將做出差異所需的成本（改變設計、追加功能所需的費用）轉嫁到定價上，所以售價變貴，但多數顧客都願意為該項「差異」支付比對手企業高的代價。

　　差異化的表現形式是「人無我有」；簡單說，就是與眾不同。凡是走差異化策略的企業，都是把成本和價格放在第二位考慮，首要考量則是能否設法做到標新立異。這種「標新立異」可能是獨特的設計和品牌形象，也可能是技術上的獨家創新，或是客戶高度依賴的售後服務，甚至包括別具一格的產品外觀。

　　以產品特色獲得超強收益，實現消費者滿意的最大化，將可形塑消費者對於企業品牌產生忠誠度。而這種忠誠一旦形成，消費者對於價格的敏感度就會下降，因為人們都有便宜沒好貨的刻板印象；同時也會對競爭對手造成排他性，抬高進入壁壘。

三.集中專注利基經營

　　集中專注利基經營（Focus Strategy）是指將資源集中在特定買家、市場或產品種類；一般說法，就是「市場定位」。如果把競爭策略放在特定顧客群、某個產品鏈的一個特定區段或某個地區市場上，專門滿足特定對象或細分市場的需要，即屬之。

　　集中專注利基經營與上述兩種基本策略不同，它的表現形式是顧客導向，為特定客戶提供更有效和更滿意的服務。所以，實施集中專注利基經營的企業，或許在整個市場上並不占優勢，但卻能在某一較為狹窄的範圍內獨占鰲頭。這類型公司所採取的作法，可能是在為特定客戶服務時，實現低成本的成效或滿足顧客差異化的需求；也有可能是在此一特定客戶範圍內，同時做到低成本和差異化。

集中專注利基經營策略

低成本集中經營 VS. 差異化集中經營

競爭範圍		較低成本	差異性
	廣泛	1.全面成本優勢	2.差異化
	狹窄	3.低成本集中經營 （Cost Focus）	4.差異化集中經營 （Differentiation Focus）

註：競爭範圍狹窄係指針對「區隔市場」來經營。

企業創造差異化策略 12 種方向

1.產品外觀設計差異化

2.產品功能差異化

3.產品包裝差異化

4.產品等級品質差異化

5.售後服務差異化

6.配送速度差異化

7.品牌價值差異化

8.服務人員素質差異化

9.付款方式差異化（分期付款）

10.廣告宣傳差異化

11.原物料材質使用差異化

12.限量銷售的差異化

企業降低成本與成本優勢領先 7 大構面

1.降低人工成本。

2.降低零組件、原物料成本。

3.降低管銷費用。

4.生產線自動化程度提升，精簡用人數量。

5.不斷改善及精簡製程或服務流程，以提升效率。

6.強化人員訓練與學習力，加快作業效率。

7.準確預估銷售量，以降低庫存壓力；並精簡產品線，簡化產品項目及降低庫存成本。

Unit **5-3**
企業的三種成長策略

企業的成長策略可區分為以下類型，請不妨先留意自家企業現是身處哪個類型？

(一)密集成長策略：指在目前事業體尋求機會以期進一步成長，也可算是在核心事業裡尋求擴張成長。

(二)整合成長策略：指在目前事業體內外，尋求與水平或垂直事業相關行業，以求得更進一步擴張。

(三)多角化成長策略：指在目前事業體外，發展無關之事業，以求得業務擴張。

以下針對這三種企業成長策略說明後，你即能檢視自家身處類型並予以改善。

一.密集成長

廠商應該對目前的事業體加以檢視，以了解是否還有機會以擴張市場。根據學者安索夫（Ansoff）曾提出用以檢視密集成長機會架構，稱之為「產品與市場擴張格局」（Product / Market Expansion Grid），茲說明如下：

(一)市場滲透策略：1.說明現有市場未使用此產品的消費者購買；2.運用行銷策略，吸引競爭者的客戶轉到本公司購買，以及3.使消費者增加使用量。

(二)市場開發策略：將現有產品推展到新區隔或地區。例如：現金卡市場開發。

(三)產品開發策略：公司開發新的產品，賣給現有的客戶。例如：統一超商新國民便當、智慧型手機、光世代寬頻上網、液晶電視、平板電腦等。

二.整合成長

整合成長之型態有三種，茲說明如下：

(一)向後整合成長：或稱向上游整合成長。

(二)向前整合成長：也稱向下游整合成長。例如：統一企業投資統一超商下游通路；再如：台灣大哥大公司投資台灣電店公司下游通路。

(三)水平整合成長：例如宏碁集團，包括宏碁科技公司、明基電通公司及緯創公司等水平式資訊電腦公司；國內金控集團，包括銀行、壽險、證券、投顧等。

三.多角化成長

企業多角化成長的策略，通常採取以下三種方式進行：

(一)垂直整合：此即一個公司自行生產其投入或自行處理其產出。除向前、向後整合之外，亦可以視需要做完全整合或錐形整合。

(二)相關多角化：係指多角化所進入的新事業活動和現存的事業活動之間可以連結在一起，或者視活動之間有數個共通的活動價值鏈要素，而通常這些連結乃基於製造、行銷或技術的共通性。

(三)不相關多角化：此即公司進入一個新的事業領域，但此事業領域與公司現存的經營領域沒有明顯的關聯。

企業3種成長策略類型

1.密集成長	2.整合成長	3.多角化成長
①市場滲透	①向後整合	①集中多角化
②市場開發	②向前整合	②相關多角化
③產品開發	③水平整合	③不相關多角化

從產品／市場成長策略

《產品》

《市場》		現有	新的
	現有	1.市場滲透	3.產品開發
	新的	2.市場開發	4.多角化

穩定／成長／退縮策略作法

企業3種發展策略

1.穩定策略	在既有事業範疇內，尋求小幅度成長。
2.成長策略	①以現有產品線，擴大國內外新市場，增加營收。
	②增加不同產品線開發與生產，搶占別人的產品市場。
	③向下游通路垂直整合投資經營，擴大事業版圖。
	④向上游零組件垂直整合投資經營，以擴大規模及市占率。
	⑤水平併購（合併或收購）同業，以擴大規模及市占率。
	⑥深耕既有產品線深度及廣告，推出多品牌需求的發展。
	⑦以併購方式，朝多角化事業發展擴張。
	⑧開發新產品或技術高之產品，以帶動需求的發展。
	⑨與國內外業者（同業或異業）策略聯盟合作擴張新事業。
	⑩以複製模式，尋求版圖擴大。
3.退縮精簡策略	①出售事業部或公司或工廠。 ②削減規模 ★減少工廠數量　★刪減產品 ★刪減海外子公司　★刪減不賺錢門市店

Unit **5-4**
賽局理論的意義與好處 Part I

什麼是「賽局理論」呢？簡單來說，「賽局理論」（Game Theory）即是對決策者在下決策當下的彼此互動的分析過程。

也就是說，每位決策者對其他競爭對手決策行為的知識與預期，要把這些納入分析的思考與架構內。

一.賽局理論對決策的影響

「賽局理論」可以說是一種策略性思考，它是透過推估對手的行動，以擬定尋求對自己最大利益的策略；當然於必要時，也要犧牲自己一部分利益，而達到「雙贏」（Win-Win）的境界。

「賽局理論」告訴我們，當在下決策時，至少要考慮五大要素：

(一)充分的資訊情報：我們要擁有外界充分的「資訊情報」（Information），不可以發生資訊不對稱的狀況。

(二)考慮到對手的想法：我們要考慮到對手會怎麼想？怎麼做？以及為什麼要這麼做？

(三)選擇最佳方案：我們要從各種方案中，挑選出最佳的一個方案。

(四)預測別人也要了解自我：從事策略性思考時，必須預測別人將做什麼？以及了解自己知道什麼？

(五)各種狀況下的合作或競爭：必須思考每一種不同狀況下，人際間是競爭或合作的評估與選擇。

賽局理論可區分為「合作賽局」與「非合作賽局」。前者較易處理；後者較難處理，後者有時候會形成「雙輸」的局面。因為當我們極大化自己的利益時，對手也正努力極大化他們自己的利益。

而賽局理論同時也是一種「策略互動」（Strategic Interaction）的過程，也是一種企業的「競合」（競爭與合作）的實踐。

二.賽局理論的好處

上述提到「賽局理論」的發明，讓我們知道下決策時，至少要考慮五大要素，可見該理論正面影響效應之大，那賽局理論真正帶來的好處有哪些呢？茲分述如下：

(一)協助高階做更正確的決策：賽局理論最大的價值在協助我們如何在互動的環境中，分析、思考、判斷、發現及擬定最正確的決策。高階決策一旦失誤，比貪汙還更可怕。

(二)了解人們互動對決策的影響：賽局理論使我們了解到人們在互動過程中，實際上應如何行動才是最好的。

(三)協助經營者界定決策時相互影響的因素為何：除此之外，也同時面對許多決策而且彼此相關的環境。

賽局理論的意義與好處

參賽者

參賽者

何謂賽局理論
①下決策時，彼此互動分析的過程
②評估對手的行動為何？

參賽者

擁有充分資訊情報，才能下決策

①了解自己知道什麼？想要什麼？
②也了解競爭對手如何想？會如何做？
　做了之後的影響又如何？

①然後再決定自己的應對措施與方案
②選出最好的方案，以贏得賽局。

099

賽局理論的好處

1.協助高階做更正確的決策

→①賽局理論最大的價值在協助我們如何在互動的環境中，分析、思考、判斷、發現及擬定最正確的決策。
　②高階決策一旦失誤，比貪汙還更可怕。

2.了解人們互動對決策的影響

→賽局理論使我們了解到人們在互動過程中，實際上應如何行動才是最好的。

3.協助經營者界定決策時相互影響的因素為何

→同時面對許多決策而且彼此相關的環境。

4.有系統地發現正確策略

5.引導完整思考構面

Unit **5-5**
賽局理論的意義與好處 Part II

賽局理論運用在實務各種構面的決策上，其準確度之高，會令我們歎為觀止。

二.賽局理論的好處（續）

(四)有系統地發現正確策略：賽局理論是有系統發現正確策略的方法。

(五)引導完整思考構面：賽局理論引導經營者思考更完整的構面。

三.賽局理論的特色

(一)經濟理論與賽局理論的差異：經濟學理論告訴我們，凡事均以追求「極大化」效用或利潤為主；但賽局理論則告訴我們，極大化雖是追求目標，但外部環境與競爭對手經常在變化，因此有時要追求雙方都贏的非個人極大化，此時亦稱為賽局的「均衡原則」，達成各方都尚可滿意的均衡性。

(二)資訊經濟學：賽局理論亦很重視「資訊不對稱」（Asymmetric Information）的問題；所謂資訊不對稱，即一方具有另一方所不知道的資訊。賽局理論每個參賽者必須擁有資訊優勢；如果沒有資訊優勢，猶如眼盲的人在參賽打戰，輸的成分很高。

(三)結合「勢」與「策」，相輔相成：賽局理論亦強調決策者要了解、認清「情勢」與「策略」。情勢是指要順勢而為，勿逆勢而上，如此，策略才能事半功倍。

四.結語──賽局理論的關鍵觀念

由上所述，我們可將賽局理論關鍵觀念歸納整理如下，作為本主題總結：1.賽局理論用於高階決策之用，同時也是一種「競合」觀點；2.要考量到敵我雙方策略性互動的布局想法，不能只想到我方；3.高階下重要決策時，一定要資訊情報充分；4.凡事不可能自己獨贏，有時要策略聯盟，合作雙贏；5.高階管理者要盡可能做到正確的下決策；6.要多想想對手的下一步、下二步、下三步，會如何走，我們又該如何因應，以及7.理論強調多分析、多思考、多評估、謹慎判斷及合乎邏輯性的下決策。

小博士解說

「賽局理論」印證案例

實務上曾運用賽局理論下決策而成功的案例如下：1.美、中、臺三角賽局過招；2.國民黨、民進黨、親民黨三黨的總統競選賽局過招競爭；3.兩岸ECFA談判賽局；4.三國演義諸葛孔明演出空城計，用智慧退敵；5.1960年代，美蘇之間幾乎引起核戰的「古巴危機」賽局；6.中油、台塑石油每次幾乎同時漲價且漲價幅度均一樣的賽局；7.中華電信與Cable Modem寬頻上網的賽局；8.美伊戰爭賽局；9.美國CIA阻擊恐怖分子賓拉登的賽局，以及10.其他國內外軍事政治、經濟、產業、企業之間的競爭賽局。

賽局理論的好處

1.協助高階做更正確的決策

2.了解人們互動對決策的影響

3.協助經營者界定決策時相互影響的因素為何

4.有系統地發現正確策略
→賽局理論是有系統發現正確策略的方法。

5.引導完整思考構面
→賽局理論引導經營者思考更完整的構面。

賽局理論3特色

1.經濟理論　VS.　賽局理論

| 凡事均以追求「極大化」效用或利潤為主。 | 極大化雖是追求目標，但外部環境與競爭對手經常在變化，因此有時要追求雙方都贏的非個人極大化。 |

賽局的「均衡原則」

達成各方都尚可滿意的均衡性

2.資訊經濟學

①賽局理論亦很重視「資訊不對稱」的問題。→ 即一方具有另一方所不知道的資訊
②賽局理論每個參賽者必須擁有資訊優勢；如果沒有資訊優勢，輸的成分很高。

3.結合「勢」與「策」，相輔相成

①賽局理論亦強調決策者要了解、認清「情勢」與「策略」。
②情勢是指要順勢而為，勿逆勢而上，如此，策略才能事半功倍，否則會事倍功半。

賽局理論7關鍵觀念

1.賽局理論用於高階決策之用，同時也是一種「競合」觀點。

2.要考量到敵我雙方策略性互動的布局想法，不能只想到我方。

3.高階下重要決策時，一定要資訊情報充分。

4.凡事不可能自己獨贏，有時要策略聯盟，合作雙贏。

5.高階管理者要盡可能做到正確的下決策。

6.要多想想對手的下一步、下二步、下三步，會如何走，我們又該如何因應。

7.理論強調多分析、多思考、多評估、謹慎判斷及合乎邏輯性的下決策。

Unit 5-6
完整的年度經營計畫書撰寫 Part I

　　面對歲末以及新的一年來臨之際，國內外比較具規模及制度化的優良公司，通常都要撰寫未來三年的「中長期經營計畫書」或未來一年的「今年度經營計畫書」，作為未來經營方針、經營目標、經營計畫、經營執行及經營考核的全方位參考依據。古人所謂「運籌帷幄，決勝千里之外」即是此意。

　　若有完整周詳的事前「經營計畫書」，再加上強大的「執行力」，以及執行過程中的必要「機動、彈性調整」對策，必然可以保證獲得最佳的經營績效成果。另外，一份完整、明確、有效、可行的「經營計畫書」（Business Plan）也代表著該公司或該事業部門知道「為何而戰」，並且「力求勝戰」。

　　然而一個完整的公司年度經營計畫書應包括哪些內容？本單元提供以下案例作為撰寫經營計畫書的參考版本。由於各公司及各事業總部的營運行業及特性均有所不同，故可視狀況酌予增刪或調整使用。

　　由於本主題內容豐富，特分兩單元介紹，期能有一完整風貌供讀者參考運用。

一.去年度經營績效回顧與總檢討

　　本部分內容包括：1.損益表經營績效總檢討（含營收、成本、毛利、費用及損益等實績與預算相比較，以及與去年同期相比較）；2.各組業務績效總檢討，以及3.組織與人力績效總檢討。

二.今年度經營大環境深度分析與趨勢預測

　　本部分內容包括：1.產業與市場環境分析及趨勢預測；2.競爭者環境分析及趨勢預測；3.外部綜合環境因素分析及趨勢預測，以及4.消費者／客戶環境因素分析及趨勢預測。

三.今年度本事業部／本公司經營績效目標訂定

　　本部分內容包括：1.損益表預估（各月別）及工作底稿說明，以及2.其他經營績效目標可能包括有加盟店數、直營店數、會員人數、客單價、來客數、市占率、品牌知名度、顧客滿意度、收視率目標、新商品數等各項數據目標及非數據目標。

四.今年度本事業部／本公司經營方針訂定

　　本部分內容可能包括：降低成本、組織改造、提高收視率、提升市占率、提升品牌知名度、追求獲利經營、策略聯盟、布局全球、拓展周邊新事業、建立通路、開發新收入來源、併購成長、深耕核心本業、建置顧客資料庫、擴大電話行銷平臺、強化集團資源整合運用、擴大營收、虛實通路並進、高品質經營政策、加速展店、全速推動中堅幹部培訓、提升組織戰力、公益經營、落實顧客導向、邁向新年度新願景等各項不同的經營方針。

年度經營計畫書參考架構

一.去年度經營績效回顧與總檢討

1.損益表經營績效總檢討

↓

> 營收、成本、毛利、費用及損益等實績與預算相比較,以及與去年同期相比較。

2.各組業務執行績效檢討。　　3.組織與人力績效總檢討。

二.今年度經營大環境深度分析與趨勢預測

1.產業與市場環境分析及趨勢預測。
2.競爭者環境分析及趨勢預測。
3.外部綜合環境因素分析及趨勢預測。
4.消費者/客戶環境因素分析及趨勢預測。

三.今年度本事業部/本公司經營績效目標訂定

1.損益表預估(各月別)及工作底稿說明。
2.其他經營績效目標訂定
→加盟店數、直營店數、會員人數、客單價、來客數、市占率、品牌知名度、顧客滿意度、收視率目標、新商品數等各項數據目標及非數據目標。

四.今年度本事業部/本公司經營方針訂定

五.今年度本事業部/本公司贏的競爭策略與成長策略訂定

六.今年度本事業部/本公司具體營運計畫訂定

七.提請集團各關企與總管理處支援協助事項

八.結語與恭請裁示

知識補充站

會計期間

會計期間(Accounting Time Period)乃是由會計人員,假設企業經營的人為期限,區隔而成,對於經濟活動做定期整理、匯存。由於會計期間為人為的主觀分隔,會計期間愈短,相同經濟活動牽涉到的主觀判斷也愈頻繁,愈難調整金額。會計期間可做以下區分,即以一個月為會計期間,當月月底為決算日期;以一季即三個月為會計期間,第三個月的月底為決算日期;以一年即十二個月為會計期間,第十二個月的月底為決算日期。

Unit **5-7**
完整的年度經營計畫書撰寫 Part II

　　前面單元提到完整的年度經營計畫書，首先應對去年度經營績效總檢討，再對今年度經營環境深度分析及趨勢預測，接下來擬定今年度的經營績效目標及經營方針。有了這些明確目標後，本單元要進一步擬定本事業部（或本公司）贏的策略及具體營運計畫，然後再提請集團支援協助。這樣一來，就是一份完整可行的「經營計畫書」。

五.今年度本事業部／本公司的策略訂定

　　本部分內容可能包括：差異化策略、低成本策略、利基市場策略、新市場拓展策略、行銷4P策略（即產品策略、通路策略、推廣策略及定價策略）、併購策略、策略聯盟策略、平臺化策略、垂直或水平整合策略、國際化策略、品牌策略、集團資源整合策略、事業分割策略、掛牌上市策略、組織與人力革新策略、轉型策略、專注核心事業策略、品牌打造策略、市場區隔策略、管理革新策略，以及業務創新策略等。

六.今年度本事業部／本公司具體營運計畫訂定

　　本部分內容可能包括：業務銷售計畫、商品開發計畫、委外生產／採購計畫、行銷企劃、電話行銷計畫、物流計畫、資訊化計畫、售後服務計畫、會員經營計畫、組織與人力計畫、培訓計畫、關企資源整合計畫、品管計畫、節目計畫、公關計畫、海外事業計畫、管理制度計畫，以及其他各項未列出的必要項目計畫。

七.提請集團各關企與總管理處支援協助事項

　　經營計畫書的邏輯架構如下：1.去年度經營績效與總檢討；2.今年度「經營大環境」分析與趨勢預測；3.今年度本事業部／本公司「經營績效目標」訂定；4.今年度本事業部／本公司「經營方針」訂定；5.今年度本事業部／本公司贏的「競爭策略」與「成長策略訂定」；6.今年度本事業部／本公司「具體營運計畫」訂定；7.提請集團「各關企」與集團「總管理處」支援協助事項，以及8.結語與恭請裁示。

小博士解說

營運計畫書

　　所謂「營運計畫書」（Business Plan）是指公司向金融機關融資貸款，或向特定個別對象私募增資、發行公司債募資或信用評等、向董事會及股東會做年度檢討報告、公司正式上市上櫃申請或申請現金增資等財務計畫時都必須撰寫營運計畫書，可能是當年度或未來三年到五年等。其架構包括：產業分析、市場分析、競爭分析、營運績效現狀、未來發展策略與計畫、經營團隊、競爭優勢，以及未來幾年之財務預測等內容，好讓對方對本公司產生信心。

圖解領導學

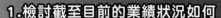
年度經營計畫書—— 撰寫思維架構圖

1.檢討截至目前的業績狀況如何
→
- ★檢討的期間
- ★檢討的數據分析
- ★檢討的單位別分析

2.檢討業績達成或未達成的原因
→
- ★國內環境原因分析
- ★競爭對手原因分析
- ★國際環境原因分析
- ★國內消費者／客戶原因分析
- ★本公司內部自身環境原因分析

3.選出業績未來達成最關鍵及最迫切應解決的問題所在
→
- ★從短／長期面看
- ★從各種產／銷／人／發／財／資等面看
- ★從損益表結構面看
- ★從產業／市場結構面看
- ★從人／組織能力本質面看

4.研訂問題解決及業績造成的各種因應對策及具體方案
→
- ★應站在戰略性制高點來看待
- ★應思考贏的競爭策略及布局
- ★應思考這個產業及市場競爭中的KSF是什麼
- ★訂出具體計畫，並要思考6W/3H/1E的十項原則
- ★是否需要外部事業機構的協助

5.要考慮及評估「執行力」或「組織能力」的最終關鍵點
→
- ★要建立高素質及強大執行力的企業文化與組織團隊能力
- ★要區分執行前、中及執行後三階段管理

知識補充站

會計年度

會計年度（Accounting Year）是以年度為單位進行會計核算的時間區間，反映單位財務狀況、核算經營成果的時間界限。通常情況下，一個單位的經營和業務活動，總是連續不斷進行著，如果等到單位的經營和業務活動全部結束後，才核算財務狀況和經營成果，既不利於單位外部利益關係人了解單位經營情況，也不能滿足企業自身經營管理需要。因此，會計上就將連續不斷的經營過程劃分為若干相等時段，分段進行結算，分段編製財務會計報告，分段反映單位財務狀況和經營成果。這種分段進行會計核算的時間區間，會計上稱為會計期間。以一年為一個會計期間稱為會計年度。我國會計年度又可分為曆年制及非曆年制兩種，曆年制指每年1月1日至12月31日為起訖期間者；非曆年制則指不是以每年1月1日至12月31日為起訖期間者，但期間仍為1年。

Unit **5-8**
企業成功的關鍵要素

　　任何一種產業均有其必然的「關鍵成功因素」（Key Success Factor, KSF）。成功因素很多，面向也很多，但是其中必然有最重要與最關鍵的。

　　好像電視主播可區分為超級主播及一般主播，超級主播對收視率成功提升是一個關鍵因素。

　　值得注意的是，在不同的行業及不同的市場，可能會有不同的關鍵成功因素。例如：生產筆記型電腦大廠跟經營一家大型百貨公司的成功因素，可能是不完全一樣，甚至完全不一樣。

　　最重要的是，企業必須探索為什麼在這些關鍵因素上沒做好而落後競爭對手呢？如果超越對手，就必須在這些KSF上面，尋求突破、革新及取得優勢。

　　當然要強過競爭對手，非得具有強大的核心競爭力與策略「綜效」的能力不可，然後再由一個堅強的經營團隊全心全意的貫徹執行，所謂的成功便近在眼前了。

一.強大的核心競爭力

　　核心競爭力（Core Competence）是企業競爭力理論的重要內涵，又可稱為「核心專長」或「核心能力」。

　　如果公司具有自身的核心專長，將可創造出公司的核心產品，並以此核心產品與競爭者相較勁，而因此取得較高的市占率及獲利績效。

二.精準的策略「綜效」

　　所謂「綜效」（Synergy），即指某項資源與某項資源結合時，所創造出來的綜合性效益。

　　例如：金控集團是結合銀行、證券、保險等多元化資源而成立的，而且其彼此間的交叉銷售，也可產生整體銷售成長的效益出來。

　　再如：某公司與他公司合併後，亦可產生人力成本下降及相關資源利用結合之綜合性改善。

　　再如：統一7-11將其零售流通多年經營技術的Know-How，移植到統一康是美及星巴克公司，加快其經營績效，此亦屬一種綜效成果。

三.完善的經營團隊

　　經營團隊（Management Team）是企業經營成功的最本質核心。企業是靠人及組織營運展開的。

　　因此，公司如擁有專業的、團結的、用心的、有經驗的經營團隊，則必可為公司打下一片江山。但是所謂團隊，不是僅指董事長或總經理，而是指公司中堅幹部（經理、協理）及高階幹部（副總及總經理級）等更廣泛的各層級主管所形成的組合體。而在部門別方面，則是跨部門所組合而成的。

企業成功的關鍵要素

企業要如何才會成功？

1.關鍵成功因素

①不同行業及不同市場，可能會有不同的關鍵成功因素。
②企業必須探索為什麼在這些關鍵因素沒做好而落後競爭對手？
③如果超越對手，就必須在這些關鍵成功因素，尋求突破、革新及取得優勢。

2.核心競爭力

①企業的核心專長，將可創造出核心產品。
②企業以核心產品與競爭者相較勁，而取得較高的市占率及獲利績效。

3.綜效

①指某項資源與某項資源結合時，所創造出來的綜合性效益。
②例如：金控集團是結合銀行、證券、保險等多元化資源成立，而其彼此間的交叉銷售，也可產生整體銷售成長的效益。

4.經營團隊

①這是企業經營成功的最本質核心。
②企業中堅幹部（經理、協理）及高階幹部（副總及總經理級）等各層級主管所形成的組合體。
③部門別方面，則是跨部門所組合而成的。

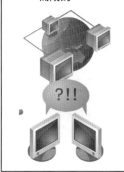

知識補充站

Nike為何第一？

為什麼Nike出了這麼多紕漏之後，還能穩居運動相關產品的領導品牌？其實，這就是消費者與Nike間不均等議價力量所致，當Nike的議價力量較強，消費者只能被予取予求。

又因市場獨占，是不均等議價力量最簡單明顯的現象，且其獨占力量，與過去因生產要素、通路及政府保護的市場獨占者不同，Nike是建立在擁有運動這個情感願景上面，是靠精心計畫的經營策略與商業模式成功的，值得準備要以自有品牌揚威國際的臺灣廠商學習。

Unit **5-9**
企業營運管理循環 Part I ── 製造業

　　企業經營管理要做得好，首先要對企業整體營運的循環內容有所了解。同時因為行業別的差異，我們也必須從製造業及服務業兩大業別，分兩單元來區別因應。

一.製造業的涵蓋面

　　製造業，顧名思義即是必須製造出產品的公司或工廠。它幾乎占了一個國家或一個社會系統的一半經濟功能，可區分為傳統產業及高科技產業兩種：1.傳統產業，即指統一、臺灣寶僑家用品、聯合利華、金車、味全、味丹、可口可樂、黑松、東元、大同、裕隆汽車等，及2.高科技產業，即指台積電、聯電、宏達電、鴻海、華碩等。

二.製造業的營運管理循環

　　(一)人力資源管理：1.研發管理是產品力的根基；2.低成本原物料、半成品的採購並追求其品質與供貨的穩定，以及3.追求產品準時出貨及降低成本的生產管理。

　　(二)行政總務管理：指對零組件、原物料及完成品的品質水準控管並要求穩定。

　　(三)法務與智財權管理：指產品配送到國外客戶或國內客戶指定地點的倉儲中心或零售據點，並追求最快速度配送效率與最安全的物流管理。

　　(四)資訊管理：1.行銷管理：指為使產品在零售市場或企業型客戶上，能順利進行所有行銷過程，包括B2B及B2C兩種型態；2.售後服務管理：指產品在銷售後的詢問、客訴、回應、安裝、維修等管理，包括客服中心、維修中心、會員中心等。

　　(五)工程技術管理：指對客戶的應收帳款及應付帳款管理；另外資金供需管理、投資管理，皆屬會員經營管理。

　　(六)稽核管理：隨時針對企業行政資源、管理系統、生產品質、工廠環境、機械設備等進行內部控制與稽核管理。

　　(七)公關管理：例如會員經營管理，即指對重要客戶的會員分級對待或客製化對待，以及會員卡促銷優惠等。

　　(八)企劃管理：本質上是經營分析管理，即指對各項經營數據結果，進行分析、評估，以及提出對策方案等，並將之導入目標管理及預算管理。

三.製造業贏的關鍵要素

　　(一)大規模經濟效應：採購及生產量大，成本才會低，產品價格也有競爭力。

　　(二)研發力強：研發代表產品，研發強才能不斷開發新產品，滿足市場需求。

　　(三)穩定的高品質：有好品質的產品，才會有好口碑，客戶才會不斷下訂單。

　　(四)企業形象與品牌知名度：例如IBM、Panasonic、SONY、三星、HP、Toshiba、Philips、P&G等，均具高度正面的企業形象與品牌知名度，故能長期經營。

　　(五)不斷改善，追求合理化經營：成功企業都注重消除浪費、控制成本、合理化經營及改革，因此能降低成本，提升效率及鞏固高品質水準。這是競爭力的根源。

製造業營運管理循環架構

支援活動	主要活動
A.人力資源管理 	**1.研發管理** ①對既有產品及新產品的研究開發管理。 ②是產品力的根基來源。 **2.採購管理** ①指原物料、零組件、半成品之採購管理。 ②追求較低的採購成本、穩定的採購品質及供貨的穩定性。 **3.生產管理** ①指產品的生產與製造過程的管理。 ②追求有效率、準時出貨的生產管理及降低生產成本。
B.行政總務管理	**4.品質管理** ①指對零組件、原物料及完成品的品質水準控管。 ②要求穩定的品質水準。
C.法務與智財權管理	**5.物流管理** ①指產品配送到國外客戶或國內客戶指定地點的倉儲中心或零售據點。 ②追求最快速度配送效率與最安全的物流管理。
D.資訊管理 	**6.銷售（行銷）管理** ①指為使產品在零售市場上或企業型客戶上，能夠順利銷售出去的所有行銷過程與銷售行動。 ②包括B2B及B2C兩種型態。 **7.售後服務管理** ①指產品在銷售之後的詢問、客訴、回應、安裝、維修等管理。 ②包括客服中心（Call Center）、維修中心、會員中心等。
E.工程技術管理	**8.財會管理** ①指對客戶的應收帳款及應付帳款管理。 ②另外資金供需管理、投資管理也屬之。
F.稽核管理	
G.公關管理	**9.會員經營管理** ①指對重要客戶的會員分級對待或客製化對待。 ②會員卡促銷優惠。
H.企劃管理	**10.經營分析管理** ①指對各項經營數據結果，進行分析、評估，以及提出對策方案等。 ②導入目標管理及預算管理。

Unit **5-10**
企業營運管理循環 Part II —— 服務業

製造業與服務業最大差異是前者著重生產產品，後者則以販售及行銷產品為主。

一.服務業的涵蓋面

服務業是指利用設備、工具、場所、訊息或技能等為社會提供勞務、服務的行業。例如：統一超商、麥當勞、新光三越百貨、家樂福、佐丹奴服飾、統一星巴克、誠品書店、中國信託銀行、國泰人壽、長榮航空、屈臣氏、君悅大飯店、摩斯漢堡、小林眼鏡、TVBS電視台、燦坤3C、全國電子、85度C咖啡、王品餐飲等，都是目前消費市場最被人熟知的服務業。

二.服務業的營運管理循環

服務業營運管理循環架構如下：1.人資管理；2.行政總務管理；3.法務管理；4.資訊管理；5.稽核管理，以及6.公關管理等支援體系，在從事九項主要活動：商品開發、採購、品質、行銷企劃、現場銷售、售後服務、財會、會員經營及經營分析。

三.服務業與製造業的管理差異

相較於製造業，服務業提供的是以服務性產品居多，而且也是以現場服務人員為主軸，這與工廠作業員及研發工程師居多的製造業，顯著不同。兩者差異點如下：1.製造業以製造與生產產品為主軸，服務業則以「販售」及「行銷」這些產品為主軸；2.服務業重視「現場服務人員」的工作品質與工作態度；3.服務業比較重視對外公關形象的建立與宣傳；4.服務業比較重視「行銷企劃」活動的規劃與執行，以及5.服務業的客戶是一般消費大眾，經常有數十萬到數百萬人，與製造業少數幾個OEM大客戶有很大不同。因此，在顧客資訊系統的建置與顧客會員分級對待經營比較重視。

四.服務業贏的關鍵要素

(一)打造連鎖化、規模化經營：不管直營店或加盟店的連鎖化、規模化經營，將是首要競爭優勢的關鍵，例如：統一超商7-11的5,200家店、全聯福利中心的900家店。

(二)提升人的高品質經營：才能使顧客受到應有的滿意及忠誠度。

(三)不斷創新與改進：服務業的進入門檻很低，因此，唯有創新，才能領先。

(四)強化品牌形象的行銷操作：服務業會投入較多的廣告宣傳與媒體公關活動的操作，以不斷提升及鞏固服務業品牌形象的排名。

(五)形塑差異化與特色化：服務業如果沒有「差異化」與「特色化」經營，就找不到顧客層，還會陷入價格競爭。

(六)提高現場環境設計氛圍：服務業也很重視「現場環境」的布置、燈光、色系、動線、裝潢、視覺等，因此有日趨高級化、高格化的現場環境投資趨勢。

(七)擴大便利化據點：服務業也必須提供「便利化」，據點愈多愈好。

服務業營運管理循環架構

支援活動
A.人資管理
B.行政總務管理
C.法務管理
D.資訊管理
E.稽核管理
F.公關管理

主要內容	
1.商品開發管理	6.售後服務管理
2.採購管理	7.財會管理
3.品質管理	8.會員經營管理
4.行銷企劃管理	9.經營分析管理
5.現場銷售管理	

服務業贏的7大關鍵

服務業贏的關鍵因素

1. 打造連鎖化、規模化經營
2. 提升人的高品質經營
3. 不斷創新與改變經營
4. 強化品牌形象的行銷操作
5. 形塑差異化與特色化經營
6. 提高現場環境設計氛圍
7. 擴大便利化的營業據點

製造業贏的5大關鍵

製造業贏的關鍵因素

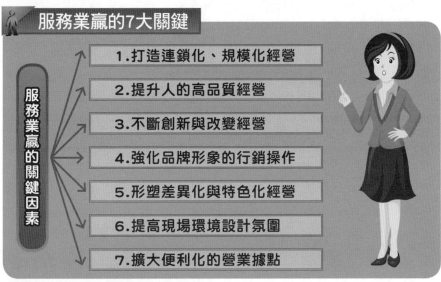

1.要有規模經濟效應化
→大規模的採購量及生產量，成本才會下降，產品價格也才有競爭力。

2.研發力強
→研發力代表著產品力，研發力強，才能不斷滿足客戶需求及市場需求。

3.穩定的品質
→品質穩定能使客戶信任，訂單才會不斷。

4.企業形象與品牌知名度
→高度正面的企業形象與品牌知名度，才能長期永續經營。

5.不斷改善，追求合理化經營
→唯有追根究柢、消除浪費、控制成本、合理化經營及改革經營的理念，才是製造業
　競爭力的根源。

第 6 章

領導與激勵

章節體系架構 ▼

Unit **6-1**
動機的形成、類型與理論

管理大師Peter Senge曾指出：「未來企業競爭的最大利器端視組織中人力資源之品質。」因此，如何使組織中的人力發揮極大效能，即是領導者必要的課題。

一.動機的形成

動機起因於「需求」（Needs）與「刺激」（Stimuli）。員工個人行為的基本模式，大致是經過刺激（原因），而使員工個人有了新的需求、新的期望、新的緊張及新的不適，因此，會衍生出新的個人行為與行動，而朝向他在新的刺激下的新目標。

二.動機的類型

根據學者Ivancevich的分法，他將與工作相關之動機區分為下列四種：

(一)勝任動機與好奇動機（Competencies & Curious）：員工希望經由工作完成任務，表示能夠勝任。而對新目標與新工作之挑戰，亦充滿好奇，想一探究竟。

(二)成就動機（Achievement）：當員工完成一項挑戰目標後，他會感到很有成就感。這是一種成就動機與榮耀動機。

(三)親和動機（Affiliation）：除有成就感之外，員工也有渴望與他人能夠合作、親密、友誼、談心之需要，否則會變成物質人、經濟人。

(四)公平公正要求動機（Equity）：員工對報酬、薪資、紅利分配，均有「公平合理」之要求，因此物質報酬不在多寡，而在公平性。一旦公平動機不能滿足，員工就會站起來表示意見。

三.基本的「動機理論」與「動機流程」

不管就管理理論或企業實務來看，組織中員工的績效，係由組織員工的「能力」及「動機」兩者相乘而得。換言之，績效必須同時存在能力與動機才行，缺一不可。只有能力，而無動機或有動機無能力，均無法創造出公司良好的績效。

當公司高階決策者討論到員工的動機時，他們所要關心的主題有幾個：1.驅動員工行為的動機為何？2.這個行為朝向哪一個方向？以及3.如何維持或持續這個行為？

小博士解說

什麼是動機？

動機一詞因各理論學派長久以來所持立場不同，對其界定也難有統一的看法，也因此動機常與需求、驅力、誘因等名詞連結。在心理學研究中，常將「動機」（Motivation）定義為引起個體活動，維持已引起的活動，並導致該活動朝向某一目標的內在歷程。由此定義，可看出動機是在引導個體行動及其達到目標過程中的一個必要潛在因素。

動機的形成／類型／程序

員工行為之基本模式

刺激（原因） → ・需求 ・期望 ・緊張 ・不適 → 行為 → 目標

動機4類型

員工工作的動機

1.勝任動機與好奇動機
→①員工經由完成任務，表示能夠勝任工作。
　②對新目標與新工作之挑戰，亦充滿一探究竟的好奇心。

2.成就動機
→當員工完成一項挑戰目標後，他會感到成就感。

3.親和動機
→員工除有成就感外，也渴望與他人合作、親密、友誼、談心。

4.公平公正要求動機
→①員工對報酬、薪資、紅利分配，均有「公平合理」之要求。
　②物質報酬不在多寡，而在公平性。

動機產生6程序

動機如何產生？

①需求的不滿足
②尋找滿足需求的方法
③目標導向的行為
④績效
⑤賞或罰
⑥重新評估員工不滿足的需求
　當高階決策者討論員工動機時，必要的關心課題：
　❶驅動員工行為的動機為何？
　❷這個行為朝向哪一個方向？
　❸如何維持或持續這個行為？

第6章 領導與激勵

115

Unit 6-2
馬斯洛的人性需求理論

美國人本主義心理學家馬斯洛（Maslow）的需求層次理論，是研究組織激勵時，應用得最為廣泛的理論。他認為人類具有五個基本需求，從最低層次到最高層次之需求。這五種需求即使在今天，仍有許多人停留在最低層次而無法滿足。

一.生理需求

在馬斯洛的需求層次中，最低層次是對性、食物、水、空氣和住房等需求都是生理需求。例如：人餓了就想吃飯，累了就想休息。人們在轉向較高層次的需求之前，總是盡力滿足這類需求。即使在今天，還有許多人不能滿足這些基本的生理需求。

二.安全需求

防止危險與被剝奪的需求就是安全需求，例如：生命安全、財產安全，以及就業安全等。對許多員工來說，安全需求的表現在職場的安全、穩定，以及有醫療保險、失業保險和退休福利等。如果管理人員認為對員工來說安全需求最重要，他們就在管理中強調規章制度、職業保障、福利待遇，並保護員工不致失業。

三.社會需求

一旦人們的生理與安全需求得到滿足後，這些需求再也不能激勵行為了。此時，社會需求就成為行為積極的激勵因子，這是一種親情、給予與接受關懷友誼的需求。例如：人們需要家庭親情、男女愛情、朋友友情等。

四.自尊需求

此需求是有關個人的自尊，亦即對自信、自立、成就、信心、知識、地位、尊敬與鑑賞的需求。包括個人有基本高學歷、公司高職位、社會高地位等自尊需求。

五.自我實現需求

最終極的需求則是自我實現，或是發揮潛能，開始支配一個人的行為。每個人都希望成為自己能力所達成的人。達到這樣境界的人，能接受自己，也能接受他人。例如：成為創業成功的企業家。

小博士解說

高低需求的分界點

生理與安全需求屬於較低層次需求，而社會、自尊與自我實現，則屬於較高層次的需求。一般社會大眾，都只能滿足到生理、安全及社會需求。而社會上較頂尖的中高層人物，包括政治人物、企業家、名醫生、名律師、個人創業家或專業經理人等，才易有自我實現的機會。

終極目標

6.靈性需求
馬斯洛到了60年代認為人們需要「比我們更大的東西」來超越自我實現，而於1969年發表一篇〈Theory Z〉文章。

最高層次需求

**5.
自我實現
需求**
★例如：成為創業成功的企業家。

4.自尊需求
★例如：個人有基本高學歷、公司高職位、社會高地位等。

3.社會需求
★例如：人們需要家庭親情、男女愛情、朋友友情等。

2.安全需求
★例如：生命安全、財產安全，以及就業安全等。

1.生理需求
★例如：人餓了就想吃飯，累了就想休息。

低層次需求

117

知識補充站

靈性需求 ←
馬斯洛到了60年代開始感受到原先五種人性需求理論之分析仍有不足之處，最高層次的自我實現需求，似乎仍不足以說明人類精神生活所追求的終極目標，人們需要「比我們更大的東西」來超越自我實現。他在去世前一年（1969）發表一篇〈Theory Z〉文章，反省原先所發展出的需求理論後，提出了第六階段「最高需求」。他用不同字眼來描述這新加的最高需求，諸如超個人、超越、靈性、超人性、超越自我、神祕的、有道的、超人本、天人合一以及「高峰經驗」、「高原經驗」等都屬於這一層次。

Unit **6-3**
成就需求理論 Part I

關於企業如何激勵員工的成就需求，進而促進組織目標之發展與達成，茲綜合整理各大學派如下，以供實務上參考，但由於本主題內容豐富，特分兩單元說明。

一.愛金生的需求成就理論

心理學家愛金生（Atkinson）認為成就需求是個人的特色。高成就需求的人，受到極大激勵來努力達到成就工作或目標的滿足，同時這些人喜歡聽到別人對他們工作績效的明確反應與讚賞。

愛金生對需求成就理論（Need Achievement Theory）有以下幾點之發現：

(一)不同程度的激勵動力：人類有不同程度的自我激勵動力因素。

(二)訓練有助自我成就：一個人可經由訓練獲得成就激勵。

(三)成就激勵攸關著工作績效：成就激勵與工作績效有直接關係，即愈有成就動機之員工，其成長績效就愈顯著的好。

二.麥克里蘭的需求理論

學者麥克里蘭（David McClelland）的需求理論係放在較高層次需求（Higher-Level Needs），他認為一般人都會有三種需求：

(一)權力需求（Power）：權力就是意圖影響他人，有了權力就可依自己喜愛的方式做大部分的事，也有較豐富的經濟收入。例如：總統的權力及薪資就比副總統高。

(二)成就需求（Achievement）：成就可以展現個人努力的成果，並贏得他人的尊敬與掌聲。例如：喜歡唸書的人，一定要唸個博士學位，才會感到有人生成就感；而在工廠的作業員，也希望有一天成為領班主管。

(三)情感需求（Affiliation）：每個人都需要友誼、親情與愛情，建立與多數人的良好關係，因為人不能離群而孤居。

麥克里蘭的三大需求理論與馬斯洛的五大需求理論有些近似，不過前者是屬於較高層次的需求，至少是馬斯洛的第三層以上需求。

麥克里蘭建議公司經營者，扮演一位具有高度成就動機的典範者，使得員工有模仿學習的對象，並且成為一個高成就動機的員工，尋求工作的挑戰及負責。

小博士解說

高度成就需求的獨特特質

有高度成就需求的人具有三個獨特特質，即他們設定的困難度通常是中等水準但可達成的目標，這是因為他們想要擁有挑戰且有獲致成功的機會；他們喜歡在朝向這些目標前進時，適時地接收到回饋，以及當他們朝目標前進時，不喜歡受到外部事件的干擾，或他人的妨礙。

圖解領導學

118

成就需求理論

愛金生的需求成就理論

高成就需求的人，受到極大激勵來努力達到成就工作或目標的滿足，同時這些人喜歡聽到別人對他們工作績效的明確反應與讚賞。

→①人類有不同程度的自我激勵動力因素。

②一個人可經由訓練獲得成就激勵。

③成就激勵攸關工作績效→員工愈有成就動機，其成長績效就愈顯著的好。

 麥克里蘭的3需求理論

1.權力需求

→①權力就是意圖影響他人。

②有了權力就可依自己喜愛的方式做大部分的事，也有較豐富的經濟收入。

★例如：總統的權力及薪資就比副總統高。

2.成就需求

→成就可以展現個人努力的成果，並贏得他人的尊敬與掌聲。

★例如：❶喜歡唸書的人，一定要唸個博士學位，才會感到有人生成就感。

❷工廠的作業員，也希望有一天成為領班主管。

3.情感需求

→①每個人都需要友誼、親情與愛情，建立與多數人的良好關係。

②因為人不能離群而孤居。

員工獲得激勵 → 努力求表現

知識補充站

外在動機 VS. 內在動機

所謂外在動機（Extrinsic Motivation）乃指個體參加某一休閒或工作上的活動是受到外來力量（金錢、名利、地位、獎盃等）的影響，當這些外在報酬削失時，個人參與該休閒或工作上活動的行為，便會削弱或停止。而內在動機（Intrinsic Motivation）則指個體在沒有接受外在任何報酬情況下，持續參與在一個活動中，而個體投入在活動中的樂趣與快樂，本身就是一種內在的動機。內在動機也可以說是個體在執行一項活動中，活動本身以及參與過程中的愉悅與滿足感。

Unit 6-4
成就需求理論 Part II

前文所介紹的成就需求理論，乃是以一個交互作用的觀點，同時認為個人及情境因素是行為的重要預測。該理論最重要的貢獻，乃在對於工作偏愛和表現的預測。

本單元則繼續介紹其他學者對成就需求的研究及論點，我們會發現這幾位學者的研究，基本上都建構在馬斯洛的人性需求理論上，可見馬斯洛對後人影響之深遠。

三.阿爾德弗的激勵理論

依照學者阿爾德弗（Clay Alderfer）的看法，他基本上認同馬斯洛（Maslow）的五個需求層級看法。但他把五種需求層級濃縮為三大類，分別是生存（Existence）、關係（Relatedness），以及成長（Growth）等，簡稱為ERG理論。

(一)生存需求（Existence Needs）：相當於馬斯洛之生理與安全需求；此需求是指物質的基本需求，例如：空氣、水、薪水、紅利、工作環境等之滿足。

(二)關係需求（Relatedness Needs）：相當於馬斯洛之社會與自尊需求；此需求是指與同事、上司、部屬、朋友及家庭間建立良好的人際關係。

(三)成長需求（Growth Needs）：相當於馬斯洛之自尊與自我實現需求；此需求是指個人表現自我，尋求發展機會的一種需求。

四.波特與勞勒的激勵「整合模式」

波特與勞勒（Porter & Lawler）兩位學者，綜合各家理論，形成較完整之動機作用模式。他們將激勵過程視為外部刺激、個體內部條件、行為表現和行為結果的共同作用過程。他們認為激勵是一個動態變化迴圈的過程，即：獎勵目標→努力→績效→獎勵→滿意→努力，這其中還有個人完成目標的能力，獲得獎勵的期望值，覺察到的公平、消耗力量、能力等一系列因素。只有綜合考慮到各面向，才能取得滿意的激勵效果。因此，我們可得知波特與勞勒對激勵的看法如下：

(一)員工自行努力的原因：此指員工感到努力所獲獎金報酬價值很高與重，以及能夠達成之可能性機率。

(二)增進工作技能：除個人努力外，還可能因為工作技能與對工作了解等兩種因素所影響。

(三)好績效會贏得報酬：員工有績效後，可能會得到內在報酬（如成就感）及外在報酬（如加薪、獎金、晉升）。

(四)公平標準為何：這些報酬是否讓員工滿足，則要看心目中公平報酬的標準為何；另外，員工也會與外界公司比較，如果感到比較好，就會達到滿足了。

波特與勞勒期望激勵理論在今天看來仍有相當的現實意義。它告訴我們，不要以為設置了激勵目標、採取了激勵手段，就一定能獲得所需的行動和努力，並使員工滿意。要形成上述良性循環，取決於獎勵內容、獎懲制度、組織分工、目標導向行動的設置、管理水準、考核的公正性、領導作風及個人心理期望等多種綜合性因素。

成就需求理論

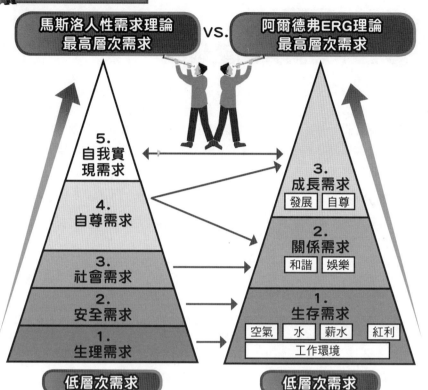

| 馬斯洛人性需求理論
最高層次需求 | **vs.** | 阿爾德弗ERG理論
最高層次需求 |

5.
自我實現需求

4.
自尊需求

3.
社會需求

2.
安全需求

1.
生理需求

低層次需求

3.
成長需求
| 發展 | 自尊 |

2.
關係需求
| 和諧 | 娛樂 |

1.
生存需求
| 空氣 | 水 | 薪水 | 紅利 |
| 工作環境 |

低層次需求

波特與勞勒動機作用模式

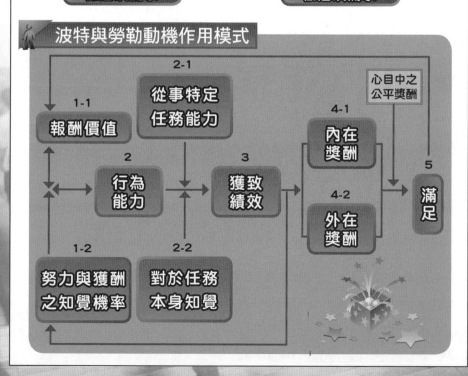

2-1

1-1 報酬價值

從事特定任務能力

心目中之公平獎酬

4-1 內在獎酬

2 行為能力

3 獲致績效

4-2 外在獎酬

5 滿足

1-2 努力與獲酬之知覺機率

2-2 對於任務本身知覺

Unit **6-5**
公平理論與期望理論

前文提到很多激勵理論幾乎是建構在馬斯洛人性需求理論的基調上，除了波特與勞勒（Porter & Lawler）兩位學者，綜合各家理論，形成較完整之動機作用模式。但該理論同時也讓我們了解到——不要以為設置了激勵目標、採取了激勵手段，就一定能獲得所需的行動和努力，並使員工滿意——因為滿足員工對公平與期望需求，也同樣是不容忽視的一環。

一.亞當斯的公平理論

激勵的公平理論（Equity Theory）認為每一個人受到強烈的激勵，使他們的投入或貢獻與他們的報酬之間，維持一個平衡；亦即投入（Input）與結果（Outcome）之間應有一合理的比率，而不會有認知失調的失望。

換言之，愈努力工作者，以及對公司愈有貢獻的員工，其所得到之考績、調薪、年終獎金、紅利分配、升官等，就愈為肯定及更多。因此，這些員工在公平機制激勵下，即會更加努力，以獲得努力之後的代價與收獲。例如：中國信託金控公司在2010年因盈餘達150億元，因此，員工的年終獎金，即依個人考績獲得4到10個月薪資的不同激勵。

該理論是亞當斯（J. S. Adams）學者所提出，他認為當員工感到公平程度是提高工作績效及滿足的主因。因此，公司在各種制度設計上，必須以「公平」為核心點。

二.汝門的期望理論

激勵的期望理論（Expectancy Theory）認為一個人受到激勵努力工作是基於對於成功的期望。

【概念】汝門（Vroom）對於期望理論提出以下三個概念：

(一)預期：表示某種特定結果對人是有報酬回饋價值或是重要性的，因此員工會重視。

(二)方法：認為自己的工作績效與得到激勵之因果關係的認知。

(三)期望：乃指努力和工作績效之間的認知關係；也就是說，我努力工作，必將會有好的績效出現。

【步驟】綜上所述，汝門將激勵程序歸納為以下三個步驟：

(一)激勵對自己是否重要：人們認為諸如晉升、加薪、股票紅利分配等激勵對自己是否重要？Yes。

(二)高績效能否晉升：人們認為高的工作績效是否能導致晉升等激勵？Yes。

(三)努力能否等於高績效：人們是否認為努力就會有高的工作績效？Yes。

【案例】國內高科技公司因獲利佳，股價高，並且在股票紅利分配制度下，每個人每年都可以分到數十萬、數百萬，甚至上千萬元的股票紅利分配的誘因。因此，更加促動這些高科技公司的全體員工努力以赴。

122

公平理論與期望理論

亞當斯的公平理論

①每一個人受到強烈的激勵，使他們的投入或貢獻與他們的報酬之間，維持一個平衡。

→投入（Input）與結果（Outcome）之間應有一合理的比率，而不會有認知失調的失望。

②滿足感乃取決於員工自己從工作上所得到的報償與其對工作間的投入是否公平而定，其中工作投入包括：付出的時間、心力與金錢等，工作所得則為薪資、福利與地位等。

員工比較標的包括他人、系統，以及自我等三類。

指同一組織中相似工作的人

指組織的薪資政策、行政管理等

指自己所認為的投入與結果的比率

★公平的認知比較
　結果A／投入A=結果B／投入B→公平

123

汝門的期望理論

【激勵概念】

員工付出努力
↓
獲得高工作績效
↓
依高績效能夠晉升、加薪、有獎金
↓
這些對自己很重要，故有強大動機與激勵
↓
所以更加努力付出，獲得好績效

【激勵步驟】

1.人們認為諸如晉升、加薪、股票紅利分配等激勵對自己是否重要？

YES!

2.人們認為高的工作績效是否能導致晉升等激勵？

YES!

3.人們是否認為努力工作就會有高的工作績效？

【關係圖】

| 努力 | 高的工作績效 | 導致晉升、加薪 | 對自己很重要 |

　　　(一)期望　　　　(二)方法　　　　(三)預期

MF=動機作用力（MF=Motivation Force）MF=E×V；E=期望機率；V=價值

Unit 6-6
激勵員工的實務法則

激勵員工的定義：「利用適當的機制與方案，鼓勵員工積極投入工作，為公司創造長久的競爭優勢。」

為順應未來趨勢，經營者應立即根據自身條件、目標與需求，發展出一套激勵員工作戰力的計畫。員工在這種計畫的激勵下，勢必會創造高度的創造力與生產力。

一.金錢是激勵的第一選擇

許多企業利用金錢來激勵員工，結果付給員工的薪資與福利不僅因為企業的生產力大增而回收，而且更增加員工的作戰力與士氣。

二.訂定團隊目標的獎勵

許多企業只對個人的業績給予獎勵，但事實上，成功的背後必須倚靠許多員工一起努力才能完成，如果只有少數人獲得獎勵，更會影響整體團隊的績效與合作默契。相關的研究顯示，過度強調個人獎勵，將導致以下後果，即破壞團隊合作的基礎、變相鼓勵員工爭相追逐短期且可立即看見成效的工作目標，甚至會誤導員工相信獎勵與員工績效一點關聯也沒有。

三.表揚與慶祝活動

無論是人、部門或個人的表現，都應挪些時間給團隊，來舉辦士氣激勵大會或相關活動。舉辦這些活動最主要在營造歡樂與活力的氣氛，可提振員工的士氣與活力。

四.參與決策及歸屬感

讓員工參與對他們有利害關係事情的決定，這種作法表示對他們的尊重及處理事情的務實態度，往往員工最了解問題狀況，也知道改進方式，以及顧客心中想法；當員工有參與感時，對工作的責任感便會增加，也較能輕易接受新的方式及改變。

五.增加訓練的機會

美國雀伯樂鋼鐵廠（Chaparral）非常鼓勵員工接受訓練。任何時候，該公司都有85%的員工接受各種訓練。如果員工想上大學或到其他地方學習新製程與技術，公司都會提供休假與旅費以示鼓勵。經由公司所提供的訓練，員工的作戰士氣相當高昂。

六.激發員工的工作熱情

藉由激發員工的工作熱情，也可以成功的提升作戰力。美國五金連鎖公司家庭倉庫（Home Deport）是一個能激發第一線員工良好工作情緒的環境，堅信每位員工的表現是企業成敗的關鍵。他們相信與員工的關係，除冰冷制度外，還有感情存在。只要有心培養員工熱情，讓員工的情緒管理有更好的表現，更能增加公司整體的表現。

激勵員工作戰力6法則

1.金錢是激勵的第一選擇

→①許多企業利用金錢來激勵員工。
　②結果付給員工的薪酬不僅因為生產力大增而回收，更增加員工作戰力與士氣。

2.訂定團隊目標的獎勵

→成功的背後必須倚靠許多員工一起努力才能完成。

　　過度強調個人獎勵的後果

❶破壞團隊合作的基礎。
❷變相鼓勵員工爭相追逐短期且可立即看見成效的工作目標。
❸誤導員工相信獎勵與員工績效一點關聯也沒有。

3.表揚與慶祝活動

→舉辦這些活動最主要在營造歡樂與活力的氣氛，可提振員工的士氣與活力。

4.參與決策及歸屬感

→①這種作法表示對員工的尊重及處理事情的務實態度。
　②員工往往最了解問題狀況，也知道改進方式，以及顧客心中想法。

5.增加訓練的機會

→經由公司所提供的訓練，員工的作戰士氣相當高昂。

6.激發員工的工作熱情

→只要有心培養員工熱情，讓員工的情緒管理有更好的表現，更能增加公司整體的表現。

125

知識補充站

Wal-Mart貫徹利潤與員工分享

飯店創辦人山姆‧威頓在提到美國Wal-Mart成功的十大經營法則中，其中有三條與激勵有關，茲列示如下：1.和同仁分享利潤，視同仁為夥伴，同仁也會以你為夥伴，你們一起工作的績效，將超乎你所能想像的。你仍然可以保持你對公司的控制力，但是你的行為要像一位為合夥人服務的領導者。鼓勵同仁持有公司股票，將股權打折賣給他們，同仁退休時贈送公司股票。這方面我們做得很好。（第二法則）；2.激勵你的夥伴。錢和股份是不夠的，必須每天不斷想些新點子，來激勵並挑戰你的夥伴。訂立遠大的目標，鼓勵競爭，記錄成果。獎品要豐富，如果招式已老，要推陳出新。讓經理調換職位，保持挑戰性。讓每個人猜測你下一招是什麼，別讓他人輕易猜到。（第三法則），以及3.感激同仁對公司的貢獻。支票與股票選擇權可以收買忠心，但是更需有人親口感謝我們對他所做的事。我們喜歡經常聽到感謝的話，尤其是我們做了足以自傲的事之後。任何東西都無法取代幾句適時的真心感激話，不花一毛錢，卻又價值連城。（第五法則）

Unit **6-7**
激勵獎酬的目的、決定因素及實施內容

如果獎酬的目的是為了激勵並引導員工行為，那麼就該讓所有的管理階層及員工充分了解並支持公司的獎酬制度。

一.獎酬之目的

公司對個人或部門群體的獎酬表現，主要在達成對內、對外之目的如下：

(一)對內目的：包含有1.提高員工個人工作績效；2.減少員工流動離職率；3.增加員工對公司的向心力，以及4.培養公司整體組織的素質與能力，以應付公司不斷成長的人力需求。

(二)對外目的：包含有1.對外號召吸引更高與更佳素質的人才，加入此團隊；2.對外號召公司重視人才的企業形象。

二.獎酬的決定因素

現代企業對員工個別獎酬的制度，逐漸採用「能力主義」或「表垷主義」，而漸放棄年資主義。換言之，只要有能力、對公司有貢獻看得到，在部門內績效也表現優異者，不論其年資多少，均會有良好的差異獎酬。

一般來說，獎酬（含薪資、年終獎金、業績獎金、股票紅利分配等）的決定因素，包括以下幾項：

(一)實際績效（Performance）：績效是對工作成果的衡量，應有客觀指標，不管是直系業務部門或幕僚單位均是一樣。一般公司均是採預算管理及目標管理的指標。

(二)其他次要因素之衡量：除此之外，可能還會衡量其他次要因素，包括：1.工作年資（在公司任職多少年以上）；2.努力程度；3.工作的簡易度與困難度，以及4.技能水準。

三.獎酬的實施內容

就實務而言，公司對員工個人或群體的獎酬，可以從以下兩種角度說明：1.內在獎酬（較重視心理、精神層面）；2.外在獎酬（較重視外在實際物質報酬）。

四.獎酬對組織行為之涵義

公司優良的獎酬制度，必然可以提高員工對公司的向心力與工作滿足感，但需要注意下列條件：

(一)獎酬制度的公平性：員工必然認為公司的獎酬制度具有公平性（Equity）。

(二)工作成果攸關獎勵結果：獎酬必與績效結果連結一起。

(三)考核全面性公平公正：績效考評必須公平、公正、有效與客觀。

(四)中高階主管的獎酬著重差異化需求：獎酬愈往中高階主管看，愈需要配合個別員工的個人差異化需求。

對員工獎酬激勵項目

對員工獎酬

1.內在獎酬
- ①成長機會
- ②參與決策
- ③提高職權與職責
- ④提高工作自由度
- ⑤增加有趣工作
- ⑥擴大工作範圍
- ⑦提高工作地位與尊榮感

2.外在獎酬

2-1直接薪酬
- ①基本薪資
- ②績效紅利
- ③分配股票
- ④年終獎金
- ⑤不休假獎金

2-2間接薪酬
- ①額外津貼補助
- ②工作保障計畫
- ③退休金制度

2-3非財務性薪酬
- ①配車、配司機
- ②個人房間（辦公室）
- ③給予停車位
- ④較高職銜
- ⑤祕書指派
- ⑥其他酬賞

 獎酬激勵的決定因素

 實際對公司貢獻
＋
 能力與表現
＋
 個人年資多久
＋
 未來潛力

 獎酬6目的

1.提高員工工作績效表揚

2.增強員工對公司向心力

3.降低員工流動率

4.形成良好企業文化

5.號召外部優秀人才加入

6.塑造幸福企業形象度

第 7 章

領導與組織變革

章節體系架構 ▼

Unit **7-1**
組織變革的意義及促成原因

近年來臺灣企業在面臨加入世界貿易組織（World Trade Organization，WTO）與兩岸簽署ECFA（Economic Cooperation Framework Agreement, ECFA）之競爭及自由化之政策下，展開一連串的組織變革以因應快速變化之經營環境。這正是組織變革的意義了——改變，是為了讓自己不被淘汰。

一.組織變革的意義

任何組織，常由於內在及外在因素的變化，而使整個組織結構不斷在改變。這些變革有些是主動性與規劃性的改變（Planned Change），而有些則是被動性與非規劃性的改變。

我們看組織成長理論中，其組織變革都是有規劃性的，絕非急就章，也不是後知後覺。

在組織變革中，不管是表現在結構、人員或科技等方面，都是為了使組織更具高效率，創造更高的經營成果。組織如果不隨著趨勢而改變，好比是小孩子長大了，卻還是給他小鞋子穿一樣，必然會阻礙難行。

二.促成組織變革的原因

導致組織變革的原因，可歸納整理成下列兩方面來說明：

(一)外在原因：包括市場、資源、科技，以及一般社會、政經環境等變化，茲分述如下：

1.市場變化：由於市場上客戶、競爭者及銷售區域之變化，均會使企業組織面臨改變。例如：過去國內出口向來以美國為主要市場，現在中國市場益形重要，因此，很多公司都成立駐中國分公司或總公司的中國部門。

2.資源變化：企業需要各種資源才能從事營運活動，這些資源包括人力、金錢、物料、機械、情報等。當這些資源的供應來源、價格、數量產生變化時，組織也需要跟著改變。例如：臺灣勞力密集產業因缺乏人工及成本上漲，導致工廠外移或另在國外設廠。

3.科技變化：科技的高度發展，使工廠人力減少，各部門普遍使用電腦操作，使M化及E化的趨勢日益普及，使得組織產生改變。

4.一般社會、政經環境變化：國家與國際社會之政治、法律、貿易、經濟、人口等產生變化，會促使組織改變。例如：中國市場形成，導致企業加強對中國之研究及生意往來；再如貿易設限，導致日本廠商必須遠赴歐美各國，在當地設立新的產銷據點，使組織體益形擴大化。

(二)內在原因：內在原因也並不單純，這包括領導人的改變、各級主管人員的異動、協調的狀況、指揮系統的效能、權力分配的程度、決策的過程等諸多原因之量與質的變化，均連帶使組織產生更動。

組織變革意義

組織變革意義

1. 組織結構
2. 組織機能
3. 組織業務
4. 組織資源
5. 組織人力
6. 組織流程
7. 組織文化
8. 組織權力

組織變革促成原因

1. 外在原因	2. 內在原因
① 市場變化	① 組織規模變化
② 科技變化	② 產品變化
③ 資源變化	③ 人員變化
④ 社會、政經環境變化	④ 高階變化
⑤ 競爭變化	⑤ 損益變化

促使組織變革產生之必要

維持企業競爭力與存活下去

知識補充站

市場競爭

市場競爭乃是市場經濟的基本特徵，在市場經濟條件下，企業從各自利益出發，為取得較好的產銷條件、獲得更多的市場資源而競爭；並且透過競爭，實現企業的優勝劣汰，進而實現生產要素的優化配置。而市場競爭的主要形式如下：

1. **價格競爭**：即生產經營同種商品的企業，為獲得超額利潤而進行的競爭，其採取的方法乃是降低成本，以降低售價。

2. **非價格競爭**：即透過產品差異化進行的競爭，其採取的方法必然導致企業生產經營成本的增加。

Unit **7-2**
變革壓力來源及目的

「改變」通常是為了更好的明天！但是再好的組織變革計畫，都可能會影響到其他人的福祉，因此起而反抗。面臨這種過程，領導人絕對不能獨斷專權，而是要用無比的耐心溝通。在執行變革過程中，領導人若發現有些不如預期的現象時，更要有智慧與勇氣的承認過錯並改過，才有可能讓組織透過不斷的變革達到永續發展的目的。

一.變革壓力的來源

學者赫雷格（Hellriegel）認為組織或企業面臨變革的壓力，主要來源有下列五種，透過這其中一種或多種壓力間的相互作用，讓組織或企業面臨更高不確定的環境，加深變革需求的壓力：

(一)技術加速改變：包括奈米科技、生化科技、半導體科技、無線科技、數位科技、液晶科技、電腦科技、人工智慧科技，以及自動化科技等，在21世紀中，已呈現出快速創新與改變的情形，大家都面對著技術快速變化、突破、升級的重大壓力，特別是高科技公司。

(二)知識爆炸：現代社會已是一個知識經濟與創新經濟的時代。員工也變成是一個知識型的員工。各種來自書本、報紙、雜誌、網站、公司文件傳遞等管道，已可獲得無窮的知識來源。而創新則是知識爆炸後，大家共同追求的核心。由於知識爆炸及進步，帶動無限商機，也使傳統方式面臨變革的壓力。

(三)產品生命週期變短：由於技術加速創新以及顧客需求不斷提升，使產品生命週期也加速縮短。因此，企業也面臨產品開發能力時間縮短的競爭壓力。

(四)工作人力本質改變：由於上班族的教育水準愈來愈高，新新人類的價值觀也與老一輩人大不相同。因此，配合新一代工作人力本質的改變，企業在組織、人事政策、教育訓練、工作環境、工具條件等方面，也要面對變革的壓力。

(五)重視工作生活品質：員工愈來愈重視工作生活品質，這包括兩個方向：

1.在工作品質上，如何使員工成就感更大、滿足感更高，能夠表現自己。

2.在生活品質上，如何使員工在繁忙工作中，仍有適度的休閒活動，注意健康狀況，滿意於家庭親子生活。

二.組織變革的目的

學者赫雷格（Hellriegel）認為組織有計畫性的變革，主要是為達成兩大目的：

(一)增加組織的適應力：組織變革的目的之一，是為了增加各部門對外部環境變化的彈性力、應對力及適應力，使組織在激烈競爭與多變的環境中，仍能保持優越的競爭力。

(二)促進組織個人或群體行為的改變：組織要改變策略來應付環境變化，最根本的方法還是應先改變組織的所有成員不可。當組織個人及群體的思想及行為均獲得必要方向的改變之後，其他方面才有改變的可能性。

組織變革壓力來源及目的

組織變革壓力5來源

1.技術加速改變

→21世紀中,已呈現出快速創新與改變的情形,大家都面對著技術快速變化、突破、升級的重大壓力。

★奈米科技　★生化科技　★半導體科技　★無線科技　★數位科技
★液晶科技　★電腦科技　★人工智慧科技　★自動化科技

2.知識爆炸

→①現代社會已是一個知識經濟與創新經濟的時代。
　②員工也變成是一個知識型的員工。
　③各種來自書本、報紙、雜誌、網站、公司文件傳遞等管道,已可獲得無窮的知識來源。

↓

　由於知識爆炸及進步,帶動無限商機,也使傳統方式面臨變革的壓力。

3.產品生命週期變短

→由於技術加速創新以及顧客需求不斷提升,使產品生命週期也加速縮短。

4.工作人力本質的改變

→①由於上班族的教育水準愈來愈高,新新人類的價值觀也與老一輩人大不相同。因此,企業要配合新一代工作人力本質而改變。
　②企業在組織、人事政策、教育訓練、工作環境、工具條件等方面,也要面對變革的壓力。

5.重視工作生活品質

→①在工作品質上,如何使員工成就感更大、滿足感更高,能夠表現自己。
　②在生活品質上,如何使員工在繁忙工作中,仍有適度的休閒活動,注意健康狀況,滿意於家庭親子生活。

組織變革2大目的

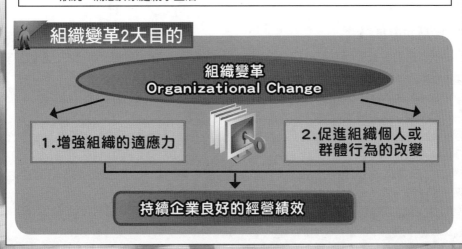

Unit **7-3**
李維特及黎溫的變革模式

　　組織或企業面臨變革的壓力所採取的變革途徑，李維特提出三種方式，組織或企業可透過其中一種或同時採用多種途徑來進行變革行動。其中行為改變模式，黎溫提出改變的三個階段理論。

一.李維特的變革模式

　　學者李維特（Leavitt）認為組織或企業變革之途徑可從以下三種方式著手：

　　(一)結構性改變（Structural Change）：所謂結構性改變，係指以改變組織結構及相關權責關係，以求整體績效之增進。又可細分為：

　　1.改變部門化基礎：例如從功能部門改變為事業總部、或產品部門、或地理區域部門，使各單位最高主管具有更多的自主權。

　　2.改變工作設計：此包括工作如何更簡化、工作如何求豐富化，以及工作上彈性度加高等方面著手；而最終在使組織成員能從工作中得到滿足及適應。

　　3.改變直線與幕僚間之關係：例如增加高階幕僚體系，以專責投資規劃及績效考核工作；或機動設立專案小組，在要求期限內達成目標；或增設助理幕僚，以使直線人員全力衝刺業績；或調整直線與幕僚單位之權責及隸屬關係。

　　(二)行為改變（Behavioral Change）：係指試圖改變組織成員之信仰、意圖、思考邏輯、正確理念，以及做事態度等方向，希望所有組織成員藉行為改變，而改善工作效率及工作成果。這些行為改變之方法有敏感度訓練、角色扮演訓練、領導訓練，以及最重要的教育程度提升。

　　(三)科技性改變（Technological Change）：隨著新科技、新自動化設備、新電腦網際網路作業、新技巧、新材料等改變，也會連帶使組織部門之編制及人員質量之搭配，產生組織體上之相應改變。例如：引進自動化設備，將使低層勞工減少，而高水準技工人數增加。

二.黎溫的變革模式

　　大部分行為改變的方法，大都以學者黎溫（Lewin）所提出的改變三階段理論為基礎，現概述如下：

　　(一)解凍階段（Unfreezing）：本階段之目的，乃在於引發員工改變之動機，並為其做準備工作。例如：1.消除其從組織所獲得的支持力量；2.設法使員工發現，原有態度及行為並無價值，以及3.將獎酬之激勵與改變意願相連結；反之，則懲罰與不願改變相連結。

　　(二)改變階段（Changing）：此階段應提供改變對象，以新的行為模式，並使之學習這種行為模式。

　　(三)再凍結階段（Refreezing）：此階段係使組織成員學習到新的態度與新的行為，並獲得增強作用；最終目的，是希望將新改變凍結完成，避免故態復萌。

134

李維特及黎溫的變革模式

李維特的組織變革途徑理論

1.結構性改變

→①改變部門化設計
②改變工作設計
③改變直線與幕僚關係設計

2.行為改變

→指試圖改變組織成員之信仰、意圖、思考邏輯、正確理念,以及做事態度等方向,希望所有組織成員藉行為改變,而改善工作效率及工作成果。

行為改變的方法

★敏感度訓練　★角色扮演訓練　★領導訓練　★教育程度提升

3.科技性改變

→隨著新科技所帶來的各種改變,也會連帶使組織部門之編制及人員質量之搭配,產生組織體上之相應改變。
①自動化設備更新
②數位設備更新
③網路電腦設備更新
④通訊設備更新

黎溫變革模式3階段

大部分行為改變的方法,大都以黎溫所提出的改變三階段理論為基礎。

1.解凍	2.改變	3.再凍結
→打破既有行為、價值觀念或政策,引發組織成員變革的動機。	→實質上從事各種變革活動,使新的行為、價值理念及運作方式出現。	→透過某些方式使新的行為與運作方式能持續,讓變革的結果達到穩定的狀態。
	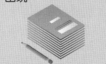	

Unit **7-4**
柯特變革模式

　　知名哈佛教授約翰‧柯特（John P. Kotter）在一場演講中，談到領導變革與開創新局時，以其多年研究顯示，組織能在迅速變遷的世界中脫穎而出，通常會經過八個步驟，茲摘述如下，以供參考。

圖解領導學

一.提高危機意識

　　嚴肅檢討市場與競爭態勢，找出並商討危機、潛在性危險或重大商機，以建立更強烈的迫切感。

二.建立領導團隊

　　企業或組織必須建立一支同心協力、相互支援，並且有力的「變革領導團隊」來領導變革。

三.提出正確願景

　　領導團隊必須發展出變革的願景與研擬達成願景的策略。所謂「有夢最美，希望相隨」，即一語道出願景的威力。

四.建立共識

　　透過各種可能的管道，不斷溝通並傳遞變革後的新願景與新策略，讓組織上下能態度軟化而接受策略、願景，並藉由領導團隊的表現選出角色典範。

五.授權行動

　　授權他人行動、鼓勵具冒險犯難和異於傳統的構想、活動和行動。同時剷除障礙、改變破壞變革願景的系統或結構，讓愈來愈多人根據願景採取行動。

六.創造第一個勝利

　　戰功激勵人心，抗拒與懷疑即會相對減少，因此，領導人必須於短時間內創造第一階段的短程成就，以提振績效。

七.堅持

　　領導人在面臨由下而上的變革如波浪般出現，必須持續堅持並且不鬆懈，如此一來，距離願景將愈來愈近，這樣才能鞏固成果並繼續推出更多的變革。

八.持續變革

　　組織理念不變，但是江山代有才人出，如此才能真正揮別那宛如夢魘的年代。因此，領導人必須把變革予以制度化，以確保領導者和接班人選的培養。

組織變革轉型8步驟

Step 1	出現危機感	員工上下相互討論，我們必須要有所行動。
Step 2	建立團隊	出現一支同心協力、相互支援的「變革領導團隊」。
Step 3	共築願景	領導團隊發展出變革的願景和策略。
Step 4	溝通、接受、共識	組織上下接受策略、願景、態度軟化。
Step 5	授權、行動	愈來愈多人根據願景採取行動。
Step 6	創造第一階段戰績	戰功激勵人心，抗拒與懷疑相對減少。
Step 7	堅持、不能鬆懈	由下而上的變革如波浪般出現，距離願景愈來愈近。
Step 8	持續變革	組織理念不變，但是江山代有才人出，真正揮別那彷如夢魘的年代。

 約翰‧柯特變革8部曲

持續並鞏固變革的成果 →

8.深植企業文化
7.鞏固戰果、再接再厲
6.創造快速戰果
促進組織對於變革的投入 →
5.強化能力、提供資源
4.溝通取得認同
創造有利於變革的組織氣候 →
3.提出正確願景
2.建立領導團隊
1.提高危機意識

Kotter, John P.〈*The Heart of Change*〉,Boston: Harvard Business School Press

進行變革管理時，特別以第3-6項為主要的規劃及執行重點，應明確告知員工明確的願景、規劃協助其投入變革，以及所導向的未來。同時，理解並接受過程中僅有部分員工會投入，對於投入者能全力支持，展現成功後之差異，藉以階段性影響同儕，促進整體的變革成功。

知識補充站

領導變革之父

約翰‧柯特（John P. Kotter）1947年出生於美國聖地亞哥，早年先後就讀於麻省理工學院及哈佛大學，1972年開始執教於哈佛商學院，1980年年僅33歲的柯特成為哈佛商學院終身教授，他和競爭戰略之父麥克‧波特是哈佛歷史上此項殊榮最年輕的得主。他的寫作生涯始於上世紀70年代，代表作有《變革之心》、《領導者應該做什麼》、《領導變革》、《新規則》、《企業文化和經營業績》及《變革的力量》等等。行銷全球的《領導變革》勾勒出成功變革的八個步驟，具有極強的可操作性，已經成為全世界經理人的變革指南。他被譽為世界頂級企業領導與變革領域最權威的代言人。

Unit **7-5**
組織變革之管理

　　近年來，企業的熱門話題就是組織變革，許多長期以來非常成功的公司紛紛陷入困境。究其原因，大多是公司賴以建立及運作的企業理論已經與現實脫節。這時領導人要如何因應呢？以下七項管理步驟可參考，讓組織能有效的進行變革。

一.促進加速改變之力量

　　包括前述內外在來源之力量，當改變力量凸顯出來並加壓時；組織及其成員就會有更深刻的感受。

二.及早發掘改變之需要

　　最好做到當環境一有什麼風吹草動時，我們早已做好萬全準備以因應；當然這必須平時仰賴各種經營資訊之獲得、分析及評估。

三.問題診斷

　　問題診斷乃在於求出以下狀況，讓管理者了解問題所在：
　　(一)真正的問題核心：什麼是真正的問題，而非只是問題之表象。
　　(二)要改變的是什麼：應對什麼加以改變，才能徹底解決問題。
　　(三)改變後的預測：可預期改變後的狀況為何？

四.確認各種改變方法及策略

　　管理者應先規劃出組織變革的各種方法、方案及執行策略，以利未來選擇。最好事先模擬演練各種變革方案下的可能正負雙面效應，提早預防降低變革的風險性。

五.分析限制條件

　　在各種改變方法及策略中，必然會有不同程度的限制因素，導致無法執行或執行成果會大打折扣，此因素來源有以下幾點：1.領導人作風如何；2.組織文化及氣候如何，以及3.組織的正式基本政策及法令規章如何等因素需要考量。

六.選擇改變方法及策略

　　在分析限制條件後，應擇定一個較適當的組織改變方法及策略，作為下階段執行之準則；除此尚應考慮以下事項：1.從組織的何處開始著手；2.全盤規劃或逐步進行，哪個方向較為可行，以及3.改革步調快或慢的問題。

七.實施及檢討組織改變計畫

　　這是最後一定要做到的，就是實施及檢討組織改變計畫，一切都準備妥當之後，才正式展開推動執行。

組織變革7管理

1.促進加速改變之力量
→當改變力量凸顯出來並加壓時,組織及其成員就會有更深刻的感受。

2.及早發掘改變之需要
→這必須平時仰賴各種經營資訊之獲得、分析及評估。

3.問題診斷
→問題診斷乃在於求出以下狀況,讓管理者了解問題所在:
　①什麼是真正的問題,而非只是問題之表象?
　②應對什麼加以改變,才能徹底解決問題?
　③可預期改變後的狀況為何?

4.確認各種改變方法及策略
→管理者應先規劃出組織變革的各種方法、方案及執行策略,以利未來選擇。

139

5.分析限制條件
→在各種改變方法及策略中,必然會有不同程度的限制因素,導致執行有困難:
　①領導人作風如何?
　②組織文化及氣候如何?
　③組織的正式基本政策及法令規章如何?

6.選擇改變方法及策略
→①從組織的何處開始著手,比較適當?
　②全盤規劃或逐步進行,哪個方向較為可行?
　③改革步調快或慢的問題。

7.實施及檢討
→實施及檢討組織改變計畫,一切妥當後,才正式展開推動執行。

 員工對變革4反應

員工對變革可能的反應

1.反抗派	反對任何變革	2.保守派	漸進溫和變革
3.原創派、贊成派	激烈變革	4.務實派	解決眼前問題之變革

Unit **7-6**
變革管理三部曲

知名美商惠悅企管顧問公司上海分公司總經理江為加,以他的專業經驗,提出變革管理三部曲的觀念,很值得參考。 ,

一.創造組織變革原動力

在推行變革之初,企業必須明確變革的原動力,建立各層級、各部門員工的危機感,使他們認識到變革的必要性。變革領導者還必須建立一支強大的支持隊伍,並使他們全盤了解變革的意義、公司願景、未來策略、目標和行動計畫。因此,在變革初期做好「變革重要關係人影響分析」(Stakeholder Impact Analysis)是非常重要的,我們必須了解誰是此次變革的重要影響者或支持者,而誰可能會成為此次變革的阻力。

二.強化組織變革配套機制

要深化變革,使其在組織內部生根,高階領導者和變革小組除了推行某個變革的單項主題外,更應從組織的角度,進行整體審視,並協調相關管理配套機制,如企業文化、組織架構、獎勵制度、激勵機制、教育培訓等,並保證配套機制能適時調整,企業才能強化組織變革的延續性,提升變革的成功率。

企業文化和組織架構必須與變革願景緊密連結;獎酬制度和激勵機制必須體現員工的行為、績效和態度;教育訓練計畫必須確保員工具備新策略所需要的關鍵技能。

變革準備和過程溝通就顯得格外重要,企業應透過不同的方式和管道,如全體員工大會、內部網站、總經理公告、小組討論等,將變革的目標、計畫、過程、預期成果等,清楚地向各階層的員工進行雙向溝通,降低他們對變革的疑慮和反抗。同時,企業還要在變革的過程中盡早創造速贏(Quick Wins)的成果,進一步提升員工對變革的信心,並強化組織整體的變革執行力。

三.執行組織變革專案流程

最後,要確保變革專案的成功,企業必須成立一個變革專案的推動小組,對小組成員慎重選擇。最合適的成員除了人力資源部的代表外,企業還應根據先前提到的變革重要關係人影響分析結果,選取組織內部重要關係人的代表作為專案成員,增強推動變革的助力。同時,清晰的專案權責分工、明確的專案執行時程規劃、及時的專案資料整理和分析、互動的專案團隊溝通聯絡機制、高效能的專案預算與資源分配等,也是專案是否能夠成功的關鍵因素。此外,高階領導的適時肯定、鼓勵和支持,對專案的有效推進也是至關重要。

專案成員們要能與高階領導者定期進行正式的專案溝通和成果彙報,並對重要議題進行討論與決策,確保高階主管們能準確及時地掌握專案進度、執行狀況與成效。專案成員的滿意度和士氣也是不可忽略,企業可根據專案特色與範圍制定相應的績效管理和激勵機制,並提供相關培訓,以及建立內部知識分享體系,提升專案成員能力。

變革管理3部曲

1.創造組織變革原動力
→①建立各種層級各部門員工的危機感，使他們認識到變革的必要性。
　②建立一支變革支持團隊。

2.強化組織變革配套機制
★企業文化　★組織架構　★獎酬制度　★激勵制度　★教育培訓

3.執行組織變革專案流程
→①推動執行小組，每天、每週的展開改革行動。
　②定期與高階領導者進行正式的專案溝通和成果彙報。

IBM公司在葛斯納總裁掌權後認為必須改變的行為

比較項目	過去	未來
1.	送出產品（我要你接受）	迎接顧客（站在顧客的立場）
2.	照我的方式去做	照顧客的方式去做（提供真正的服務）
3.	為了提振士氣而管理	為了成功而管理
4.	根據傳聞軼事和無事實根據的觀點做決策	根據事實和資料做決策
5.	只靠關係	注重績效和衡量績效
6.	強調從眾（政治上正確）	觀念和意見多元化
7.	對人不對事	對事不對人（問為什麼，而不是怪誰）
8.	表面功夫等同於把事情做好，甚至比後者重要	負起責任（時常克服困難）
9.	唯美國（阿爾蒙克）馬首是瞻	全球分享權力
10.	依規定行事	依原則行事
11.	重視自我（擁地自重）	重視我們（顧全大局）
12.	坐而言，不能起而行，只顧分析，導致癱瘓（100%以上）	帶著急迫感去做決策和向前行（80%/20%）
13.	妄自尊大	學習型的組織
14.	花錢做每一樣事情	排定優先順序

資料來源：葛斯納（2001），《誰說大象不會跳舞》

Unit **7-7**
抗拒變革與支持變革的原因

　　任何設計再完美的組織，在運行一段時間後，也勢必要敏銳地隨著組織內外條件的變化而進行改革。然而卻出現正反兩面的聲音，這究竟是怎麼一回事呢？

一.一般抗拒變革的原因

　　任何組織在進行組織改革時，必會面臨來自不同人員及程度之抗拒，綜合多位學者的研究顯示，抗拒變革（Resistance to Change）的主要原因有三：

　　(一)個人因素：

　　1.影響個人在組織中權力之分配，即面臨權力被削弱之憂慮。

　　2.個人所持之認知、觀念、理想不同而有歧見。

　　3.負擔及責任日益加重，深恐無法完成任務。

　　4.對變革後是否能帶來更多有利組織之事，抱持懷疑態度。

　　(二)群體因素：深怕破壞群體現存之利益、友誼關係及規範，這些均屬於組織中的保守派或既得利益群體。

　　(三)組織因素：在機械化組織結構（Mechanic Structure）裡，較不願傾向組織變革，因為那會破壞現有組織體內之人、事、物、財等事項之均衡。所以一動不如一靜，大家都習於相安無事及安逸過日子。

142

二.赫雷格對抗拒變革的看法

　　另外，學者赫雷格（Hellriegel）也歸納個人與組織對變革抗拒之原因如下：

　　(一)個人對變革的抗拒：組織中個別成員對變革抗拒的因素包括以下五點：

　　1.習慣性問題，不喜改變。　　　　2.依賴性問題，不願改變。

　　3.為了經濟利益的保障問題。　　　4.為了安全因素。

　　5.由於對未知的懼怕，不曉得未來會如何改變。

　　(二)組織對變革的抗拒：組織會抗拒變革的因素包括以下三點：

　　1.怕變革會影響到一群有權力及影響力的人。

　　2.組織結構的安定性機構化及官僚，若要改變，會不習慣。

　　3.公司資源受到限制，無法真的投入做變革。

三.支持變革的原因

　　組織變革有人抗拒，另一方面也有人會支持，支持變革（Support to Change）的主要原因如下：

　　(一)個人因素：當個人希望有更大發揮空間、展現個人才華，進而擁有升官權力與物質收入時，則會積極促成組織之變革，成為組織中的改革派或革新派。

　　(二)組織因素：在有機式組織結構（Organic Structure）裡，較傾向支持組織變革，因為他們原本就處在極富彈性的組織。因此，對於變革已經習慣且能接受。

抗拒變革原因

反對
變革

變革

1. 個人因素

2. 群體因素

3. 組織因素

反對因素：
★權力減少　★責任加重　★利益不見　★負擔大　★壓力重　★不確定感

支持變革原因

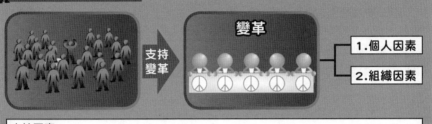

支持
變革

變革

1. 個人因素

2. 組織因素

支持因素：
★利益加大　　★權力增加　★資源變多　　★公司營運轉好　★組織文化變好
★避免組織老化　★官僚　　　★暢通人事升遷　★看到未來希望

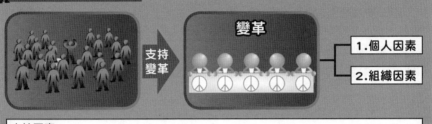

機械化組織結構

知識
補充站

機械化組織又稱官僚行政組織，乃是一種穩定、僵硬的結構形式，主要目標是追求穩定運行中的效率。機械化組織注重對任務進行高度的勞動分工和職能分工，以不受個人情感影響的客觀方式挑選符合職務規範要求的合格任職人員，並對分工後的專業化工作進行嚴密的層次控制，同時制定出許多程式、規則和標準。個性差異和人性判斷被減少到最低限度，提倡以標準化來實現穩定性和可預見性，規則、條例成為組織高效運行的潤滑劑，組織結構特徵趨於剛性。

有機式組織結構

有機式（彈性）組織，也稱適應性組織，特點是低複雜性、低正規化、分權化，不具有標準化的工作和規則、條例，員工多是職業化的，保持低程度的集權。有機式組織是一種鬆散、靈活，具有高度適應性的形式。它因為不具有標準化的工作和規則條例，所以是一種鬆散的結構，能根據需要迅速做出調整以因應。

Unit 7-8
如何克服抗拒

當企業遇到環境變化，企業經營目標及策略也應跟隨變化，迅速調整組織結構相應，乃理所當然；可是在推動組織變革的路上並非想像中的順暢，這時該怎麼辦呢？

一.克服抗拒的方法

對變革中來自各方之抗拒，其克服抗拒（Overcome Resistance）的方式如下：

(一)讓其參與：讓抗拒者參與變革事務，讓他們表達意見與看法，並且酌予採納（Participation）。

(二)擒賊先擒王：先從抗拒領導人著手，尋求其支持，只要領導人改變態度，其群體自不太能成氣候。

(三)以靜制動：最好以無聲巧妙的手段達成改變的實質效果。

(四)耐心溝通：透過充足的教育與溝通，將組織變革的必要性與急切性讓組織成員深入體會，形成支持的基礎（Education and Communication）。

(五)給予好處及支援：在組織變革過程中，應給予各方面實質的支援。

(六)妥協雙贏：必要時，與抗拒群體進行談判，尋求彼此妥協（Negotiation）。

(七)賞罰分明：必要時，應採獎懲措施，以強制手段貫徹組織變革（Coercion）。

二.了解員工行為改變的原因

管理階層如果想要順利妥善地讓組織上下對變革的抗拒降到最低，甚至順服改為支持變革，應必須先行了解員工行為改變的關鍵點。我們可從金融服務業由下而上的變革案例中，說明大規模的變革計畫中，行為面變革的重要性。

全球許多金融服務機構在前一波企業醜聞風暴中已失去人們信賴，不少公司著手將新的公司治理政策和行為準則發布至各分支據點，改善風險管理的措施。但是這種傳統的實施方式既浪費時間，又缺乏效率，常見的情況是：發布一疊厚厚的技術性文件，載明員工必須遵循的政策和作業程序；隨後，管理階層擬定溝通計畫，要求員工在日常例行性工作上，依循相關手冊。

結果往往是部分員工會遵守規定，有些則不然；接下來，公司進一步發布施行細則，三令五申不遵守規定的員工將遭受懲處；即使經過一段時間，員工都接收到這些訊息，難免還是會有一些左耳進右耳出的人，讓整個過程很難完整監控。管理階層應該有能力在問題發生前，就知道員工是否遵守這些新規定，而不是等到事發後才來檢討，而且這種方法的出發點根本是錯的。

對管理階層來說，正確的起點應是先探詢問題的根源，即員工為什麼沒能做好該做的事，以有效管理風險？需要提供哪些誘因激勵他們？他們缺少哪些知識？該如何提供與其工作相關且有用的資訊？良好的風險管理需要判斷力，員工必須培養哪些技能，才能做出最好的決策？找到這些問題的答案後，應開辦重點教育訓練，配合有效的獎懲措施，才能以更快的速度和更高的準確性，徹底改變員工的工作行為。

克服抗拒7方法

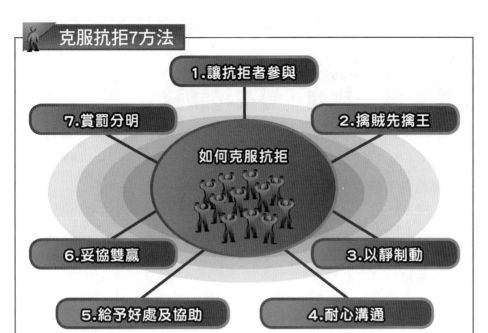

1.讓抗拒者參與
7.賞罰分明
2.擒賊先擒王
如何克服抗拒
6.妥協雙贏
3.以靜制動
5.給予好處及協助
4.耐心溝通

領導變革5大原則

1.將心比心	2.認清困難	3.變革非變化
→管理者自己花多少時間認識組織變革，也應給同仁相同時間。	→同仁抗拒變革，是因為他們背後有各種利害牽扯。	→推動心理變革，而不光靠調動職務的組織改變。

4.小處著手	5.支援而非鞭策
→不要貿然發動全面性改革，應從小處做起。	→協助同仁面對他們的目標、限制和顧慮，與他們共同創造面對未來的行動計畫。

資源來源：William Bridges & Susan Mitchell.〈*Leading Transition: A New Model for Change*〉, 2000.

知識補充站

信任危機

這幾年「信任危機」一詞常出現在報章媒體上，從企業、政治、社會等層面幾乎都會被拿來引用，但什麼是「信任危機」（Crisis of Confidence）呢？國際經濟暨合作開發組織（OECD）在2000年出版的《未來政府》序論中揭示：信任危機對政權合法性與正當性的影響，遠超過赤字危機與績效危機。近代公共行政學者普遍將政府稱為「公眾的信託」，意指人民的信任是執政者取得權力的臺階，而信任危機則是執政者喪失權力的臺階。因為信任危機一旦發生，政府的治理成本，包括大眾諮詢、政策擴展、調停仲裁等都將大幅增加，導致政府失衡，進退維谷。

Unit **7-9**
統一超商「變革經驗談」

前統一超商徐重仁總經理在天下標竿領袖論壇的演講中，針對統一超商過去十多年的變革與心境，提出深入且精闢的看法。茲將該演講重點摘述如下，以供參考。

一.變革是為了存活

為什麼要變革？可以從行銷的角度、經營管理的角度、人才培育的角度思考。沒有變革一定被時代淘汰，一定沒辦法生存。如果只是單一追求存活，就不可能生存；想要存活，就要超競爭。換句話說，就是超越自己、超越競爭。

二.變革例舉

(一)一般商品導入便利商品，代收是在便利商店發揮非常極致的一個地方：運用IT技術，讓顧客到店裡繳水費、電費、停車費，一個月將近900萬人次到7-ELEVEN來繳費。一個月60億的營業額，代收近占50億，金額非常龐大。用非常少的成本提供顧客非常大的便利，這就是一個變革。另外還有在地行銷、網路購物、郵購、ibon、CITY CAFÉ、icash、洗衣便、統一超商、電信、自創品牌，也是近年的變革。

(二)7-ELEVEN在墾丁小灣推出複合式商場：墾丁一年大概有550萬到700萬的觀光人次，年輕人占多數。小灣本來有一個水族館，經營得不是很理想，於是統一把它改造成商場。改造後的南二高東山服務區，是全臺灣最漂亮的高速公路服務區。

這就是複合式商場（Power Center）的概念，臺灣的機會點在此，這是一個趨勢，做一個好的組合，讓顧客享受像國外一樣的方便購物。

(三)垂直與水平發展：直到今天5,200多個分店，過程中為使經營效率更好，於是產生物流公司、教育訓練公司、周邊服務的資訊公司。那時思考的是：如何使原本部門更強大？徐重仁的概念是把它分出去，分出去他們就會自力更生、莊敬自強，水準就會提升，於是很多部門被分出去成為獨立公司，這幾年在效率上的確不錯，這是垂直發展。在水平發展方面，像星巴克、康是美、宅急便此類事業也慢慢的產生。

三.變革思想與原始點──顧客導向與消費者情境思考

變革方法是要融入消費者情境思考，一個產品的開發，思考的邏輯是：怎樣的產品能被顧客接受？多少的價位能被顧客接受？再往後推估成本結構，考慮物流如何降低成本。開發符合消費者需求的產品及服務，用心努力滿足消費者需求。

此外，也要學習如何融入顧客的情境，觀察街上來來往往的行人、不同的商店、景象，要注意並感覺。徐重仁到商店會看顧客注意什麼？買些什麼？貨架上哪個地方是顧客常拿的，這變成一種習慣，就能體會消費動向。

當然，變革過程中必然也會經歷挫敗，但領導人務必正面思考、正面看待事情，而且一定要有不斷充實自己的「眼光」，了解變革乃是要凝聚「團隊力量」，才能完成組織需要不斷變革的目標與使命。

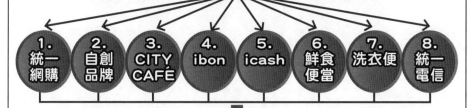

統一超商7-ELEVEN的變革

為何要變革？

⬇

因為要「存活下去」

1.
統一
網購

2.
自創
品牌

3.
CITY
CAFÉ

4.
ibon

5.
icash

6.
鮮食
便當

7.
洗衣便

8.
統一
電信

⬇

各種業務變革、產品變革、服務變革、組織變革

⬇

變革原點

站在顧客導向與消費者情境思考

挫敗時怎麼辦？　⬇

正面思考，變革一定成功

147

➤變革中的必然挫折

**知識
補充站**

人生途中一定會有不如意，世界上沒有什麼都是很平順的。前統一超商徐重仁總經理認為，人生像坐火車，經過隧道整個都是黑暗的，出了隧道以後，又是柳暗花明。要正面思考，不要怨天尤人，事情都可以解決，除非天塌下來，不用太擔心，盡力就好。

徐重仁表示，經營30幾個公司，如果每件事都放在心中，可能會崩盤。支持他的正面力量是一種信念，很多事情要努力，第一個要很有熱忱，要很認真，可能做得不是非常完美，但還是會進步，在他的心中沒有什麼所謂的挫折。

徐重仁也提到，個人做不了企業，要靠團隊、群體的力量才能做到，企業領導者的風範很重要。領導者要有風範，以身作則，塑造一個好的工作條件、企業文化，讓大家覺得在這個環境中，即使工作再辛苦也是值得，這是基本條件。

除了風範，要有領導的能力，看到企業的目標、方向，因為大家跟著你跑，如果今天走錯路，所有的人也跟著錯、跟著受苦。領導者一定要有眼光，要有這個眼光，是要不斷充實自己。

第**8**章

領導與溝通協調

●●●●●●●●●●●●●●●●●●●●●●●●● 章節體系架構 ▼

Unit **8-1**
溝通的意義與程序

溝通是什麼？怎樣溝通才是好的溝通？你是否發現兩個在專業領域旗鼓相當的朋友，但出社會十年後，他們的成就卻是天壤之別！關鍵就是溝通能力的好壞。組織溝通的功能也不在話下，如果溝通能力能發揮其功能，即可達成組織所預期的目標。

一.溝通的意義

所謂溝通（Communication）乃指一人將某種想法、計畫、資訊、情報與意思傳達給他人的一種過程。不過，溝通並不僅是透過文字、口頭將訊息傳遞給某人就好了，更重要的是，對方有沒有正確察覺你的意思，不能有所誤解，而且要有某種程度之接受，不能全然拒絕；否則這種無效的溝通，稱不上是真正的溝通。

二.溝通的層面

綜上所述，我們得知溝通不只是一種情感表達交流，更是一種認知的過程。再進一步看，溝通具有兩種層面：

(一)**認知層面**：訊息必須分享，才能達到溝通效果。

(二)**行為層面**：進而必須引起對方之行為反應，溝通才算完成。

三.溝通的理論程序

溝通學家白羅（Berlo）於1960年提出一種技術性模式以描述溝通程序。此模式包括以下六個要素：

(一)**溝通來源（Communication Source）/發訊者（Sender）**：指組織溝通訊息的來源，可能是一個人、一群人或是一個團體。發訊者本身的學識、態度、經驗、人格特質、溝通技巧等都會影響組織溝通的效果。

(二)**編碼（Encoding）**：指溝通者將其所欲表達的想法，以某種符號或方式表現。編碼的方式很多，如最常使用的文字和語言，也可以是圖畫或符號，但並不局限於有形的表達方式。這一道手續會受到技巧、態度、知識和社會文化系統的影響。

(三)**訊息（Message）**：指資訊傳送者編碼後的具體產物，包括事實、觀念、意見、態度與感情等訊息。

(四)**通路（Channel）**：即訊息的傳送符號與工具。不同訊息適合在不同時空環境中，組織的發訊者需要慎選。

(五)**解碼（Decoding）**：接受者是訊息傳達的對象，但訊息被接收之前，必須轉換為接受者能了解的符號形式。這一道手續也會受到技巧、態度、知識和社會文化系統的影響。

(六)**溝通接受者/收訊者（Receiver）**：即組織溝通訊息的接收者，可能是一個人、一群人或一個團體。接受者本身的學識、態度、經驗、人格特質、溝通技巧等，都會影響組織溝通的效果。

圖解領導學

溝通的意義與程序

什麼是溝通？

溝通不只是一種情感表達交流，更是一種認知的過程。

1.認知層面	訊息必須分享，才能達到溝通效果。

2.行為層面	必須引起對方之行為反應，溝通才算完成。

白羅溝通程序6要素

1.
來源／發訊者

2.
溝通意思編碼

3.
編碼後的訊息

6.
溝通接受者／
收訊者

5.
訊息解碼

4.
傳遞通路

7.溝通效果　8.回饋

許士軍教授於1994年針對管理和組織的溝通情況，認為白羅（Berlo）的溝通模式還要加上「溝通效果」及「回饋」兩項要素，此一架構才較完整。

**知識
補充站**

接受者的影響作用

下列幾項對接受者（Receiver）接受訊息有某種程度之影響，即1.解碼過程：接受者的解碼過程與發送者（Sender）的原意不同時，則溝通將失去效用，例如研發部門向工廠生產線部門傳達一些訊息，他們是否能正確吸收無誤；2.興趣問題：此項溝通問題，對接受者而言，並未具有濃厚興趣，則可能產生視而不見，聽而不聞之不利溝通情形；3.態度問題：如果接受者對某溝通主題已經有先入為主的觀念，那麼對問題的本質將傾向固執化，以及4.信任問題：發送訊息人員是否受到接受者的信任，對溝通也會產生決定性影響。

Unit **8-2**
正式溝通與非正式溝通

根據美國溝通大師尼度‧庫比恩（Nido Qubein）的觀點，一個人在工作的成功，有85%是取決於能否有效的與人溝通，以及人際溝通的好壞；就組織而言，一個成功的組織必須隨時與不同的組織，以及組織內不同的階級、部門人員之間溝通才能有效地進行工作。因此，良好的溝通藝術已成為企業與組織成敗的關鍵，溝通不但可拉近組織成員關係，更可協助組織成員建立對組織的承諾，願意對組織奉獻心力。

一.正式溝通

正式溝通（Formal Communication）係指依公司組織體內正式化部門及其權責關係而進行之各種聯繫及協調工作，其類別可區分以下三種：

(一)下行溝通：一般以命令方式傳達公司之決策、計畫、規定等訊息，包括各種人事命令、通令、內部刊物、公告等。

(二)上行溝通：是由部屬依照規定向上級主管提出正式書面或口頭報告；此外，也有像意見箱、態度調查、提案建議制度、動員月會主管會報或e-mail等方式。

(三)水平溝通：常以跨部門集體開會研討，成立委員會小組；也有用「會簽」方式執行水平溝通。

二.非正式溝通

非正式溝通（Informal Communication）係指經由正式組織架構及途徑以外之資訊流通程序，此種通常無定型、較為繁多，而訊息也較不可靠，常有小道消息出現。

組織管理學者戴維斯（Davis）對非正式溝通區分以下四種型態：

(一)單線連鎖：即由一人轉告另一人，另一人再轉告給另一人。

(二)密語連鎖：即由一人告知所有其他人，猶如其為獨家新聞般的八卦。

(三)集群連鎖：即有少數幾個中心人物，由他們轉告若干人。

(四)機遇連鎖：即碰到什麼人就轉告什麼人，並無一定中心人物或選擇性。

三.對非正式溝通之管理對策

面對非正式組織溝通所帶給公司之困擾，在管理上可採取以下對策：1.最基本解決之道，應尋求及建立部屬人員對上級各主管之信任感，願意相信公司正式訊息，而拒斥小道消息；2.除了少數極機密之人事、業務或財務事務外，其餘均無不可對所有員工正式公開，如此謠言自可不攻而破；3.應訓練全體員工對事情判斷的正確理念及處理方法；4.勿使員工過於閒散或枯燥，而讓員工無聊到傳播訊息；5.公司一切之運作，均應依制度規章而行，而不操控於某個個人，如此，就會減少出現不必要之揣測，以及6.應徹底打破及嚴懲專門製造不正確消息之員工，建立良好的組織氣候，導向良性循環。例如：國內聯電電子公司就曾經嚴厲遣退以e-mail方式散播對公司不實或不利消息的幾名員工。此謂殺雞儆猴。

正式溝通／非正式溝通

長官	長官
↓ 下行溝通	↑ 上行溝通
部屬	部屬

員工 ←水平溝通→ 員工

戴維斯非正式溝通4型態

1.單線連鎖	由一人轉告另一人，另一人再轉告給另一人。
2.密語連鎖	由一人告知所有其他人，猶如其為獨家新聞般的八卦。
3.集群連鎖	少數幾個中心人物，由他們轉告若干人。
4.機遇連鎖	碰到什麼人就轉告什麼人，並無一定中心人物或選擇性。

公司管理者人際溝通網路

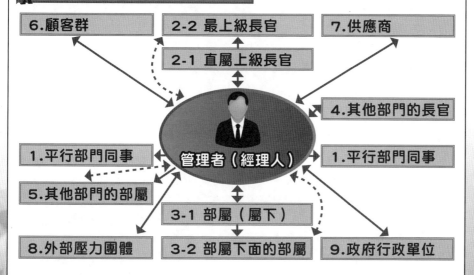

6.顧客群　2-2 最上級長官　7.供應商

2-1 直屬上級長官

4.其他部門的長官

管理者（經理人）

1.平行部門同事　　1.平行部門同事

5.其他部門的部屬

3-1 部屬（屬下）

8.外部壓力團體　3-2 部屬下面的部屬　9.政府行政單位

知識補充站

溝通目的

學者史考特（Scott）及米契爾（Mitchell）認為組織的溝通乃為達成四種目的：1.情感的（Emotive）：溝通的型式是以情動人，目的則在使對方感受到被團體接受，並因而產生工作滿足感；2.激勵的（Motivation）：溝通的型式是以其影響力服人，目的在於使對方效忠於組織目標；3.訊息的（Information）：溝通目的在利用各種科技或方式得到訊息，以作為決策之依據，以及4.控制的（Control）：溝通目的在使對方充分了解其地位、責任與擁有的權威。

Unit **8-3**
影響溝通的三種因素

　　根據學者Shaw的研究，影響溝通成效之因素，可從三大角度來看，茲分述如下，期使在了解影響溝通成效因素之後，能將溝通「眉角」一手在握而在實務運作上揮灑，不但能讓組織溝通效果更加有效，或許還能碰撞出令人激賞的團隊精神與威力。

一.影響方向及頻次因素

　　(一)**互動機會**：員工雙方及多方互動交流機會愈多，就會加強有效溝通。

　　(二)**員工的向心力**：員工向心力愈強，愈能更加相互信任及有效溝通。

　　(三)**溝通流程**：溝通流程是否能簡化縮短，避免中間太多傳遞而失真，面對面開會表達是最佳的溝通方式。

二.影響準確性因素

　　(一)**訊息傳遞問題**：通常訊息傳遞出現了問題，一般係指訊息是否未被充分傳遞或接收、訊息是否被歪曲（Distored）或過濾（Filtering）、訊息未被預定收訊人接收，以及訊息未準時遞送等四點因素。

　　(二)**訊息了解問題**：

　　1.發訊人在準備時，可能漏掉主要訊息，亦可能未充分表達。

　　2.收訊人之心理狀態，對訊息做錯誤之解釋或忽略，或是因為知識、經驗不足，而無法了解該訊息之涵義。

三.影響溝通效能因素

　　(一)**認知程度**：即收訊人對訊息來源之認知程度。例如：訊息來源，如果是董事長（老闆）的手諭或是親自電話交待，則收訊人接到後，可能會馬上處理。

　　(二)**訊息特信**：即訊息內容之特性，以及訊息被收訊人信服的程度。

　　(三)**收訊人的特性**：即收訊人的知識文化背景、經驗等都會影響訊息的解釋。

小博士解說

控制溝通干擾因素

溝通的干擾因素，常是溝通失敗或成為無效溝通的主要原因，如溝通訊息的不明確、溝通者的知覺差異、溝通管道的誤用、無回饋的路徑、溝通的過濾作用、溝通者的情緒影響，以及溝通者的文化差異等，皆是阻礙溝通有效性的干擾因素。要讓溝通能無障礙，必須將干擾因素的負面影響減到最低，才能讓溝通發揮其效果。

至於如何控制呢？我們以四種溝通目的為前提，就是做到資訊分享與透明化、引起行為並反應了解、促進共識與團結，以及加強互信互賴的信任度，以期降低干擾溝通的因素。

影響溝通成效的3大因素

影響溝通成效的因素

1.影響方向及頻次因素

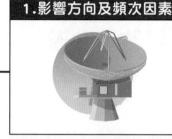

- ①互動機會多寡
- ②員工向心力大小
- ③溝通流程長短

2.影響準確性因素

- ①訊息傳遞問題
- ②訊息了解問題

3.影響溝通效能因素

- ①收訊人對訊息來源之認知程度
- ②訊息內容之特性及訊息被收訊人信服程度
- ③收訊人的特性如何

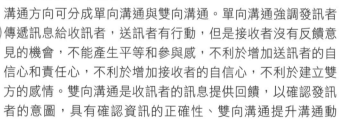

知識補充站

溝通的方向與網路

溝通方向可分成單向溝通與雙向溝通。單向溝通強調發訊者傳遞訊息給收訊者，送訊者有行動，但是接收者沒有反饋意見的機會，不能產生平等和參與感，不利於增加送訊者的自信心和責任心，不利於增加接收者的自信心，不利於建立雙方的感情。雙向溝通是收訊者的訊息提供回饋，以確認發訊者的意圖，具有確認資訊的正確性、雙向溝通提升溝通動機、有助於行政決策等優點。

溝通網路是溝通的方向加以擴充或統整，即形成各種溝通網路。溝通網路有鏈狀、輪狀、環狀、交錯狀、Y字型等各項。每種溝通網路均有其特性及適用性，能了解溝通網路的特性，應用適當的溝通方向與網路，能提升溝通的效率及效能。溝通時正式組織與非正式組織溝通路徑要能掌握、應用，諸多溝通除正式組織可應用外，亦可透過非正式組織或次級團體的溝通路徑，更能讓溝通成為有效的溝通。

Unit **8-4**
組織溝通障礙與改善之道

環顧周遭不論我們身處哪個環節，幾乎都離不開「溝通」；萬一產生說者與聽者理解上的差異時，我們會說這是溝通不良所導致的。輕則一笑置之，重則老死不相往來，甚至兩國開戰，可見溝通的頻繁性與重點性。

有學者說：「溝通是人與人之間、人與群體之間思想與感情的傳遞和反饋的過程，以求思想達成一致和感情的通暢。」既然人是溝通中的主要元素，就難免會有失序的時候。這套用在組織上也是一樣的道理。

然而當組織的訊息在傳遞和交換過程中，受到干擾或誤解，而導致溝通失真的現象時，管理者要尋求哪些途徑解決並予以改善呢？以下有精闢解說。

一.常見的組織溝通障礙

在人們溝通訊息的過程中，常會受到各種因素的影響和干擾，使溝通受到阻礙；實務上，組織也是如此。組織最常發生的溝通障礙，大致可歸納整理成下列原因：

(一)訊息被歪曲：在資訊流通過程中，不管是向上或向下或平行，此訊息經常被有意或無意的歪曲，導致收不到真實的訊息。

156

(二)過多的溝通：管理人員常要去審閱或聽取太多不重要且細微的資訊，而不見得每個人都會判斷哪些是不需要看或聽的。

(三)組織架構的不健全：很多組織中出現溝通問題，但其問題本質不在溝通，而是在組織架構出了差錯，包括指揮體系不明、權責不明、過於集權、授權不足、公共事務單位未設立、職掌未明、任務目標模糊，以及組織配置不當等。

二.如何改善組織溝通

要徹底改善組織溝通障礙，可從下列幾個方向著手：

(一)溝通管道機制化：將溝通管道流程化與制度化，即以「機制」代替隨興。

(二)將P-D-C-A落實在資訊流通上：將規劃、組織、執行、控制、督導等管理功能的行動，加以落實而改善資訊流通。

(三)建立上下左右回饋系統：應建立回饋系統，讓上、下、水平組織部門及成員都能知道任務將如何執行？執行的成果如何？將如何執行下一步？

(四)應建立員工對各項建議系統：如此一來，將有助於組織成員能把心中不滿、疑惑、建言等意見，讓上級得知並予處理。

(五)發行組織文宣加以宣導：運用組織的快訊、出版品、錄影帶、廣播等，作為溝通之輔助工具。

(六)善用資訊科技加強溝通效率：在多變的環境及科技的社會中，溝通的方法已經是多樣化了，除可用語文或非語文等外，亦可運用資訊科技來促進溝通的效果，例如：跨國的衛星電視會議、網路視訊會議、電話會議等。此外，亦經常使用公司內部員工網站或是e-mail電子郵件系統，以傳達溝通內容並達成溝通效果。

組織溝通障礙／改善方法

組織溝通障礙3大原因

1.訊息被歪曲

2.過多的溝通

3.組織架構不健全

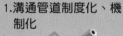
改善組織溝通6大方法

1.溝通管道制度化、機制化

2.將P-D-C-A落實在資訊流通上

3.建立上、下、左、右回饋系統

4.建立員工對各項建議系統

5.發行快訊、出版品、影帶、廣播

6.運用資訊工具，例如：e-mail、視訊會議、電話會議

知識
補充站

善用溝通三心

許多行為專家均強調溝通的基本態度有三心，即誠心、非占有的愛心，以及同理心。誠心是指忠於自己的觀念與感情；非占有的愛心是強調接納與尊重；同理心是以站在別人的立場來分析。

你的身體會說話

溝通的模式，基本上有語言及肢體語言兩種方式。可是企業組織溝通大多著重在語言溝通方面，即一般我們熟知的有效溝通方式：口頭語言、書面語言、圖片、圖形，甚至現在用得很多的e-mail等。但卻忽略了可能也會是重大的影響關鍵，即肢體語言的溝通。

肢體語言其實非常廣泛又豐富，包括我們的動作、表情、眼神，甚至說話的聲調，這都是肢體語言的一部分。

總括來說，語言溝通的是訊息，肢體語言則是溝通人與人之間的思想和情感。

Unit **8-5**
做好成功溝通十二項原則 Part I

　　隨著社會的多元化及科技發展，「地球村」的概念早在今日落實，溝通已成一門顯學，那是自然不過的事了。

　　前文提到「溝通」是指一方將資訊和意思，經由共通訊號傳達給另外一方。因此，企業或組織要日益強大，如何增強溝通能力，可說是攸關其日後成敗的關鍵命脈。

　　然而組織的對外溝通與內部溝通卻又牽涉廣泛、過程微妙、結果難卜，稍有不慎，很容易造成無心之過的損失。因此如何做好組織及人員之間的溝通，茲歸納整理成十二項原則，可資參考。由於內容豐富，特分兩單元介紹。

一.多觀察

　　敏銳的觀察力，絕對可以訓練。從自然界和身邊人、事、物開始訓練起，再加以追蹤印證自己的觀察是否正確，假以時日就能有敏銳的觀察力。尤其，在私下會議中或正式會議中的觀察力培養，尤應重視。有正確的觀察，才能有適當與適時的回應及溝通表達。

二.多看活化頭腦的書籍

　　看看有關心理方面和啟發心智的書籍，對於了解人性會有幫助，也能增進頭腦的啟發。而不會陷入在鑽牛角尖的困頓之中，這對人性溝通，也大有助益。

三.學習角色互換

　　看到朋友所發生的事或電視、電影裡主角的遭遇，試著在腦袋裡和他互換角色，想想如果自己是他，會怎麼想？怎麼做？在思考學習中，不斷使自己溝通能力增強。

四.學習傾聽

　　「傾聽」是需要不斷練習的，一開始可能必須咬住牙先讓別人表達，但是一定要真的聽進心裡去，然後思考、分析、判斷一下，如果自己有更好的意見，再說出來也不遲。專心傾聽是溝通的第一步，而且也是一種真誠的表現。

五.練習說服別人的口語表達

　　要如何運用言語說服人是必須要學習的課題。把聲音儘量放輕柔，態度要誠懇，雙眼堅定地注視對方的眼睛，切勿讓人有不確定的感覺，遣詞用語要簡單易懂，最好是有一語道破的功力，切忌嘮叨不已，點到為止，讓人有思考的空間。

六.注意別人心態的平衡

　　要注意別人心理平衡的問題，所以挖東補西，適度的補償，有助於心理平衡。因此，有利要大家分享，有權要大家分權。

做好溝通12項原則

1.多觀察 →有正確的觀察，才能有適當與適時的回應及溝通表達。	**2.多看活化頭腦的書籍** →看看心理方面和啟發心智的書籍，有助於了解人性，也能增進頭腦的啟發。
3.學習角色互換 →學習從他人角度思考自己的反應，能增強自己的溝通能力。	**4.學習傾聽** →專心傾聽是溝通的第一步，而且也是一種真誠的表現。
5.練習說服別人的口語表達 →聲音輕柔，態度誠懇，勿讓人有不確定的感覺，用語簡單，最好一語道破。	**6.注意別人心態的平衡** →有利要大家分享，有權要大家分權。
7.了解別人的需求	**8.有建設性的意見**
9.態度誠懇贏得信任	**10.學習妥協與折衷的方法**
11.格局要大與客觀	**12.目的性思維**

知識補充站

僕人領導

僕人領導（Servant Leadership）是由MIT管理學院中的羅伯‧葛林里夫（Robert Greenleaf）於1970年代提出。他認為組織愈來愈重要，也愈來愈不能滿足員工與顧客的需要。他的觀念緣自《東方之旅》一書，內容描述一群人籌劃一次神祕東方之旅，而靈魂人物乃是大家的僕人李奧（Leo），他聽從主人們的吩咐，打點瑣事，常穿梭在不同主人間扮演協調溝通的角色，大家漸漸習慣聽從他的安排，直到一天，李奧突然失蹤，眾人便陷入空前恐慌。此時，大家才深深體會到，李奧早已成為攸關全局的重要人物，沒有他的帶領，眾人無法成事。

因此，羅伯‧葛林里夫強調認為領導是要建設一個好的社會，也就是有公益及關懷，強者與弱者無限的彼此服事，就是建立僕人領導的機制，讓最像僕人的人作領袖。他認為領導的工作交由真正的僕人去作。成為領袖不是因為擁有某種權力，而是看其可為其他人作出多少貢獻。有別於權威式的領導，他認為僕人式領導有以下行為特質：1.傾聽：傾聽可博取眾議，發揮同理心，注意自己的態度，跳開自己的主見；2.說服：英文的Persuasion來自拉丁文「Persuasio」，Per為藉由Sursio為溫柔，是讓人心服口，而不是勉強為之；3.無為：適時閃避可以避開一些瑣事，分別輕重緩急，使自己持盈保泰；4.接納：學習接受不完美，想如何使對方更好；5.自我認識：有感受力，能辨識環境需求，但也要了解其限度，以及6.助人：工作的主要目的是幫人解決困難，幫助人成長，使人更強、更健全、更自動自發、更自主。

Unit **8-6**
做好成功溝通十二項原則 Part II

溝通猶如人體的血液，組織如能將溝通功能發揮極致，則要達到組織所預期的目標，已是指日可待了。

七.了解別人的需求

要清楚別人的需求為何，並且讓人了解自己提議的願景在哪裡？想要做有效的溝通，首先要先清楚對象的真正需求究竟為何？這必須當面溝通清楚。

八.有建設性的意見

同樣是意見，有人只是批評，有人從比較正面的方向思考，意見要有建設性才能夠真正解決問題。因此，溝通的方案，必須是有利於雙方建設性解答。

九.態度誠懇贏得信任

誠懇的態度，才能得到對方的信任。如果沒有信任的基礎，根本無從溝通。

十.學習妥協與折衷的方法

沒有共識，就要運用妥協、折衷的辦法將問題解決，因此，也要學習妥協折衷的藝術。當雙方均有相當之資源與優勢條件時，就必須妥協。

十一.格局要大與客觀

溝通高手一定要有大格局，放下主觀意識，儘量客觀地看待每一件事。因此，既要顧及局部，但也要放眼大局。

十二.目的性思維

所謂的「貓論」，不管白貓、黑貓，只要抓到老鼠的就是好貓，這種強烈的企圖心，才能讓你產生強大的力量。

小博士解說

貓論

「貓論」是由鄧小平於1960年代提出的。1962年7月2日，中共中央書記處開會討論「包產到戶」問題。鄧小平提出貓論的說法，表示不管哪種生產形式，只要能夠發展農業生產，就是好辦法。後來，7月7日，鄧小平接見出席共青團全體同志時，再次引用這句諺語來表達他對恢復農業生產的看法。1985年，鄧小平再度當選《美國時代》雜誌年度風雲人物，而「不管白貓黑貓，捉到老鼠就是好貓。」亦被9月23日出版的時代雜誌引用。「貓論」的影響擴及世界。

做好溝通12項原則

1.多觀察

2.多看活化頭腦的書籍

3.學習角色互換

4.學習傾聽

5.練習說服別人的口語表達

6.注意別人心態的平衡

7.了解別人的需求

→要先清楚對象的真正需求究竟為何？這必須當面溝通清楚。

8.有建設性的意見

→溝通的方案，必須是有利於雙方建設性解答。

9.態度誠懇贏得信任

→如果沒有信任的基礎，根本無從溝通。

10.學習妥協與折衷的方法

→當雙方均有相當之資源與優勢條件時，就必須妥協。

11.格局要大與客觀

→溝通高手既要顧及局部，也要放眼大局。

12.目的性思維

→強烈的企圖心，才能產生強大的力量。

邁向成功的個人、群體與組織之溝通管理能力

組織內能夠互信、互賴、互依、互榮

161

貓論再說

知識補充站

鄧小平提出的貓論一說，原先是引用四川的一句農諺，「黃貓、黑貓，只要抓住老鼠就是好貓。」淺顯易懂地說服同志；不過，後來大家誤傳為「不管白貓、黑貓，只要抓到老鼠就是好貓。」反正，誤不誤傳，都很傳神，而且也達到目的。

這裡所謂能抓到老鼠比喻能讓百姓的生活得到改善，經濟有所增長，國家可以富強，白貓、黑貓則比喻共產主義和其他非共產主義的各種方法，而非單獨指資本主義，因為當時鄧小平也沒把握資本主義那一套是否會在中國成功，所以只能試試看，若不成則再改，因此有「摸著石頭過河」的「摸論」作配搭。所以，貓論的重點在不排斥任何有用的方法。

Unit 8-7
溝通管理的態度與技巧

「思想決定行為，行為產生結果」，想要進行有效溝通，首要從態度著手。真誠、自信、彈性是溝通的基本態度，要讓對方感受到誠意，展現自信，不畏衝突，保持溝通彈性，互相尊重對方立場，才能了解彼此需求和底線，找到雙方都能接受的空間。

一.耐心傾聽

溝通最重要的關鍵在於傾聽。台積電董事長張忠謀把溝通視為新世紀人才必備的七種能力之一，在他看來，傾聽是最不受重視，卻是最重要的技巧，「有成就的人與別人最大的不同，就在於他聽得比別人來得多。」傾聽時，應全神貫注，注視對方雙眼，身體不宜有過多肢體動作，以免打斷說話者。傾聽過程中，要適度回應，重複對方說話的重點或最後一句，以做到確認對方的意思。另外，耐心傾聽，也是自我學習成長的很好方式。因為人們聽與看的記憶不太一樣，聽到的反而記憶更久、更深。

二.對話能力

溝通是一種對話能力的展現，問話應儘量使用對方習慣的語彙，確認則以自己的話語重新詮釋對方的話，回應時儘量陳述事實，少用批評、侵略或攻擊的言詞。組織中最常使用的溝通方法是口頭溝通，其中表情動作占55%，也就是訊息和傳遞，主要來自溝通時臉部和身體的表達功能，如果主管嘴巴說沒關係，但表情僵硬、身體呈現防衛狀態，部屬一定也會清楚地接收到這個不愉快的訊息。

三.衝突管理

衝突大都因為既得利益與潛在利益擺不平而產生。組織衝突在所難免，但大部分衝突都可透過溝通管理。過去管理者常極力避免衝突，但現在適度的衝突，則被視為激勵團隊良性競爭的積極手段。理想的衝突管理是將合作、競爭與衝突調理到最佳狀況，即每一方都不盡滿意但可接受。不管是說服妥協，最重要的是建立共識，最好的狀況是形成競合關係，在意念上為共同目標努力，但在行動上則為個人績效求表現。

小博士解說

態度決定高度

態度憑什麼決定人生高度，何以不是家庭背景決定人生高度？這麼說好了，人生的高度，是決定於你的實力，而實力就是來自於是否有人給你機會，讓你能夠一點一滴的累積。所以在人生當中所擁有的機會數量，決定你有多少實力，這也成就人生的高度。你也許不是出身顯赫，但因為態度良好，讓周遭人都願意提供機會給你。因此你面對夥伴、供應商、客戶、上司和下屬等人的態度，都影響著你人生可以得到多少機會，這樣的機會累積起來，絕對不會輸給企業家第二代。

有效溝通→從態度開始

溝通3大技巧

1.耐心傾聽

→①台積電董事長張忠謀認為傾聽是最不受重視，卻是最重要的技巧。

②有成就的人與別人最大的不同，就在於他聽得比別人來得多。

2.對話能力

→①問話應使用對方習慣的語彙，確認則以自己的話語重新詮釋對方的話，回應儘量陳述事實，少用批評、侵略或攻擊的言詞。

②表情動作占口頭溝通55%，也就是訊息和傳遞，主要來自溝通時臉部和身體的表達功能。

3.衝突管理

→①理想的衝突管理是將合作、競爭與衝突調理到最佳狀況，即每一方都不盡滿意但可接受。

②最好的狀況是形成競合關係，在意念上為共同目標努力，但在行動上則為個人績效求表現。

成功與有效的溝通

競合理論

知識補充站

所謂競合理論係運用賽局理論（Game Theory）來解釋交易時發生的現象，Brandenburger 與 Nalebuff 將企業與賽局中其他四種參與者，分別為顧客、競爭者、供應者與互補者（或稱相互依存者）等五類，這個觀念與五力分析（購買者、供應者、替代產品、潛在進入者、競爭者）可以相互呼應。五力分析則較為強調五種參賽者之間的競爭與制衡，但價值網絡分析則強調如何經由競爭與合作，來創造整個系統的價值，以及企業的最大收益。

在需求面來看，互補者是當顧客擁有互補者提供的商品或勞務後，顧客對原來的商品或勞務的評價會升高。在供應面看來，當供應者提供互補者資源後，更能吸引互補者提供資源給該企業。而競爭者則是當顧客擁有競爭者提供的商品或勞務後，顧客對你原來的商品或勞務的評價會降低。當供應者提供競爭者資源後，使得供應者較不願意提供資源給該企業。

Unit **8-8**
協調的技巧與途徑

　　組織必須運作才能生存，但運作難免產生衝突，不管是內外部、上下階級與部門分工，都難免有本位中心的態度，為達成共同組織目標，溝通與協調是必要條件。

　　至於協調與溝通有何不同呢？就表面字義來說，協調是協議調和，使意見一致；溝通是彼此間意見的交流或訊息的傳遞。因此，兩者顯然不同。然而組織協調時要有哪些技巧？有何管道可以有效達成協調目的？本文將說明之。

一.協調的意義

　　協調活動是一種將具有相互關聯性的工作，化為一致行動的活動過程。基本上，只要有兩個或以上相互關聯的個人、群體、部門，希望達到共同目標時，都需要協調活動。例如：政府為推動重大政務的各部會協調功能，或是企業要推動某項重大事項，也必須協調組織內部各部門。

二.協調型態與技巧

　　團隊要成功，除了團隊本身努力之外，如何與組織內各部門協調合作更是關鍵。專案經理人，更常需要透過縱向、橫向（上、中、下）的溝通，取得其他部門的配合與支援，才能達成專案目標。因此，管理階層人員擬獲得成功的協調，必須對協調型態與技巧有所了解才行。

　　(一)協調型態：組織理論學者亨利‧明茨伯格（Henry Mintzberg, 1993）提出五種組織協調設計型態：1.監督簡單化：以直接監督為基礎，重視決策高層之簡單結構；2.流程標準化：以工作流程標準化為基礎，重視技術參謀之機械式科層組織；3.運作專業化：以技能與知識標準化為基礎，重視運作階層之專業化科層組織；4.生產部門化：以工作產出標準化為基礎，重視中層管理者之部門化形式，以及5.結構彈性化：以相互調適為基礎，重視支援幕僚之機動式組織。

　　(二)協調技巧：由上述理論得知，實務上的管理階層人員可以考慮使用以下協調方法，讓組織運作更為順暢：1.利用規則、程序、辦法或規章進行協調；2.利用目標與標的協調；3.利用指揮系統（組織層級）協調；4.經由部門化組織協調（即改善組織配置）；5.由高階幕僚或高階助理代理最高決策人進行協調；6.利用常設之委員會或工作小組協調，以及7.經由非正式溝通管道，達成整合者或兩個部門間的協調。

三.協調的途徑

　　協調的途徑因為科技進步，也跟著多元豐富起來。除一般傳統上常進行的會議協調方式，親自拜訪現場協調也大有所在；而網路的便利，以電子郵件快速往返溝通達成協調也頗為頻繁。為方便讀者參考，茲將組織常用的協調途徑，歸納整理如下：1.利用召開跨部門、跨公司之聯合會議討論；2.利用電話親自協調；3.親自登門拜訪協調；4.利用e-mail訊息協調，以及5.利用公文簽呈方式協調等。

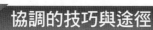

協調的技巧與途徑

協調的意義

只要有兩個或以上相互關聯的個人、群體、部門，希望達到共同目標時，都需要協調活動。例如：

★政府為推動重大政務的各部會協調。

★企業要推動某項重大事項的組織各部門協調。

協調設計型態

組織理論學者亨利‧明茲伯格(Henry Mintzberg, 1993)提出5種組織協調設計型態

1.監督簡單化	以直接監督為基礎，重視決策高層之簡單結構。
2.流程標準化	以工作流程標準化為基礎，重視技術參謀之機械式科層組織。
3.運作專業化	以技能與知識標準化為基礎，重視運作階層之專業化科層組織。
4.生產部門化	以工作產出標準為基礎，重視中層管理者之部門化形式。
5.結構彈性化	以相互調適為基礎，重視支援幕僚之機動式組織。

協調途徑

1.召開面對面跨部門、跨公司會議協調。
2.利用電話親自協調。
3.親自登門拜會協調。
4.利用e-mail訊息協調。
5.利用公文會辦協調。

165

知識補充站

完美協調要點

要如何才能徹底達到協調目的呢？以下協調要點可資參考：1.不得迷失目標：即使個人與個人之間所進行協調，其目的仍在於達成組織的既定目標，溝通開始前及進行中，要經常確認協調目的；2.站在高層立場看問題：因個人主張見解與立場的不同或過分維持個人面子容易產生對立，此時須站在更高階層次的立場，用更開闊的視野思考問題；3.聽取彼此充分發表的意見：協調的第一步乃是充分發表各自意見及聽取彼此的要求及意見，再徹底檢討相互評估；4.針對雙方的要求意見進行分析及整合創造雙贏：針對要求意見及今後可能發生的內容進行分析，不要過分瑣碎鑽牛角尖；5.避免趨向理論化：將彼此所說的內容，可能會引起彼此某些反應納入評估；6.預估可能的反應：避免對話內容偏離現實太遠，陷入純理論性抽象爭議遊戲，以及7.要站在共同負責的立場：應以共同負責的立場，一起思考，為達到協調目標而努力。

Unit **8-9**
企業變革十大溝通原則 Part I

在變革過程中，所有環節的成敗關鍵都在溝通。策略規劃專家傑米‧華特斯（Jamie Walters）在美國《公司》（*Inc.*）雜誌上指出企業在歷經改變時，和員工有效溝通的十大原則，茲摘述如下，與大家分享。由於本主題內容豐富，特分兩單元介紹。

一.沒有任何一種溝通方式是完美無缺

公司可以輕易列出改變要達成的目標，但是員工的習慣卻很難改變。改變可能會令員工感到不舒服，過程也可能會有些混亂。

企業必須蒐集公司內外部各種資料和看法，以適合公司的特有方式與員工進行有效地溝通。但溝通方式不是只有一種，可能是多種方式並用，才能有效。尤其是不同的人，也有不同方式。

二.釐清公司目標及對員工的具體影響

公司必須向員工說明可行的改變目標，以及需要改變的充足理由。許多變革計畫大量使用專業詞彙，描述公司的遠大目標，卻沒有告訴員工，這些變革對他們每天工作的實質影響。公司在和員工溝通時，必須將這兩個部分有意義地串聯起來，讓他們知道應如何正確配合，將心力放在最關鍵所在。

例如：當公司的目標是減少官僚作風以增加效率時，公司必須告訴員工，他們在行為上需要做的具體改變是什麼，否則目標將流於浮濫。再如：台積電公司曾宣誓他們公司將從純代工製造角色，轉換為服務角色，此即為一種重大轉變。

三.明確傳達公司希望從變革中獲得的成果

公司必須告訴員工，希望改變的程度為何，什麼樣的成果才算達到標準，以及員工可以利用公司哪些現有的資源，達成這些效果。例如：組織扁平化及精簡變革的成果，就是希望獲利增加一成。

四.討論改變計畫時要將溝通策略列為重要一環

企業常常在溝通出了問題時，才請溝通專家解決。如果高階主管不清楚消息宣布後員工可能的反應，以及他們需要與想要知道的資訊，不妨請求專家協助。因此，溝通策略的原則、方向、管道與執行者等，均必須審慎討論定案。

五.儘快與員工分享資訊

不要讓員工從外界得知公司即將發生變動，一旦員工的恐懼及不安全感在公司蔓延開來，小道消息便會如同野火燎原般散播開來。此時，公司必須花好幾倍的心血四處滅火，才能重回原來的穩定情況。因此，除了財務與技術機密資訊外，公司應該以透明公開原則，定期發布公司重大資訊，包括人事、財務、營運、策略及市場等。

企業變革10大溝通原則

面對變革，企業如何對員工說清楚講明白

1.沒有任何一種溝通方式是完美無缺

→①公司可以輕易列出改變要達成的目標，但是員工的習慣卻很難改變。
　②企業必須蒐集公司內外部各種資料和看法，以適合公司的特有方式與員工進行有效地溝通。
　③溝通方式不是只有一種，可能是多種方式並用，才能有效。

2.釐清公司目標及對員工的具體影響

→①公司在和員工溝通時，必須將公司目標及對員工的具體影響串聯起來，讓他們知道應如何正確配合，將心力放在最關鍵所在。
　例如：
　★當公司目標是減少官僚作風增加效率時，公司必須告訴員工在行為上需要做的具體改變是什麼。
　★台積電公司曾宣誓他們公司將從純代工製造角色，轉換為服務角色，此即一重大轉變。

3.明確傳達公司希望從變革中獲得的成果

→希望改變的程度與達到的成果，以及員工可以利用哪些現有資源達成效果。
　例如：
　★組織扁平化及精簡變革的成果，就是希望獲利增加一成。

4.討論改變計畫時要將溝通策略列為重要一環

→溝通策略的原則、方向、管道與執行者等，均必須審慎討論定案。

5.儘快與員工分享資訊

→①不要讓員工從外界得知公司即將發生變動，否則公司必須花好幾倍的心血來穩定員工的安全感。
　②除財務與技術機密資訊外，公司應以透明公開原則，定期發布公司重大資訊。

6.溝通次數及資訊一致性	7.改變只是一個過程	8.善用不同的溝通管道
9.妥善計畫及認真執行溝通	10.給予員工回饋的機會	

167

知識補充站

員工潛藏創意金礦

企業變革的定義已然改寫，以往著重明星CEO領導改革的時代已經過去，如今，企業變革的成功關鍵，主角是員工。
企業改革一般都把焦點集中在明星CEO身上，例如：奇異的威爾許、日產的高恩等。有改革魄力、具個人魅力的領導人，最容易受到矚目。其實，員工是企業變革能否成功的重要因素，以往卻被忽視。領導人往往只看到抗拒變革的員工，卻忽略了其實也有許多員工認同企業必須改革，並且是一座意想不到的改革創意金礦，能夠提出令人驚喜的好點子。

Unit **8-10**
企業變革十大溝通原則 Part II

再成功的企業，都需要變革。但變革如果是重大的，則是一股排山倒海的力量，若冒然全面實施，會有引發過度震盪、員工不安的疑慮。

這也是為何企業推動變革時，往往會遭遇阻力，尤其是來自員工，導致欠缺幹勁，改革難以持續，甚至領導人自己往往因為瞻前顧後，也成為變革阻力的原因了。

因此，管理團隊在討論改變計畫時，將溝通策略列為重要一環予以高度重視，實是明智之舉。

六.溝通次數及資訊一致性

公司向員工頻繁溝通變革的重要性，但卻忽略溝通內容如果不夠正確或是不夠重要，反而會帶來負面影響。公司絕對不能給員工錯誤的消息，否則信用會因而破產。

此外，公司有時也不能立即給員工過多資訊，他們可能消化不良，或者因為尚未實際執行，無法體會過程中面對的問題，造成不必要的疑慮。

七.改變只是一個過程

宣布公司的改變只是改變的開始，之後還有漫漫長路要走。許多主管將改變所需的時間估算太短，以致沒有足夠的準備。

歷經改變時，公司必須預期員工的生產力可能會受影響，要讓員工知道公司會給他們一點時間適應，不需要慌了手腳。也就是說，變革之路需要不斷調整、溝通，以及再調整。

八.善用不同的溝通管道

有些公司之所以會犯下溝通的錯誤，究其原因是只使用一種溝通方式，例如：只以電子郵件告知員工。

為了要達到有效溝通，公司必須以各種管道向員工發布訊息，有時甚至必須不斷重複告知。因此，出版品、電子郵件、廣播、口頭轉達等溝通管道均可適用。

九.妥善計畫及認真執行溝通

只有當公司妥善計畫及執行溝通過程，才能達到真正的溝通效果。

十.給予員工回饋的機會

公司必須提供不同機會，讓員工能夠分享想法，尤其是他們之前歷經公司其他改變的經驗，並且讓員工詢問。公司必須回答員工疑慮，並且依據回饋對改變做必要修正。員工參與程度愈深，計畫的推行便會愈順利。

歷經改變可說是許多企業不可避免的課題。了解員工想法，並且有效地與他們溝通，公司才能順利與員工一起走過改變。

企業變革10大溝通原則

面對變革，企業如何對員工說清楚講明白

1.沒有任何一種溝通方式是完美無缺	2.釐清公司目標及對員工的具體影響
3.明確傳達公司希望從變革中獲得的成果	4.討論改變計畫時要將溝通策略列為重要一環

5.儘快與員工分享資訊

6.溝通次數及資訊一致性

→①溝通次數很重要，但要溝通品質以及前後資訊的一致性更重要。
　②公司絕對不能給員工錯誤的消息，否則信用會因而破產。
　③公司有時也不能給員工過多資訊，否則可能消化不良或尚無法體會即將面對的
　　問題，造成不必要的疑慮。

7.改變只是一個過程

→公司必須預期員工的生產力可能會受影響，要讓員工知道公司會給他們時間適
　應，不要慌了手腳。

8.善用不同的溝通管道

→要達到有效溝通，公司必須以各種管道向員工發布訊息，有時甚至必須不斷重複
　告知。
　例如：★出版品　★電子郵件　★廣播　★口頭轉達

9.妥善計畫及認真執行溝通

10.給予員工回饋的機會

→①公司必須提供不同機會，讓員工分享想法，尤其是他們之前歷經公司其他改變
　　的經驗，並且讓員工詢問。
　②公司必須回答員工疑慮，並且依據回饋對改變做必要修正。
　③員工參與程度愈深，計畫的推行便會愈順利。

169

知識補充站

建立變革樁腳

企業推動變革，若懂得掌握公司內各部門的「意見領袖」，
將更能事半功倍。

企業除了最高領導人之外，其實每個單位都有意見領袖，他
可能是中階主管，也可能是深得民心的資深員工。這些分散
在各單位的意見領袖，是推動革新的重要「樁腳」，企業實
施變革時，要加強與這些意見領袖的溝通，讓他們深刻了解
企業變革的重要性，再由他們發揮影響力，在自己的單位溝通、推動變
革，阻力就會減少許多。不過，要注意的是，在跟企業內部的意見領袖
討論革新政策時，重點在「溝通」，主要讓他們充分了解企業為何在此
時必須變革的原因與意義，並聽取他們對企業變革的看法與建議，而不
是討好他們或進行利益交換，否則可能會讓改革的本意變質。

Unit 8-11
企業與員工溝通案例

前面提到溝通的重要性及作法，現在我們來看看成功的企業是如何與員工溝通！

一.日本佳能公司重視聆聽員工及溝通

日本佳能（Canon）公司曾經榮獲日本年度十大優秀企業之一，而且在過去十年的日本經濟景氣寒冬中，仍能持續保持成長的卓越企業。主要是御手洗富士夫於1995年9月擔任該公司總裁建立的。以下我們來看看御手洗富士夫是怎麼做到的！

(一)要求二十名高級主管傾聽員工想法，然後以身作則：每天早上，可說是數十年如一日，總裁御手洗一定會在社長室旁邊的特別接待室與近二十名高層主管開會，不設定特定議題，談論比較重要的媒體報導，或由各人提出自己部門最近碰到的問題，當場討論、決定作法，事後連公文或電話都免了。御手洗還教給主管一套哲學，「有些事不能聽員工的，有些事則非聽不可。」換言之，「不要做『眼睛只往上看』的比目魚。」御手洗提醒各級主管：「首先要設定正確目標，此時絕對不能聽部屬的。但完成目標的細部作法，一定要好好聽員工意見，然後率先以身作則。」

(二)每年直接和七千名以上員工對話：他認為「員工比股東重要」，喜歡直接和員工溝通。為了解現場狀況，每年他都會到每個工廠，然後對前一年業績提出看法，談談今後方針和計畫。「要常常和員工溝通，啟發他們，激發他們的潛能」，御手洗每年會直接和七千名以上的員工對話，如果不是員工人數太多，他恨不得每個人都講。

二.美國Wal-Mart運用多元與即時溝通管道全面溝通

全球第一大量販店公司——沃爾瑪（Wal-Mart）的創辦人山姆·威頓（Sam Walton）在其自傳書中，指出沃爾瑪百貨溝通制度的重要性。

(一)週六晨會、電話、網路及衛星電視均是溝通工具：如果將沃爾瑪百貨的制度濃縮成一點，那就是溝通，這很可能是沃爾瑪成功的真正關鍵。週六早晨的會議、每一通電話、衛星系統，都是溝通的方式。良好的溝通對這麼大的公司，其重要性無以復加。如果你想出銷售海灘巾的好辦法，卻不能告訴公司每個人，那還有什麼用呢？如果佛里達州聖奧古斯汀（St. Augustine）的商店，直到冬天才獲得訊息，就已錯失良機；再如班頓威爾的採購員不知道海灘巾的銷售量可望加倍，商店就可能沒東西賣。

沃爾瑪在只有幾家店時就已分享資訊，所以認為分店經理應該知道和他的店有關的所有數字，然後各部門主管也可知道這些數字。沃爾瑪在擴展過程中，一直都這麼做。這也是為什麼沃爾瑪花費數億元投資在電腦及衛星上，就是讓公司所有細節資料都能很快散播。經由資訊科技及衛星，分店經理對於經營狀況都很清楚，並在短時間內，掌握所有資訊，如每月盈虧報表、店內銷售現況及他們所需要的各種報表。

(二)創辦人親自上電視，用衛星傳播給員工：雖然創辦人山姆·威頓經常到各商店視察，也常召集地方幹部到班頓威爾，有時仍覺得命令無法貫徹。如果他有話要說，就會馬上就到電視攝影機前，透過人造衛星，傳達給商店休息室電視機前的同仁。

企業與員工溝通案例

日本Canon總裁御手洗富士夫的作法

御手洗富士夫是在美國留學，90年代初從佳能美國公司經理職位上返回佳能公司東京總部的。1995年8月31日，當時總裁御手洗肇罹患肺炎驟逝，公司緊急召開董事會，決定跳過6位更資深的主管，由當時59歲的副總裁御手洗富士夫接任總裁，原因是他領導能力強、經驗充足，而且在美國的23年間把業績從幾百萬美元衝到26億美元。擔任副總裁時，浸淫美式經營多年的御手洗富士夫，就經常提供新想法給技術背景出身的御手洗肇，但對於「關掉不賺錢部門」的美式果斷作法，卻苦於「能想而不能提」。換他當家做主後，機會來了。「黑貓白貓，能賺錢的就是好貓」，一上任，御手洗馬上改編鄧小平名言，在幹部會議中強調，「不賺錢的部門，我們不要；反之，即使掛別人品牌銷售，只要能增加獲利，也值得保留。」然後從此營收成長為1.4倍，平均獲利更成長為2.7倍，有息負債也大幅減少到2002年底的5%。

1.強力要求20名公司高級主管傾聽員工意見，然後以身作則

✛

2.每年直接與7,000名以上員工對話

・了解員工心聲與需求　・啟發員工，激發他們潛能　・凝聚員工團結心與向心力

美國Wal-Mart創辦人山姆・威頓的作法

1.週六晨會、電話、網路、衛星電視均是溝通工具

✛

2.創辦人親自上電視講話，傳播給員工

知識補充站

沃爾瑪衛星精神講話讓數字亮眼

有一年的耶誕節前，山姆・威頓突然有個構想要告訴大家，就到攝影機前跟大家談銷售，還談了一些他所追求的目標，並祝大家佳節愉快。

沃爾瑪運用大眾傳播工具傳達這個觀念，其實這只是一個小觀念，目標放在第一線的工作同仁，他們是使顧客滿意而且再度上門的主要負責人。山姆・威頓不敢說他的精神講話，和沃爾瑪的發展有多麼密切關聯，但是從那年耶誕算起，沃爾瑪在營業額上超越楷模百貨與西爾斯百貨，比最樂觀的華爾街分析師所估計的，還提早了兩年。

第 **9** 章

領導與問題解決力

●●●●●●●●●●●●●●●●●●●●●●●●●●●●●● 章節體系架構 ▼

Unit **9-1**
鴻海郭台銘解決問題九大步驟 Part I

　　國內第一大企業鴻海精密董事長郭台銘，他所自創的「郭語錄」，在該公司內部很有名，幾乎他身邊每個特助及中高階主管都必須熟悉這些郭董事長數十年來的經營心得與管理智慧。「郭語錄」廣泛被員工熟記且經常被考問到的，就是解決問題的智慧及作法。郭台銘提出九步驟，茲摘要闡釋如下，由於內容豐富，特分三單元介紹。

一.發掘問題

　　企業運作，其實都是在解決當前浮現出來的問題。如果沒有問題，就按照慣常方式（Routine）做下去。但是，如果出現棘手問題，就馬上尋求解決問題。不過，企業卓越經營者的定義有兩種：

　　(一)建立標準化：把處理事情的模式，盡量標準化（Standard of Procedure, SOP），亦即我們常說的，要建立一種「機制」（Mechanism），透過法治，而不是人治，法治才可以久遠，人治則將依人而改變處理原則及方式，那是會製造更多的問題。有了標準化及機制化之後，問題出現可能就會減少些。

　　(二)標準化不能解決所有問題：企業不可能在標準化之後，就沒有問題了。一方面是內部環境改變，使問題出現；另一方面是外部環境改變使問題出現。尤其是後者更難以控制，實屬不可控制因素。例如：某個國外大OEM代工客戶，因某些因素而可能轉向我們的競爭對手後，這就是大問題了。

　　因此，卓越企業的準則是希望提早發現問題，使問題在剛萌芽或發酵的潛伏期，我們就能即刻掌握而快速因應，撲滅或解決尚未形成的問題。因此，「發掘問題」是一門重要的工作與任務。

　　任何公司應有專業部門單位處理這些潛藏問題的發現與分析；另外，在各既有部門中，也會有附屬單位做這方面的事。當這些單位發掘問題後，就應循著一定的機制（或制度、規章、流程）反映到董事長或總經理或事業總部副總經理，好讓他們及時掌握問題的變化訊息，然後才能預先防範及思考因應對策。

二.選定題目

　　問題被發掘之後，可能會有下列兩種狀況：

　　(一)問題很複雜也有多種面向：這時候必須深入探索分析，打開盤根錯節，挑出最核心、最根本且最必須放在優先性角度來處理。

　　(二)問題比較單純，比較單一面向：這時候，就比較容易決定如何處理。

　　不管是上述哪一種狀況，在此階段，就是必須選定題目，確定要處理的主題或題目是什麼？選定題目有幾項原則，就是此項目必須是當前的（當下的）問題、優先處理的問題、重大性的問題、影響深遠的問題、急迫的問題及影響多層面的問題等。這些問題，都必須經由老闆或高階主管出面做決策。至於小問題，就由第一線人員、現場人員或各部門人員處理即可。

鴻海郭台銘董事長問題解決9步驟

企業運作，其實都是在解決當前浮現出來的問題。如果沒有問題，就按照慣常方式做下去。如果出現棘手問題，就馬上尋求解決問題。

什麼是卓越的企業？

❶把處理事情的模式，儘量標準化（SOP），亦即要建立一種機制。

❷企業不可能在標準化之後，就沒有問題了。一方面是內部環境改變，使問題出現；另一方面是外部環境改變使問題出現。尤其是後者更難以控制，實屬不可控制因素。

1.發掘問題

→①卓越企業的準則是希望提早發現問題，使問題在剛萌芽或發酵的潛伏期，即能掌握而快速撲滅或解決。

②任何公司應有專業部門或附屬單位處理這些潛藏問題的發現與分析。

③當發掘問題後，應循著一定機制反映到高階主管，好讓他們及時掌握問題訊息，思考因應對策。

> 問題被發掘後，可能會有下列兩種狀況：
> ❶問題很複雜也有多種面向→必須深入探索分析，打開盤根錯節，挑出最核心、最根本且最必須放在優先性角度來處理。
> ❷問題比較單純，比較單一面向→比較容易決定如何處理。

2.選定題目

→①不管上述哪種狀況，在此階段，就是必須選定題目，確定要處理的主題或題目是什麼？

②選定題目的原則

  ★當前的問題　　★優先處理的問題　　★重大性的問題

  ★影響深遠的問題　★急迫的問題　　　★影響多層面的問題

③這些問題，都必須經由老闆或高階主管出面做決策。

3.追查原因 → 4.分析資料 → 5.提出辦法 → 6.選擇對策

→ 7.草擬行動 → 8.成果比較 → 9.標準化

知識補充站

→如何選定題目

以製造業來說，國外客戶抱怨我們最近研發的新產品，品質出了問題，美國消費者迭有反應。此時選定的題目，就是「品質不穩定」或「加強品質」等題目，做好進一步處理。

以服務業來說，當康師傅速食麵殺進臺灣市場，採取的行銷主軸策略，就是低價格策略（或稱割喉戰）。因此，對統一、味王、維力等各速食麵廠來說，此時所應選定的題目，應該就是競爭對手激烈的「殺價行動」所引起的威脅，以及我們的因應之道。因此，「價格因應」就成了解決的選定題目了。

Unit **9-2**
鴻海郭台銘解決問題九大步驟 Part II

成功企業的背後，一定有著其為何成功的定律，「郭語錄」值得細細鑑賞品味。

三.追查原因

在追查原因時，要區分以下兩個層面來看：

(一)善用分析工具：比較有系統的分析工具，大概以「魚骨圖」方式或「樹狀圖」方式較為常見。以魚骨圖為例，如右圖所示，乃表示某一個浮現的問題，可以從四大因素與面向來看待，而每個因素又可分析出兩項小因子，因此，總計有八個因子，造成此問題的出現。至於「樹狀圖」也如右圖所示，其表示方法則是將問題的所有可能產生的原因分層羅列，從最高層開始，並逐步向下擴展。

(二)有形原因與無形原因：在追查原因上，我們還要再區分為有形的原因（即是可找出數據、來源或對象等支撐），以及無形的原因（即是無法量化、無法有明確數據，不易具體化的，比較主觀、抽象、感覺或經驗的）。然後，綜合這些有形原因與無形原因，作為追查原因的總結論。

四.分析資料

分析最好要有科學化、統計化，以及系列性、長期性的數據加以支持。不可憑短暫、短期、主觀、片面及單向性的數據，就對問題做出判斷。因此，在進行數據分析時，應注意以下幾項原則：

(一)歷史性、長期性比較分析：與過去數據相比較，看看發生了什麼變化？

(二)產業比較分析：與所在的產業相比較，看看發生了什麼變化？

(三)競爭者比較分析：與所面對的競爭者相比較，看看發生了什麼變化？

(四)事件行動比較分析：採取行動後，與沒有採取行動之前相比較，看看發生了什麼變化？

(五)環境影響比較分析：以外部環境的變化狀況與自己現在的數據相比較，看看發生了什麼變化？

(六)政策改變影響比較分析：與政策改變後相比較，看看發生了什麼變化？

(七)人員改變影響比較分析：與人員改變後相比較，看看發生了什麼變化？

(八)作業方式改變比較分析：與作業方式改變後相比較，看看發生了什麼變化？

五.提出辦法

在資料分析後，大致知道該如何處理了。接下來，即是要集思廣益，提出辦法與對策。

其中，辦法與對策不應只限於一種，應從各種不同角度來看待問題與相對應的不同辦法，主要是希望思考周全一些，視野放遠一些，以利老闆從各種面向考量，而做出最有利於當前階段的最好決策。

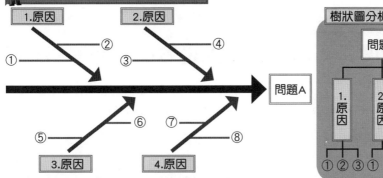

魚骨圖分析問題方法

1.原因		2.原因

② ④

① ③

→ 問題A

⑤ ⑥ ⑦ ⑧

3.原因		4.原因

樹狀圖分析問題方法

問題B

1.原因	2.原因	3.原因

①②③ ①②① ②③

鴻海郭台銘董事長問題解決9步驟

1.發掘問題	➡	2.選定題目

3.追查原因

→①善用系統的分析工具,最為常見的是「魚骨圖」方式或「樹狀圖」方式。

②在追查原因上,還要再區分為有形的原因與無形的原因,作為追查原因的總結論。

★有形的原因→可找出數據、來源或對象等支撐的原因。

★無形的原因→無法量化、無法有明確數據,不易具體化的,比較主觀、抽象、感覺或經驗的原因。

4.分析資料

→①分析最好要有科學化、統計化,以及系列性、長期性的數據加以支撐。

②數據分析8原則:❶歷史性、長期性比較分析　❷產業比較分析

❸競爭者比較分析　❹事件行動比較分析

❺環境影響比較分析　❻政策改變影響比較分析

❼人員改變影響比較分析　❽作業方式改變比較分析

5.提出辦法

→應從各種不同角度來看待問題與相對應的不同辦法,以利老闆從各種面向考量,而做出最好決策。

6.選擇對策	➡	7.草擬行動	➡	8.成果比較	➡	9.標準化

知識補充站

➤提出辦法須知原則

在提出辦法與對策時,應注意以下原則:1.應進行自己部門內的跨單位共同討論,提出辦法;2.應進行跨別人部門的共同聯合開會討論、辯證、交叉詢問,然後才能形成跨部門、跨單位的共識辦法及對策,以及3.所提出的辦法應具有立竿見影之效與面對現實的勇氣,並分析該辦法可能產生的不同正面效果或連帶產生的負面效果。

Unit **9-3**
鴻海郭台銘解決問題九大步驟 Part III

　　郭董的問題解決九大步驟有其實用價值，但企業為了爭取時效，有時也會一兩個步驟壓縮進行，但要如何做到忙中有序又不出錯，則端賴領導者的智慧了。

六.選擇對策

　　提出辦法後，必須向各級長官及老闆做專案開會呈報，或個別面報，通常以開會討論方式居多。此時，老闆會在徵詢相關部門的意見與看法之後下決策。也就是老闆要選擇，究竟採取哪一種對策。

　　例如：某部門提出如何挽留國外大OEM客戶的兩種不同看法、思路與辦法對策請示老闆。老闆就要下決策，究竟是A案或B案。

　　當然老闆在下決策時，他的思考面向與部屬不一定完全相同，此時老闆的選擇對策，要基於下列比較因素與觀點：1.短期與長期觀點的融合；2.戰略與戰術的融合；3.利害深遠與短淺的融合；4.局部與全部的融合；5.個別公司與集團整體的融合，以及6.階段性任務的考量。

七.草擬行動

　　老闆做下選擇對策之後，即表示確定了大方向、大策略、大政策與大原則。接下來，權益部門或承辦部門，即應展開具體行動與計畫的研擬，以利各部門作為實際配合執行的參考作業。

　　在草擬行動方案時，為使其可行與完整，同樣的，也經常在結合相關部門單位，共同或分工分組研擬具體實施計畫，然後再彙整成為一個完整的計畫方案。

八.成果比較

　　當行動進入執行階段後，就必須即刻進行觀察成效如何。有些成效，當然是短期內可以看到，但有些成效則需要較長的時間，才可以看到它所產生的效果，這樣才比較客觀。因此，對於成果比較，我們應掌握以下幾點原則：1.短期成果與中長期成果的比較觀點；2.所投入成本與所獲致成果的比較分析；3.不同方案與作法下，所產生的不同成果比較分析；4.戰術成果與戰略成果的比較分析；5.有形成果與無形成果的比較分析；6.百分比與單純數據值的成果比較分析，以及7.當初所設定預期目標數據與實際成果的比較分析。在這七點成果比較分析的兼顧觀點下，才能正確掌握成果比較的真正意義與目的。

九.標準化

　　當成果比較確認了改善或革新效益正確後，即將此種對策作法與行動方案，加以文學化、標準化、電腦化、制度化，爾後相關作業程序及行動，均依此標準而行。最後，就成了公司或工廠作業的標準操作手冊及作業守則。

鴻海郭台銘董事長問題解決9步驟

| 1.發掘問題 | 2.選定題目 | 3.追查原因 | 4.分析資料 | 5.提出辦法 |

要向各級長官及老闆做專案開會呈報或個別面報。

6.選擇對策

→①老闆會在徵詢相關部門的意見與看法後下決策。

②老闆選擇對策的比較因素與觀點
- ❶短期與長期觀點的融合
- ❷戰略與戰術的融合
- ❸利害深遠與短淺的融合
- ❹局部與全部的融合
- ❺個別公司與集團整體的融合
- ❻階段性任務的考量

老闆選擇對策後，即表示確定了大方向、大策略、大政策與大原則。

7.草擬行動

→權益部門或承辦部門或結合相關部門單位，共同或分工分組展開具體行動與計畫的研擬。

當行動進入執行階段，要即刻進行觀察成效如何。

8.成果比較

→①有些成效短期內可看到，但有些則要較長時間，才可看到效果，這樣才比較客觀。

②成果比較7原則
- ❶短期成果與中長期成果的比較觀點
- ❷所投入成本與所獲致成果的比較分析
- ❸不同方案與作法所產生的不同成果比較分析
- ❹戰術成果與戰略成果的比較分析
- ❺有形成果與無形成果的比較分析
- ❻百分比與單純數據值的成果比較分析
- ❼當初所設定預期目標數據與實際成果的比較分析

9.標準化

→當成果比較確認革新效益正確後，即將此種對策作法與行動方案製作成公司或工廠作業的標準操作手冊及作業守則。

知識
補充站

制敵於機先

左文九項內容說明，係針對鴻海集團郭台銘董事長對該集團面對任何生產、研發、採購、業務、物流、品管、售後服務、法務、資訊、談判、策略聯盟合作、合資布局全球、競爭力分析、降低成本等諸角度與層面，來看待對解決問題的九大步驟。當然，企業為爭取時效，有時會壓縮各步驟的時間或合併幾個步驟一起快速執行，這都是經常可見，也應習以為常。畢竟，在今天企業激烈競爭的環境中，唯有反應快速，才能制敵於機先，搶下商機或避掉問題。

Unit **9-4**
IBM公司解決問題步驟 Part I

不論大小企業，每天都會遇到問題。試想「問題」發生時，一定要立即做出回應並迅速處理嗎？或者也可以像人生一樣隨著時間淡化？

不過，企業如果不正視面對問題，會不會因而產生社會觀感不佳或是員工幸福指數低的情形呢？這裡我們分享IBM公司如何系統化解決問題的五大步驟及方法。

由於本主題內容豐富，特分兩單位介紹，以期讀者對組織發生問題的解決方法，能有更完整的認識。

一.定義並釐清問題

首先，經理人必須澄清「問題是否存在」，以及「是否值得解決」。在IBM多半會以蒐集相關資料、分析資訊方式，檢視問題是否真的存在。而透過下列幾個題目，將可協助經理人定義並釐清現狀：

(一)不面對的結果如何：對此問題如果不採取任何行動，是否會影響到企業目標的達成？

(二)現有的風險：目前會產生哪些風險？風險會有多大？

(三)現有能力及人力如何：我個人或團隊的力量足以提供解決方案嗎？

(四)對問題的了解度：我們能定義問題是如何產生？如何結束嗎？

定義並釐清現狀之所以重要，是因為在企業中，每天都會遇到問題。有些問題值得花心力解決，但有些問題很可能會隨時間而消失。因此，在時間資源都有限的情況下，經理人必須集中心力在「重點問題」上。

當確定「問題的確存在」，緊接著就必須將問題寫下來。清楚、簡潔、正確且每個人都可了解的陳述，將是解決問題的重要基礎。這個動作的最大意義，在於將問題具體化，並讓相關人員明瞭問題核心。

二.分析問題

在將問題界定清楚後，經理人就必須即刻進行問題分析，並找出產生的原因。許多管理學上的技巧，如魚骨圖（Fish Bone Diagramming），都可以作為分析工具。

此外，經理人也可以與部屬舉行討論會議，有系統地將問題產生的原因予以分類，並且列出解決的優先順序。

分析問題的過程除了可集眾人之智慧，也可以訓練員工們思考問題的能力。

在會議中，你可以請員工提出意見，並將問題產生的原因加以分類。隨後，再依問題原因的重要性排序，集中心力先解決首要的問題根源。

重點問題的描述與分析，包括：1.問題的事實是什麼？2.問題的起因、背景及演變是什麼？3.問題的影響面是什麼？影響程度、長遠性與對象是什麼？4.問題解決的優先性目標是什麼？可能的策略性方向是什麼？5.基本的政策與原則是什麼？解決的說詞是什麼？

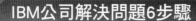

IBM公司解決問題6步驟

1.定義並釐清問題
①對此問題如果不採取任何行動,是否會影響到企業目標的達成?
②目前產生哪些風險?有多大?
③我個人或團隊的力量足以提供解決方案嗎?
④我們能定義問題是如何產生?如何結束嗎?

2.分析問題
①問題的事實是什麼?
②問題的起因、背景及演變是什麼?
③問題的影響面是什麼?影響程度、長遠性與對象是什麼?
④問題解決的優先性目標是什麼?可能的策略性方向是什麼?
⑤基本的政策與原則是什麼?解決的說詞是什麼?

3.訂出可能的解決方案

4.選定解決方案並訂出執行計畫

5.推動執行並追蹤結果如何
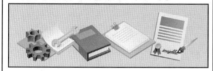

6.機動調整執行方案內容

知識補充站

IBM 的百年輝煌

成立於1911年6月16日,IBM公司為迎接100年慶典,創作了100個獨特的視覺圖像,分別代表100個「進步的故事」。這些標誌可以單獨顯示,講述一個獨特的故事,或者可以組合在一起,講述關於IBM豐富歷史的多個故事。這些故事告訴我們,無論技術多麼強大,其本身並不能帶來系統性的變革。改變世界的運作方式,需要系統、長遠的觀點,以及將其轉化為長期轉型的能力。這正是IBM最擅長的工作。多年來,IBM一直在思考未來,並與客戶和社區攜手,共同開展工作,創造更美好的未來。這就是為什麼IBM的工作那麼有意義,也就是為什麼 IBM 能實現百年輝煌。

在百年發展歷程中,IBM 在實現商業、科學和社會轉型方面扮演著領導者的角色。這些領域構成 IBM 回顧百年成果的三項主題:「IBM 的善工──開拓引領資訊科技」、「IBM 的善制──塑造現代企業之道」,以及「IBM 的善世──讓世界更美好」,這些成果都使得資訊科技的發展改變社會和世界。

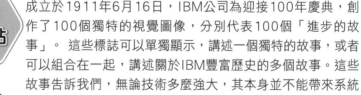

Unit **9-5**
IBM公司解決問題步驟 Part II

　　前文提到IBM公司化解問題的方法是將問題系統化，即首先必須澄清「問題是否存在」，以及「是否值得解決」，然後才進行問題分析，並找出產生的原因，本單元要繼續介紹IBM公司如何訂出解決方案並執行。

三.訂出可能的解決方案

　　在訂出可能解決方案時，經理人可以邀請多位同仁，甚至跨單位的成員共同進行腦力激盪會議，以產生創新的想法。你可以鼓勵每位成員寫下所有可能的解決方案，點子愈多愈好，以創造豐富的可能性。

　　其實，大家都知道運用「腦力激盪」方式，找出可行的解決方案。但是，大多數人卻忽略了如何有系統的整理腦力激盪的結果。要將腦力激盪的結果點石成金，關鍵在於排序。排序的原則包括：此方案是否真正能解決問題？是否能獲得管理階層的支持？以及是否可付諸執行等。透過精密的篩選，至少可以發掘三至四個可能方案。

四.選出解決方案訂出行動計畫

　　在面對三至四個可能方案，你該如何找出最佳方案，並訂定行動計畫呢？

　　你可以透過「影響力／執行力矩陣」（X軸是影響力，亦即方案執行後的影響程度；Y軸是執行力，亦即方案推行的難易程度），篩選出最佳的解決方案。

　　如果方案落在「影響力最大，推行度最容易」的象限，那就應該當機立斷，馬上針對此方案擬定行動計畫。

　　在擬定行動計畫時，有幾個要項值得銘記在心，例如：完成任務的先後順序、誰應該負責哪件事、何時應該完成等，以確保計畫如期完成。

五.推行解決方案並追蹤結果

　　最後，執行及評估階段是不可或缺的部分。推動方案過程中，需要不斷檢視決策的推行狀況，並樹立各階段里程碑。

　　除此之外，為使評估順利進行，你也必須事前給予「成功」事項的定義，並明定衡量方式。

　　面對大多數的問題需要集眾人之智慧。如果問題對員工產生極大的衝擊、解決方案需要極大的創意、或經理人的資訊不充足時，經理人更應該以開放的態度，讓員工參與解決問題的過程，以團隊的力量化問題為機會，創造更好的營運成本。

　　雖然方案已在執行階段中，仍必須具有可機動調整可行方案內容的彈性，以備不時之需。

六.機動調整執行方案內容

　　針對前述追蹤結果，隨時要機動提出調整後的改善方案，以為應對之用。

IBM公司解決問題6步驟

1.定義並釐清問題

2.分析問題

3.訂出可能的解決方案

①要將腦力激盪的結果點石成金，關鍵在於排序。
②排序的原則包括：
　★此方案是否真正能解決問題？
　★此方案是否能獲得管理階層的支持？
　★此方案是否可付諸執行？

4.選定解決方案並訂出執行計畫

如何選出方案？

· 透過「影響力／執行力矩陣」篩選出最佳的解決方案。

	影響力最大，推行度困難	影響力最大，推行度最容易
影響力	影響力最小，推行度最困難	影響力最小，推行度容易

執行力　→X

· 如果方案落在「影響力最大，推行度最容易」的象限，即擬定行動計畫。

如何擬定行動計畫？

★完成任務的先後順序？　★誰應該負責哪件事？　★何時應該完成？

5.推動執行並追蹤結果如何

①需要不斷檢視決策的推行狀況，並樹立各階段里程碑。
②為使評估順利進行，必須事前給予「成功」事項定義，並明定衡量方式。
③面對大多數問題，需要以團隊力量化問題為機會，創造更好的營運成本。

6.機動調整執行方案內容

多個解決方案比較					
	優 點	缺 點	需要條件	產生結果預估	負面影響評估
方案A					
方案B					
方案C					

183

Unit **9-6**
利用邏輯樹思考對策及探究

本章鴻海郭台銘解決問題九大步驟一文中，郭董認為企業遇到問題時，要善用分析工具追查原因。這裡我們要介紹如何用邏輯樹來分析問題及思考對策。

一.什麼是邏輯樹

邏輯樹（Logic Tree）又稱問題樹、演繹樹或分解樹等。就是從單一要素開始進行邏輯式展開，一邊不斷分支，一邊為了進行說明，而將構成要素層層堆疊或展開的一種思考架構。邏輯樹若從由右自左的圖形轉換成由下而上，變成像是金字塔型，又稱金字塔結構（Pyramid Structure）。邏輯樹是以邏輯的因果關係的解決方向，經過層層的邏輯推演，最後導出問題的解決之道。以下各種案例將顯示使用邏輯樹來做「思考對策」及「探究原因」，是非常有效的工具技能，值得好好運用。

二.利用邏輯樹思考對策

當公司老闆（董事長）下令希望今年度能夠增加「稅前淨利」（獲利）時，企劃人員可以利用邏輯樹各種可能方法與作法：

(一)提升業績作法：包括1.增加銷售量：加強促銷活動、提升客戶忠誠再購、提升單一客戶業績、增加業務人力、增加新銷售通路，以及提高業務人員與獎勵制度；2.提高單價：折扣減少、提升品質、提升功能、改變包裝和強化品牌，以及3.推出新品牌或新產品：推出副品牌或推出新產品與新品牌等作法。

(二)降低成本作法：從下列幾點進行成本費用的降低：1.降低零組件原物料成本；2.利用外包降低人力成本；3.利用自動化設備，降低人力成本；4.減少機器設備；5.減少閒置資產，進行處分；6.減少幕僚人力成本；7.移廠、移辦公室，降低租金，以及8.減少交際費用支出等作法。

(三)增加營業外效益：包括1.減少銀行借款利息成本；2.閒置資金最有效運用，以及3.減少轉投資認列虧損等作法。

三.利用邏輯樹探究原因

為何競爭對手某品牌洗髮精突然成為市場占有率的第一品牌？茲分析如下：

(一)強力廣告宣傳成功：1.大額度支出，一次支出，一炮而紅；2.電視CF代言人明星找對人，以及3.媒體報導配合良好，記者公關成功。

(二)定位與區隔市場成功：1.產品定位清晰有立基點，訴求成功，以及2.區隔市場，明確擊中目標市場。

(三)價位合宜：1.價位感覺物超所值，以及2.價格在宣傳促銷有特別優惠價。

(四)通路商全力配合：1.通路商因為大量廣告宣傳，故大量吃貨配合，以及2.通路商在賣場位置配合理想。

(五)產品很好：1.包裝設計突出；2.品牌容易記住，以及3.品質功能佳。

邏輯樹思考對策

【案例】如何提升企業集團形象？

1.成立文教慈善基金會
- 定期舉辦各種文教與慈善活動，回饋社會大眾。
- 與外部各種社團保持互動良好關係及活動關係。

2.加強與各媒體關係
- 定期與各平面電子、廣播媒體負責人或主編餐敘聯誼
- 給予媒體廣告刊登業務的回饋。
- 邀請專訪負責人。

3.經營資訊完全透明公開
- 定期舉辦法人公開說明會。
- 定期發布各種新聞稿。

4.提升經營績效獲得外界人士肯定
- 自我努力提升經營績效，名列前茅。
- 參加國內外各種競賽或評比排名。

邏輯樹探究原因

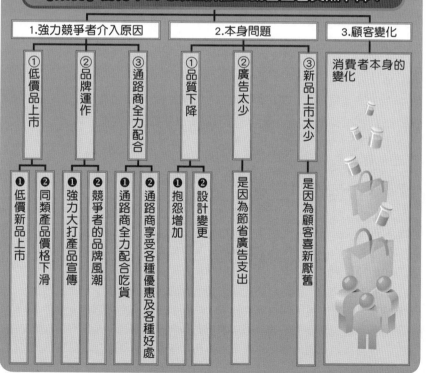

【案例】為何本公司某品牌產品銷售量會突然下降？

1.強力競爭者介入原因　　2.本身問題　　3.顧客變化

① 低價品上市
② 品牌運作
③ 通路商全力配合
① 品質下降
② 廣告太少
③ 新品上市太少
消費者本身的變化

❶ 低價新品上市
❷ 同類產品價格下滑
❶ 強力大打產品宣傳
❷ 競爭者的品牌風潮
❶ 通路商全力配合吃貨
❷ 通路商享受各種優惠及各種好處
❶ 抱怨增加
❷ 設計變更
是因為節省廣告支出
是因為顧客喜新厭舊

Unit **9-7**
問題解決工具

問題解決（Problem Solving）提供的是一套解決問題的邏輯思考方法，並藉由工具與技巧學習，有系統地發現問題的徵兆、原因，研擬解決的步驟、解決方案，以訂定行動計畫，解決問題。

一.問題解決的核心

問題解決的重要性，可從其被列為主管必備的八大核心管理能力之一，以及近年來許多外商和國內高科技公司，將其從主管階層往下延伸到一般員工的教育訓練，即能窺見一二。

問題解決的精神，即在於訓練共同思考邏輯，替員工與主管找出順暢解決問題的流程，並簡單借助一些理性的工具、技巧，譬如以一張「魚骨圖」去判斷問題成因，將引發問題的成因，由大項逐步如魚骨推演到細項，一一檢驗討論，有系統地抓出問題的關鍵。

魚骨圖因其形狀如魚骨，故稱「魚骨圖」，又名特性因素圖，乃由日本管理大師石川馨先生所發展出來的，故又名石川圖。它是一種發現問題「根本原因」的方法，也稱為「因果圖」，原本用於質量管理。

二.問題解決四個階段

一般來說，問題解決藉著「描述問題→斷定成因→選擇解決方法→計畫行動步驟與跟進措施」等四個階段，配合運用魚骨圖、評分表、調查表等二十四種方法技巧，協助簡化資料的分析，並激發出具有創意性的解決方案。

問題解決四個階段中，第一階段是「描述問題」。所謂描述問題，就是幫問題「定義」，也就是要定義這種構不構成問題，清楚地描述問題的輪廓，並與從前比較，是否超過太多而形成問題。再來斷定成因、選擇解決方法、計畫行動步驟與跟進措施等後續過程，必須仰賴二十四種工具技巧來協助。

三.問題解決二十四種工具技巧

這二十四種工具技巧，包括腦力激盪法、紙筆輔助腦力激盪法、循環式腦力激盪法、雙重顛倒法、魚骨圖、流程圖、分布圖、計畫圖表、控制圖表、簡圖、直方圖、調查表、影響力分析、晤談、小組提名過程、意見問卷調查、不同觀點、評級、評分等包羅萬象的問題解決工具。

對於一般員工來說，問題解決即是前面所說的四個階段、二十四種方法技巧的教授。對於中高階主管來說，問題解決除了「分析」之外，特別著重「決策」。因為中高階主管必須承擔決策責任，並且尋求創新方法來解決問題，因此不只需要知道如何分析問題，也必須學會如何做正確決策，確保其所做的決策包含充分的訊息和創新的點子。

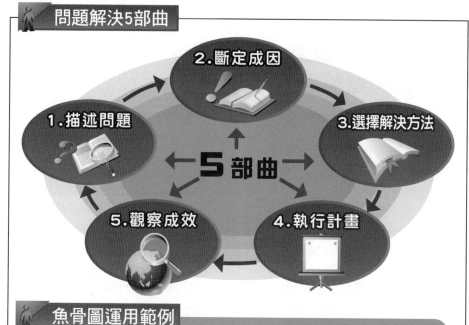

問題解決5部曲

2.斷定成因

1.描述問題

3.選擇解決方法

5部曲

5.觀察成效

4.執行計畫

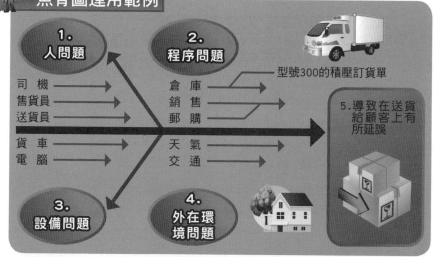

魚骨圖運用範例

1.
人問題

2.
程序問題

型號300的積壓訂貨單

司　機
售貨員
送貨員

倉　庫
銷　售
郵　購

5.導致在送貨
給顧客上有
所延誤

貨　車
電　腦

天　氣
交　通

3.
設備問題

4.
外在環
境問題

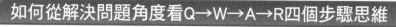

如何從解決問題角度看Q→W→A→R四個步驟思維

Q ──────► W ──────► A ──────► R

Question(問題)	Reason Why(原因)	Answer(答案)	Result(結果)
・問題是什麼應明確的界定。	・發生問題的原因是什麼的探索。	・解決此問題及此原因的有效方法、計畫、方案為何。	・執行後的結果為何，是否改善了問題。

Unit **9-8**
問題解決實例

前面提到企業或組織遇到問題應如何解決的方法，現在來看知名企業怎麼做？

一.解決問題的會議模式及流程

解決問題的會議討論模式及流程，包括以下五個流程步驟：1.提出問題：可能是老闆主動提出或權責各部門提出或高階幕僚單位提出；2.研擬提出初步對策方案：可能由權責部門單獨提出方案或是權責部門與跨部門開會討論後，提出共識方案，也可能是高階幕僚單獨提出建議方案；3.向總裁董事長或總經理進行專案報告：會議可能會舉行一次、二次、三次或多次，經過不斷討論；4.形成共識，並由最高主管拍板敲定決議與決策，以及5.若屬公司重大性決策，則需提呈董事會報備或討論修正。

若範圍涉及廣泛，也要邀請外部專業人士列席表達意見，以周延決策。這些外部專業人士包括會計師、律師、顧問、供應商、重要客戶、學者、專家及相關人士等。

二.日本7-ELEVEN董事長如何分析與解決問題

日本最大，也是全世界第一大，已突破一萬店的日本7-ELEVEN便利超商公司前董事長鈴木敏文在其所著《統計心理學》與《消費心理學》等兩本專書，指出他個人分析與解決問題的四個步驟。茲分述如下：

(一)蒐集並分析新鮮情報：對每天一萬店銷售情報，進行問題發現與商機挖掘。

(二)大膽提出創新的假設：憑藉著直覺、POS數據科學化，而突破創新。

(三)進行執行檢驗：研訂對策方案，如無誤則儘快規劃及執行。

(四)觀察執行結果及做必要調整改善：觀察假設是對或錯。若錯了，即刻調整改善，直到對為止。

三.以團隊小組為解決問題之導向

企業實務上，經常針對較大問題及工作事項而成立跨部門及跨單位的「工作團隊小組」，期以收效較大。工作團隊小組的作業流程，大致如下：1.工作小組成立→2.目的與目標的設立→3.問題探索（情報蒐集）→4.情報分析→5.問題原因發現→6.解決Idea的創造→7.Idea評價與整合→8.解決對策的決策→9.工作小組解散及歸建。

四.台塑集團專案小組運作模式及流程

台塑集團如何歷久不衰，可歸功其獨特的集團專案小組運作模式及流程如下：1.確定專案目的、範圍、對象及要點；2.組成專案小組（人員專長、部門、人數）；3.釐定工作計畫（進行項目、進度及需配合或協助事項）；4.現狀了解（製程、作業方式、主要特性、績效狀況及特定項目）；5.理出結構（歸納各績效值或了解所知事項，以顯示主要項目）；6.分析要項（針對主要項目之影響績效要因進行分析）；7.發掘問題點並歸納，以及8.問題點求證（依績效值分析結果之問題點，向實際發生部門求證）。

問題分析與解決4步驟

日本7-ELEVEN前董事長鈴木敏文的觀點

1.蒐集並分析→新鮮情報	①來自每天POS一萬店銷售情報
	②發現問題、發現商機
2.大膽提出創新→假設	①直觀感覺
	②POS數據科學化
	③突破創新
3.進行執行→檢驗	①對策方案研訂
	②趕快規劃及執行
4.執行後→觀察結果及做必要的調整改善	①觀察假設是對或錯
	②若錯了，即刻調整改善，直到對為止。

解決問題過程中經常借重的外部專業單位

方案	外部單位（外部人員）	問題解決
1.	會計師事務所	①財簽　②稅簽　③併購案 ④上市、上櫃案　⑤公司申請變更 ⑥其他會計與稅務事務等
2.	證券公司（承銷商）	輔導上市、上櫃作業及承銷作業
3.	銀行	融資借款（短期及中長期借款）
4.	財務顧問公司	①合併案 ②資金仲介 ③收購案 ④私募增資
5.	投資銀行、投資機構	①私募增資　②財務結構調整 ③併購　　　④發行公司債
6.	無形資產鑑價公司	對無形資產（如技術專利、研發Know-How、圖片庫、軟體程式等）鑑價，以作為擔保品融資
7.	不動產鑑價公司	對房屋、土地、大樓、廠房之鑑價
8.	製造技術服務公司	提供某種特殊製程技術之公司
9.	認證公司	各種認證取得之服務公司（例如：ISO9002）
10.	專利權登記公司	登記各種技術、商標及創新模式專利
11.	設備公司	提供各種精密升級設備
12.	民調、市調公司	對各種商品及消費者進行市場調查，以利行銷決策
13.	專業研究機構	提供產業、市場、技術報告之服務
14.	政府執行管制部門	提供審查、備查及核准營運之管制工作
15.	各產業公會、協會、協進會	反映同業意見、政策需求等相關事宜
16.	企管顧問公司	提供組織、策略、制度、銷售等領域之輔導
17.	人才庫公司	提供人才仲介服務
18.	人力訓練公司	提供企業內部教育訓練規劃、師資邀請等服務
19.	學術界（各大學）	提供學術性及企業性專業研究報告
20.	下游通路業者	提供通路商、商品變化與消費者變化之情報
21.	上游供應商	提供上游供應產品、價格、教學等之情報
22.	外部獨立董監事	提供對公司經營方針與決策之諮詢意見
23.	國外先進同業	提供國外市場與經營組織情報訊息

第 10 章

領導與組織學習

章節體系架構 ▼

Unit 10-1
員工知能水準決定企業競爭力

政大企管所教授司徒達賢認為企業競爭力的背後，即是組織與員工的素質水準好壞而定。他又提出六項影響員工知能成長的條件及原則，茲摘述如下，以供參考。

一.企業的高階領導人必須以身作則

重視新知的追求與知能的成長，並深信知能水準是企業長期競爭力的來源。如果領導人認為企業競爭力主要是靠公關，甚至政商關係，則員工難免也只在酒量或應酬技巧下功夫，以努力迎合高階的策略想法。

二.升遷時應著重員工能力與貢獻

升遷時應著重員工能力與對公司的貢獻，而非僅重視其對老闆個人的忠誠或組織內外網路關係，甚至派系間的權力平衡。如果公司在升遷方面過分重視關係或背景，員工自然會投入較多時間經營關係、參與派系，沒有餘力吸收新知及追求自我成長。

三.員工強化知能應配合企業發展方向

各級員工究竟應在哪些方面強化知能，必須考量及配合企業未來策略發展方向；換言之，應分析將來策略發展需要哪些知能？現有員工或各級管理人員的知能，與未來組織的發展需要之間，尚有哪些差距？經此分析後，才能掌握大家知能應該成長的方向。如果只是由人力資源單位便宜行事，請學者專家來舉辦一場演講，或由同仁任意選擇書籍進行讀書會，則由於學習內容與未來工作未必相關，久而久之，可能使員工心中產生「知識學習不切實際」的印象。

四.組織建有知識分享機制

員工被派到外界進修，應有系統地與其他相關同仁分享其學習成果，此舉不僅可確保員工所學知能至少有一部分能轉化為組織所擁有的知能，同時可藉此機制要求員工用心學習，並嘗試將所學與組織現狀相連結。

五.員工學習過程與成效應加強評估

知能成長效果未必能在短期工作表現中發揮作用，因此平日的評估與肯定，對員工進修士氣絕對必要。所謂評估與肯定，不需要太複雜的制度，只要高階主管經常出席員工知識分享活動或讀書會，對同仁表現表示重視、提出回饋意見，並肯定即可。

六.各級主管要有知識分享的能力與意願

各級主管如果在工作過程中，能不斷吸收新知、研究發展、自我成長，又有分享熱忱與意願，加上一定水準以上的溝通與教學技巧，必然可以帶動組織的學習風氣，提升教與學的效果。

員工知能水準決定企業競爭力

司徒達賢——影響員工知能成長6條件

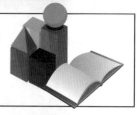

1. 企業高階領導人必須以身作則
2. 升遷時應重視員工的能力與貢獻,而非對老闆的忠誠
3. 員工強化知能,應配合企業未來策略發展方向
4. 組織應建立知識分享機制
5. 員工學習過程與成效應加以評估與肯定
6. 各級主管要有知識分享的能力與意願

全面有效提高員工素質與知能水準

決定企業競爭力!

知識補充站

學習——首要組織策略

知名資誠智識服務中心,在其人資管理全球資料庫中,指出學習是首要的組織策略理念,並提出以下五項重要原則:

1. **提供充裕的訓練預算**:員工能否具備協助企業成功的必要技能,訓練預算是一項關鍵因素。最佳實務企業會了解訓練的成本與效益,視為預算流程的一環,並認為訓練費用是強制性成本,不受經濟景氣影響,即使營收下滑,仍會投入一定比例的經費訓練員工。

2. **選擇符合使用者和主題需求的訓練方法**:根據訓練主題和學習目標選擇合適的訓練方法。訓練方法取決於以下因素,即所需教材與設備、與講師的互動程度、必修或選修課程、學員具備何種知識與技能、學員是否有可利用的學習工具。

3. **適當結合訓練與獎勵**:學習經驗的質與量受工作環境的影響極大。頂尖企業不僅支持訓練,更結合訓練與獎勵制度,以營造一個良好的學習環境。也會尋求主管支持,要求他們了解最能激勵員工學習新技能的獎勵方式,並在適當時機給予獎勵。

4. **鼓勵各層級員工發展專業能力**:職涯發展機會向來是員工最寶貴的獎勵。鼓勵各階層員工自己負起發展自我專業能力的責任,才能創造雙贏;員工對工作更滿意,管理階層也樂於減輕發展員工專業能力的責任,企業也因為擁有更具專業能力的員工,而更接近成功目標。

5. **設立專職主管負責學習活動**:頂尖企業會不斷思考學習過程,以求取最大投資報酬,並提升學習活動的重要性。他們會設置專職主管(例如:學習長、知識長或訓練主管)監管訓練和職涯發展作業,以確保員工具備有助提升競爭力及成功率的必要技能。

Unit 10-2
團隊學習的意義及成功要件

　　彼得‧杜拉克曾指出，唯有知識能讓企業與眾不同，生產真正具有市場價值的商品。因此，如何提升員工知能，已是組織策略的首要理念。然而組織要成功不是只靠領導者，而是要群策群力，因此，如何讓每個員工擁有高度自尊，發揮團隊最大力量解決各種難題，並且再增強個人自尊，形成更堅強的團隊，即是本文要關切的課題。

一.團隊學習理論的意義

　　團隊能學習，意味著他們必須能「改變」原有的運作方式，成為理想的狀態，進而能達到團隊的目標。

　　團隊學習（Learning Organization, LO）是指團隊成員針對任務或團隊運作方式，進行調整、改進或變革，以回應任務要求的一種動態過程。透過成員行動與反思的互動過程產生知識創新，並且提升團隊的知識與能力。反思代表團隊成員彼此分享資訊、共同討論問題或錯誤，以及尋求新的洞察；行動則代表團隊進行變革活動，包括決策制定、團隊績效改進、執行實驗，以及傳遞知識給他人等活動。

　　團隊如果無法進行反思與行動，則無法創造新的知識或工作方法，使得組織無法進行適當調整與修正。

二.團隊學習成功的要件配合

　　綜上所述，我們得到一個結論，即一個團隊學習成功與否，要有下列要件配合：

　　(一)團隊學習的標準：團隊成員需能相互調整對於工作任務之認知，以建立共同學習方向與一致性的願景。

　　(二)建構有利團隊學習的氛圍：若團隊心理安全，團隊成員間相互尊重與信任，擁有共同信念，明白在團隊學習過程不會有難堪、被拒絕或被處罰，將會產生開放、確實傾聽、彼此信任、相互支持的環境，可降低團隊成員對學習抗拒與習慣性防衛。

　　(三)有創造力的交談技巧：包括能聽清楚、問清楚、說清楚的能力。

　　(四)反覆練習與精進：團隊學習需要反覆練習並持續進行，方能提升學習能力與績效改進。

小博士解說

人的品質

企業競爭很重視品質，即產品品質、服務品質、決策品質、溝通品質、管理品質。後來發現，原來人的品質決定前面這些品質。當企業努力培訓員工專業技能與管理能力時，才發現源頭是人員的品格。只重視專業力培養的企業只有30分，重視專業力加上管理力有60分，重視專業力與管理力再加上品格力可以有90分，將三種融合貫通，長期培養，形成獨特的企業文化者則為100分。

團隊學習的意義及成功要件

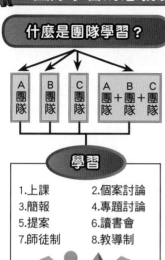

什麼是團隊學習？

| A團隊 | B團隊 | C團隊 | A團隊＋B團隊＋C團隊 |

學習

1.上課　　　　2.個案討論
3.簡報　　　　4.專題討論
5.提案　　　　6.讀書會
7.師徒制　　　8.教導制

團隊學習成功4要件

1.建立團隊學習的標準

2.建構有利的團隊學習氛圍

3.有創造力的交談技巧

4.反覆練習與精進

師徒制

知識補充站

根據文獻記載，師徒制（Mentoring）一詞源於古希臘方法學，描述一位國王即將前往參加特洛伊戰爭，將兒子委託給叫做Mentor的賢人，Mentor對友人兒子的教育不僅著重物質層面，也關心生活的每一層面，協助他培養健全的身心。因此，可以將企業內所推行的師徒制定義為：在組織中，由某領域經驗豐富的資深員工擔任師父的角色，帶領資淺員工透過結構性或非結構性的一對一指導方式，進行實際操作演練，讓被帶領者具備獨立運作所需的專業態度與能力。

想在組織內順利推動師徒制，以下環節疏忽不得：1.制度建立：一個好的觀念，必須靠一套完整的制度來落實，包括具體作法、配套獎勵措施、檢證標準等，應由訓練單位或人事單位研擬師徒制管理辦法，由總經理公布，並要求各單位落實、配合；2.師徒分配：每位新進人員，搭配一位資深員工，從旁協助指導，不妨仿效古代「易子而教」的作法，由工作利益不相衝突的資深員工擔任師父，避免留一手的情形；3.手冊製作：建立各工作標準化作業流程手冊，透過書面資料指導新人，可以確保指導內容的正確性，例如：客訴處理可以將處理步驟詳細列出，請新人依照步驟演練；4.績效配合：將擔任師父資深員工的指導成果，與他的個人績效掛勾，表現優異者給予獎勵，以提高其指導誘因，以及5.成立家族：仿效大學各系所常有的家族制度，讓新舊人員建立彼此激勵、打氣的非正式管道，增進溝通，達到傳承與連繫感情的目的。

Unit **10-3**
學習型組織的要件及特徵

面對e化浪潮，要成為新世紀的贏家，必須不斷進步、不斷接受新資訊，以快速因應市場需求。因此，深度智慧是組織的引擎，如何讓它發動，唯有學習之路。

一.學習型組織的五大要件

彼得‧聖吉（Peter Senge）提倡的學習型組織所必備的五大要件，茲分述如下：

(一)建立共同願景：公司內部若無一共同願景，各部門及個人職務安排將變得模糊不清，且和顧客的互動模式也無法統一，會議討論也會變得散漫、無法達成共識。

(二)團隊學習：集思才能廣益，集體思考的行為是塑造共同願景的步驟之一，並為下一次的共同行動做好準備。

(三)改善心智模式：陷入偏執，新創意便難以萌芽，新知識更將難以活用。「改善心智模式」有時也是一種不可或缺的重要觀念。

(四)自我超越：這是提升團隊學習效果之基礎。譬如：「喜愛將歡樂帶給別人」的人必定能夠不厭其煩地摸索、學習，以提高顧客的滿意度。

(五)系統思考：所謂系統思考，是指能夠充分掌握事件的來龍去脈。不是所有產品銷售額均提升時，不管優點或缺點都應做詳盡調查，並作圖分析幫助釐清原因。

要讓一切從頭開始學習的企業同時實踐這些要件，無非是強人所難。但是有一點很重要，就是應先從基層單位切身事務開始著手，真正體驗實際效果。

二.學習型組織的特徵

學習型組織具有五個基本特徵：1.組織內每位成員都願意實現組織遠景；2.在解決問題方面，組織成員會揚棄舊的思考方式，以及其所使用的標準化作業程序（Standard Operation Procedures, SOP）；3.組織成員將環境因素視為一個與組織程序、活動、功能等息息相關的變數；4.組織成員會打破垂直、水平的疆界，以開放的胸襟與其他成員溝通，以及5.組織成員會揚棄一己之私與本位主義，共同為達成組織遠景而努力。

三.成為學習型組織三步驟

(一)擬定策略（組織變革策略）：管理當局必須對變革、創新及持續的進步，做公開而明確的承諾。

(二)重新設計組織結構：正式的組織結構可能是學習的一大障礙，透過部門的剔除或合併，並增加跨功能團隊，使得組織結構扁平化，如此才能增加人與人之間的互賴性，打破人與人之間的隔閡。

(三)重新塑造組織文化：學習型組織具有冒險、開放及成長的組織文化特色，企業高層可透過所言（策略）及所行（行為）來塑造組織文化的風格。管理者本身應勇於冒險，並允許部屬的錯誤或失敗（以免造成「多做多錯、少做少錯」的心理），鼓勵功能性的衝突，不要培養出一群唯唯諾諾、不敢提出異議或新觀點的應聲蟲。

學習型組織5大要件

2.團隊學習

3.改善心智模式

4.自我超越

1.共同願景

學習型組織
＝實踐知識管理企業

5.系統思考

學習型組織5特徵

1.組織成員都願意實現組織遠景。

2.在解決問題方面，組織成員會揚棄舊思維與標準化作業程序。

3.組織成員將環境因素視為一個與組織各層面相關的變數。

4.組織成員會以開放的胸襟與其他成員溝通。

5.組織成員會揚棄本位主義，共同為達成組織遠景而努力。

如何成為一個
學習型組織？

1.先擬定策略
2.重新設計組織結構
3.重新塑造組織文化

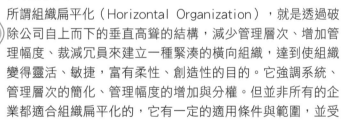

組織扁平化

知識
補充站

所謂組織扁平化（Horizontal Organization），就是透過破除公司自上而下的垂直高聳的結構，減少管理層次、增加管理幅度、裁減冗員來建立一種緊湊的橫向組織，達到使組織變得靈活、敏捷，富有柔性、創造性的目的。它強調系統、管理層次的簡化、管理幅度的增加與分權。但並非所有的企業都適合組織扁平化的，它有一定的適用條件與範圍，並受一些社會因素的影響。

根據企業成長理論，扁平化組織結構應該與一定企業發展階段相配合。企業成長可分為五個階段：創業階段、集體化階段、規範化階段、精細化階段與合作階段。在精細階段以前，隨著規模不斷擴大，影響區域的日益擴張，企業需要不斷提高科學管理水準、完善規章制度，企業的管理層次也會隨之增加。在合作階段，企業因進入國際化市場，變得愈來愈龐大。但隨著企業機構的高度官僚化，指揮與反饋鏈條愈來愈長，企業對環境的反應也會愈來愈遲鈍，此時，企業需要組織扁平化，簡化管理層，縮短指揮鏈條，恢復企業對環境的靈敏性與活力。

Unit 10-4
人才資本培養之道──豐田汽車

人才資本的概念與重要性，早已受到各大企業的重視，尤其人才的徵選、任用、晉升、訓練、教育等，更影響企業世世代代人才的養成。人才資本，決勝經營，在這方面，首先我們介紹優秀的日本企業──豐田汽車公司的作法，值得吾人借鏡參考。

一.企業盛衰，決定於人才

日本豐田汽車以極度注重品質與生產效率的豐田之道（Toyota Way），征服全球市場，但為避免這種企業價值在快速擴張之際淪喪，日本豐田汽車現任最高顧問指出：「企業盛衰，決定於人才」，因此，豐田特別成立專責單位傳授給各國新生代幹部，以確保豐田的全球霸業。

二.豐田學院傳承豐田之道

豐田汽車（TOYOTA）公司是世界第二大汽車廠，在全球各地僱用員工人數已超過25萬人，全球海外子公司也超過100家公司。該公司設立一個非常有名的幹部育成中心，稱為「豐田學院」，由該公司全球人事部人才開發處負責規劃與執行。

豐田學院針對TOYOTA公司內部各種不同等級幹部，推出一系列EDP（Executive Development Program）計畫，係針對未來晉升為各部門領導者的育成研修課程。

豐田學院的經營，具有兩項特色：一是該培訓課程內容，均必須與公司實際業務具有相關性，是一種實踐性課程；二是該公司幾位最高經營主管，均會深度參與，親自授課。

三.培訓過程

以某一期為例，儲備為副社長級的事業本部部長幹部培訓計畫課程中，即安排張富士夫社長及六名副社長、常務董事，以及外國子公司社長等親自授課。

該授課內容，包括了TOYOTA的全球化、經營策略、生產方式、技術研發、國內行銷、北美銷售、經營績效分析、公司治理等。此外，也聘請大學教授及大商社幹部前來授課。

最近一期TOYOTA高階主管研習班，計有20位成員，區分每5人一組，每一組除了上課之外，還必須針對TOYOTA公司的經營問題及解決對策，提出詳細的報告撰寫。最後一天的課程，還安排每一小組，向張富士夫社長及經營決策委員會副社長級以上最高主管簡報，並接受詢問及回答。

每一組安排兩小時時間，這是一場最重要的簡報，若通過了，才可以結束研修課程。每一小組的成員，包括了來自日本國內及國外子公司的幹部，並依其功能別加以分組。例如：行銷業務組、生產組、海外市場組、技術開發組等。

張富士夫社長表示，人才育成，是100年的計畫，每年都要持續做下去，而現有公司副社長以上的最高經營團隊，亦必須負起培育下世代幹部的重責大任。

人才資本，領導經營

TOYOTA豐田汽車的領導人才培訓

TOYOTA學院

成立一個20名高階成員的高階主管研習班

社長（總經理）親自主持授課

・TOYOTA人才育成，是100年的計畫，每年都要持續做下去。

・有豐田的人才，才有豐田的成功！

知識補充站

張富士夫的人才觀點

日本第一大汽車——豐田（TOYOTA）汽車公司社長張富士夫（張富士夫已卸任，現任社長為豐田章男），針對人才議題，語重心長的下過這麼一個結論：「人才育成，是公司董事長及總經理必須負起的首要責任。因為，人才資本的厚實壯大與否，將會決勝著公司經營的成敗。而TOYOTA汽車今天能躍居世界第二大汽車廠的最大關鍵，是因為它在全球各地區都能擁有非常優秀、進步與團結的豐田人才團隊。因此，有豐田的人才，才有豐田的成功。」

Unit **10-5**
人才資本培養之道──奧林巴斯光學工業

奧林巴斯（Olympus）創立於1919年，是一家精於光學與成像的日本公司。該公司近幾年來，在營收及獲利方面，也都有不錯的表現，其人才育成之道，也值得仿效。

一.次世代幹部育成計畫

奧林巴斯（Olympus）公司人事部門最近提出「次世代幹部育成計畫」，並奉該公司菊川剛社長指示，應於十年後，務必培育出三十歲代的事業部長（即事業部副總經理）及四十歲代的社長（即總經理）人才為目標。因此，人事部門制定了十年為期的標準研習計畫，將選拔目前三十歲左右的年輕人才，作為儲備幹部，並經十年歷練及研修完成後，可以在四十歲以前，做到事業部長或幕僚部長。此外，還有一種為期五年的高階幹部短程研習計畫。此即針對四十三歲左右的事業部長人才，經過五、六年左右的培訓及歷練完成，希望在五十歲之前，可以擔任公司社長或副社長的高階職位。

除了研修課程之外，還要給予三種方式的必要歷練，包括調至海外子公司歷練，給予重要專案任務歷練，以及調至關係企業擔任高階主管歷練等方式。

換言之，在奧林巴斯公司人才的選拔、教育及晉升，均有一條非常明確的路徑，只要對公司有貢獻、自己願意力爭上游的優秀人才，均可以如願的達成晉升目標。

二.人才的嚴格要求過程

以2003年度為例，該公司人事部門從4,300名員工中，挑選出下世代接班幹部群計13人的少數精英型人才，並給予每年一次固定三天兩夜的集體研修，最後還要向董事會決策成員，提出個人對公司事業經營與改革的主題報告，通過者，才算是當年度的合格者，否則會被要求再重來一次。這是一種對人才的嚴格要求過程。

該公司社長菊川剛即表示：「現在在日本已有不少中大型公司，已出現四十歲代社長，這是時代趨勢，不應違逆。」菊川剛社長那時已六十二歲，他自己也認為老了些，因此，最近嚴令人事部門必須加速人才育成的速度。希望十年後，不要再有六十歲以上的老社長了，因為那無法為奧林巴斯公司的整體形象及企業發展加分。

小博士解說

跨出困境──改變自己的想法

我們任何人都會有失望與低落的時刻，畢竟人生路艱，難免失足跌倒、受傷瘀青，但是不能就此潰敗不起。如果你覺得自己很沮喪，要記得，沒有人逼你這樣憂鬱消沉。如果你覺得不快樂，沒有人逼你不快樂；如果你悲觀消極，脾氣很壞，沒有人強迫你不耐煩、不合作，說話帶刺又鬱鬱寡歡。是你自己選擇一直處在那樣的光景之中，而跨出這個困境的第一步，是要認清──唯一能讓事情有所改變的就是你自己！

Olympus光學公司的培訓

選拔　研修　歷練　考核

四位一體

有計畫培訓中高階領導人才

結語

選拔／研修／歷練／考核4位一體

對於公司各世代高階人才的養成，必須有系統、有計畫，以及有專責單位規劃及推動，而公司董事長及總經理親自參與及重視，則更為必要。而對公司接班人才的育成，則必須包括以下四項重要工作：1.每年一個梯次對有潛力的人才進行選拔；2.施以定期的擴大知識與專長的研修課程；3.然後在不同的工作階段中，賦予重要單位或職務或專案的工作實戰歷練，以及最後4.再考核他們的表現績效成果，看看是否值得納入長期培養及晉升對象的候選人。

201

你口中有奇蹟

知識補充站

如果你希望改變你的世界，先改變你口所說的話。當日子變得艱苦，不要抱怨、叨念或是和人爭執不休。對著那些難處說話。如果你學會說對的話，保持著正確的心態，就會扭轉整個情勢。那些話就是我們要學習在每天的生活中說出來的，尤其在面對挑戰的艱難時刻，更要勇敢。面對橫在你面前的攔阻，你要大膽地說爭戰得勝的話語。停止擔心和埋怨困難是何等艱巨，開始去對著它說話。停止抱怨貧乏和不足，開始宣告你在各方面將被充充足足地供應。停止再發牢騷說什麼「好事從不會降臨」，開始宣告凡我所做的都必興旺成功。我們必須停止去咒罵黑暗。讓我們開始去命令光明來到。

第 **11** 章
領導與授權、分權、集權

●●●●●●●●●●●●●●●●●●●●●●●● 章節體系架構 ▼

Unit **11-1**
授權的意義、好處及阻礙原因

授權是有效支配領導者時間的技巧，也是發揮組織力量的重要因素。但要如何授權才是正確的？當無法落實授權真正目的時，問題究竟何在？

一.授權的意義

所謂「授權」（Delegation of Authority）係指一位主管將某種職權（Authority）及職責（Responsibility），指定某位部屬負擔，使部屬可以代表他從事領導、政策、管理或作業性之工作。簡單來說，被授權的下屬具有批核公文的權力及開會做結論的權力。

二.授權的好處

授權對領導者及組織有什麼好處呢？茲可歸納整理成下列幾點：

(一)**減輕高階主管負荷**：授權可以節省不必要溝通的浪費，高階主管只要檢視工作成果即可，不必也不需要詢問過程細節。

(二)**增加高階思考及策略規劃工作**：授權讓高階主管能有更多時間專注在從事規劃、分析與決策方面的重要事務，不用花太多時間在細節工作上。

(三)**培育人才**：可藉授權培育組織未來的高階管理與領導人才。

(四)**鼓勵員工勇於任事**：授權可以鼓勵員工勇於承擔工作任務的組織氣候，而不是推諉塞責。

(五)**加速擴展企業版圖**：唯有透過授權普及機制，組織才能拓展為全球企業的規模，也才能加速擴張成長。

(六)**員工有成就感，留住好人才**：授權是提供部屬最好的學習機會，也是提升部門績效的積極作為。對部屬信賴與尊重，更能激發其創意，增加工作意願。

三.阻礙授權的因素

儘管授權有其實質利益，但並非都能順利，通常阻礙授權的因素有以下兩大類：

(一)**主管不願授權的原因**：

1.部屬能力有限、尚不足以擔當重責大任及決策性事務時。能力有限若強要授權，則會造成錯誤決策或一再請示之麻煩，亦即主管對部屬缺乏信心。

2.主管愛攬權，喜歡權力集於一身，而無法放心將權力完全下放。

3.企業發展階段未到最高負責人可以完全授權的時候。

(二)**部屬拒絕接受授權的原因**：

1.對接受權力者缺乏額外激勵，形成責任加重卻無任何回饋之情況，也使得部屬不願承擔新責任。

2.有些授權是有名無實，形成高階嘴巴說要授權，但實質上卻不一樣。

3.部屬恐懼犯錯，反而形成對原有地位的傷害，得不償失。

4.有些部屬習慣於接受命令做事，這樣比較簡單。

授權的意義與好處

授權的意義 → 長官

- 權力下授
- 課以責任

→ 部屬

授權6好處

授權有何好處？

1. 減輕高階主管細節之負荷
2. 增加高階思考及策略規劃工作
3. 可培育未來各級接班幹部群
4. 鼓勵員工勇於任事之精神
5. 有利企業加速擴張企業版圖
6. 讓部屬有工作成就感，能夠留住好人才

阻礙授權的因素

主管不願授權 →

① 屬員能力尚不足

② 權力慾望放不開

③ 企業發展尚未成熟

阻礙授權
2大來源

←部屬拒絕接受授權

① 缺乏激勵

② 有名無實

③ 恐懼犯錯

④ 慣於接受命令

知識補充站

品牌授權

現在要談的授權與本章節所提的組織內部授權無關，而是企業與企業之間的授權關係，不妨比較一下這兩者之間有什麼不同。

對於一個製造商或零售商而言，爭取品牌授權是由製造或零售業跨足品牌經營的捷徑之一。對於被授權廠商而言，成功經營一個授權品牌所帶來的好處如下：1.提高產品附加價值：提高產品售價＋提升設計能力；2.擴大行銷通路：進入新通路＋與品牌家族通路合作；3.獲得經營品牌經驗藉以發展自有品牌：學習管理及行銷經驗。事實上，授權品牌的種類及特性各有千秋，與授權商的合作模式也千變萬化，因此，若想要成功地經營一個授權品牌，被授權廠商應注意商場有關授權的重要專業知識與訊息。

Unit **11-2**
授權原則及對授權者的控制

授權對組織自有其正面貢獻，但授權時還要遵循一些原則，才能實踐實質意涵。

一.授權的原則

關於授權原則（Overcome the Obstacles），茲分述如下，有助於克服授權障礙：

(一)授權前的必要培訓與磨練：在授權之前，應對屬下施與必要之教育訓練與職務磨練，讓屬下能水到渠成的接下授權棒子。

(二)隨時提供資源協助：所謂授權，並非下授權力名詞而已，而是必須提供充分資源的協助，否則巧婦難為無米之炊。

(三)給予屬下適當工作激勵：當屬下能如期承接權力責任，而完成組織使命目標時，高階應給予適當獎勵與晉升。

(四)容忍屬下決策疏失：授權之初，屬下之決策，難免有疏失，高階主管應抱持容忍原則，勿過予苛責。

(五)逐步授權：授權應採陸續漸進放出權力，不必一下子全部都授權，如此將可避免重大政策之錯誤。

(六)授權對組織結構的影響：應考慮到整個組織結構，是否適合於授權，否則就應該考慮調整組織結構。

(七)權責一致：授權後，必須課以責任，完成任務，否則成了空洞權力利用。

二.授權者的控制方式

高階主管及各級主管對於屬下授權後的控制方式，可採取如下方法：

(一)事前充分研討：對於重大決策，如果部屬無充分把握或仍得不到解答時，可與上級主管充分研討，尋求解答及共識，並可減少疏失。

(二)期中報告：授權者不需要管太細節的過程，若仍會擔心，可在期中要求部屬提期中報告，以了解進度執行狀況。

(三)完成報告：在計畫或期間終了時，部屬必須呈報成果績效報告給上級參考，以作考核及指示之用。

小博士解說

反授權

反授權是指下級把自己所擁有的責任和權利反授給上級，即把自己職權範圍內的工作問題與矛盾推給上級，「授權」上級為自己工作。這樣，便使理應授權的上級領導反被下級牽著鼻子走，處理一些本應由下級處理的問題，使上級領導在某種程度和某種方面上「淪落」為下級的下級。對此，如果不警惕，不僅使上級領導工作被動，忙於應付下級請示、彙報，而且還會養成下級的依賴心理，從而使上下級都有可能失職。

授權原則及控制

授權7原則

1. 授權前，施以必要培訓及歷練。
2. 隨時提供充分資源協助。
3. 部屬有能力接下授權時，應給予獎勵及晉升。
4. 部屬難免有疏失，應加以容忍。
5. 授權應逐步釋放權力，不要一下子全放。
6. 應配合組織結構的調整。
7. 必須課以責任，使權責合一。

授權者控制3方法

1. 事前充分討論指示

2. 期中報告狀況

3. 結案檢討報告

知識補充站

向上管理

彼得·杜拉克曾說：「向上的關係是經理人理所當然最關心的事務。」經理人往往很在意主管如何看待自己、主管是否接受自己的觀點與建議，以及主管是否認可自己的工作表現等等。杜拉克認為，管好主管（Managing Manager）——例如：了解主管的領導風格與主管建立良好關係等，不但可以「避免痛苦與傷害」，也比較容易「被晉升」。

杜拉克也曾說：「向上溝通（Upward Communication）比向下溝通（Downward Communication）更重要、也更切實際。」主管向下溝通幾乎是行不通的，因為主管只會說自己想表達的，因此主管與部屬之間溝通的主角，並非資訊的傳達者（即主管），而應是資訊的接收者（即部屬）。

杜拉克的主張可說是現代「向上管理」最重要的理論基礎之一。就定義而言，向上管理是指在組織中的「主管——部屬」對待關係中，由部屬扮演更積極主動的角色，透過了解主管的需求、維護主管的利益，以及影響主管的決策等方式，降低雙方的期望落差、緩解雙方的壓力，並且建立雙方的信任感，以解決個人與主管的問題，讓個人在組織中有更好的表現機會。

Unit **11-3**
分權的好處及考量因素

近年來，分權式決策的趨勢比較突出，這與實務上，期使組織更加靈活和主動地反映出管理思想是一致的。

一.分權的意義

由一個組織授權程度的大小，可以形成組織結構面上一個重要問題，那就是分權與集權。如果一個組織各級主管授權程度極少，大部分大小職權，均集中在很少數的高階主管，則稱為集權組織；反之，各項權力均普及到各階層指揮管道，則稱為分權（Decentralization）組織。事實上，從分權主導集權角度上來看，正反映這個企業經營者之經營管理風格。

二.分權組織的好處

一個分權化的組織，有其公認的好處，茲歸納整理以下幾點，可資參考：

(一)各單位可即時解決問題：各單位主管可因地制宜，即時有效解決各個經營與管理問題，具有決策快速反應的效果。

(二)適合大型企業不斷發展：相當適合於大規模、多角化及全球化經營的組織體，依各自的產銷專長，發揮潛力。

(三)有助各單位完成目標：各階層主管擁有完整的職權及職責，將會努力完成組織目標。

(四)有助培養優秀人才：能夠有效培養獨當一面之各級優秀主管人才。

三.分權的環境趨勢

基本上，當企業考量環境趨勢要朝多角化、國際化，以及生產科技自動化等三種方向發展時，正是有利於分權化組織之採行。

四.分權的條件

從上述分析來看，我們又可結論出較適合分權的狀況有以下幾種：1.組織屬大規模；2.產品線繁多、多角化程度高；3.市場結構分散且複雜；4.工作性質多變化；5.外在環境難以精確預測；6.決策者面臨彈性需求，以及7.海內外事業單位眾多者。

五.分權的原則

換言之，我們可以研究出分權的原則如下：1.產品愈多樣化，分權化愈大；2.公司規模愈大，分權化愈強；3.企業環境變動愈快，企業決策愈分權化；4.管理者應當對那些耗費大量時間，但對自己權力及控制損失極小的決策，讓部屬執行；5.對下授的權力予以充分及適時控制，本質上就是分擔，以及6.產業市場及科技快速變化時，企業組織就愈分權。

分權的意義

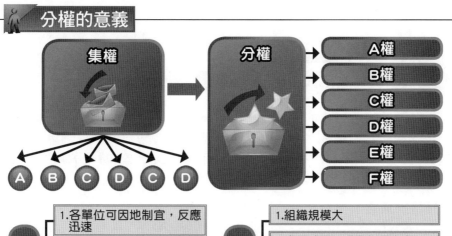

集權　→　分權　→　A權
　　　　　　　　　　B權
　　　　　　　　　　C權
　　　　　　　　　　D權
　　　　　　　　　　E權
　　　　　　　　　　F權

A　B　C　D　C　D

分權4好處
1. 各單位可因地制宜，反應迅速
2. 各單位努力完成自己目標
3. 有助培養獨當一面人才
4. 適合大規模企業不斷發展

分權7條件
1. 組織規模大
2. 產品線多且多角化程度高
3. 市場結構分散且複雜
4. 工作性質多變化
5. 外部環境變化快且大
6. 面對決策要快且彈性高
7. 海內外事業單位多

分權4原則
1. 產品愈多樣化，分權化愈大。
2. 公司規模愈大，分權化愈強。
3. 企業環境變動愈快，企業決策愈分權化。
4. 對那些耗費大量時間，但對管理者權力及控制損失極小的決策，讓部屬執行。
5. 充分及適時控制下授權力。
6. 產業市場及科技愈快速變化，企業組織愈分權。

知識補充站

聯邦分權管理

《企業的概念》一書，被譽為是帶起全世界「分權」熱潮的著作，而書中用來作為現代大企業和現代組織典型的範本，則是當時聲勢如日中天的通用汽車。杜拉克指出，「權力與功能分工，行動協調一致」，正是聯邦分權理念的定義，亦可說正是通用汽車分權政策的最佳寫照。而在這套制度之下，各個聯邦（亦即事業部）不可能在盲目服從命令的情形下運作，而必須基於中央與事業部主管之間，對雙方問題、政策與作法的相互理解。如果事事都要請示最高層，公司的日常事務便無法順暢運作，但如果各個事業部的主管各自為政，不了解公司的政策及其理由，公司也無法運作。換言之，資訊和決策都必須雙向交流，既從中央到事業部，也從事業部到中央。

Unit **11-4**
集權的好處及考量因素

隨著市場環境的快速變化，組織勢必日益多元及複雜，因此，過去所謂領導者將權力一手抓的集權管理與控制的組織現象，早因為不符實務運作所需而日趨瓦解。現在，只有集權與分權的比例在組織管理中如何產生變化。至於集權與分權應如何判斷選擇，則有賴領導者的智慧了。

一.集權的意義

所謂集權（Centralization）是指決策權在組織系統中，較高層次的一定程度的集中。集權和分權主要是一個相對的概念。在組織管理中，集權和分權是相對的，絕對的集權或絕對的分權都是不可能的。

二.集權組織的好處

集權式組織最顯著的利益，可歸納整理成以下幾點：

(一)**降低成本**：可精簡組織，避免浪費人員成本。

(二)**決策與執行的高效能**：就指揮系統層面來看，具有決策效率化之優點，而在執行面也有強力貫徹之效果。

(三)**高階幕僚能力得以充分發揮**：可徹底發揮高階幕僚單位之功能。

三.選擇集權或分權的考慮因素

任何一個組織沒有辦法說到底是採分權好或集權好，這要視組織發展的階段、營運狀況等多重因素而加以分析評估。茲將組織選擇集權或分權程度應考量的各種因素歸納整理如下，以作為決策之參考：

(一)**組織規模大或小**：這應是一項最基本的因素，因為分權化的發生，也是為因應組織規模擴大後，實質管理上分工的高度需求。

(二)**產品組合複雜或簡單**：產品線愈多或多角化程度日益升高，為因應對不同產品之產銷作業，是以分權化獨立營運的要求也就增加。

(三)**市場分布多或少**：市場區域分布愈廣，也就迫使走上分權化組織之路。例如：在國際化發展下，全球就是一個大市場，各市場距離如此遙遠，實在難以使用集權化組織。

(四)**功能性質的不同區別**：企業各部門因其功能性質不同，故也可能採取不同的權力方式組織。例如：財務單位、企劃單位、稽核單位就傾向集權論；而業務單位、廠務單位及海外事業單位則較分權化。

(五)**人員性質的不同**：人員程度不同，也會影響組織方式。例如：研發人員其自主性較高，故採分權化組織；而廠務工作人員工作較標準化，故採集權化組織。

(六)**外界環境變化大小**：組織所面臨環境的變動程度較大，則採分權式組織因應；變動程度較小，則採集權式組織。

集權的好處及考量因素

集權3好處

1. 可精簡組織，避免浪費人員成本。

2. 決策效率化與強力貫徹效果。

3. 高階幕僚單位功能能徹底發揮。

選擇集權或分權程度因素

1. 組織規模大或小程度

2. 產品組合簡單或複雜

3. 市場分布多或少

4. 功能性質不同的區別

5. 人員性質的不同

6. 外界環境變化大或小

部屬最欣賞的主管類型

臺灣100大企業調查──從部屬看主管，部屬最欣賞的主管類型──專業能力強、對部屬信任授權及願教導部屬列名前三位。

排名	上班族最欣賞的主管類型 項目	比率(%)
1.	專業能力強	44.69
2.	對員工信任授權	41.83
3.	願意教導部屬	40.26
4.	願意扛責任	38.58
5.	能接受不同意見	34.15
6.	情緒穩定	28.44
7.	人性化管理	28.15
8.	能創造卓越佳績	26.67
9.	知人善任	23.92
10.	能掌握趨勢方向	19.59

資料來源：就業情報

知識補充站

分權──工業管理的哲學

一般人或許會認為，分權不過就是分工，毫無新意，但是這個觀念已經成為工業管理的哲學，地方自治的制度。分權不僅是管理技巧，也代表社會秩序。

前面單元提到通用汽車的分權，不只局限於事業部主管與中央階層主管之間的關係，也擴及包括現場工頭的所有主管之間的關係；不只應用於通用汽車內部，也擴及通用汽車的事業夥伴，尤其是它與汽車經銷商之間的關係。

杜拉克也指出，如果以為分權這個概念暗指中央的弱化，就絕對大錯特錯。他認為，任何聯邦分權式組織，除了需要願意承擔責任與自主領導的聯邦之外，更需要強大的中央。因為缺乏強勢的中央領導，組織便不可能團結，而中央也必須為組織設定清楚、有意義的目標，以提升整體績效。

自從杜拉克在1940年代引進聯邦分權制度後，這個概念便成為世界上幾乎每一個大型組織所依循的根本原則。到了1980年代時，有人說杜拉克已經讓《財星》（Fortune）500大企業中70%～80%的企業，大幅在組織裡推行聯邦分權制度了。

Unit 11-5
統一超商授權作法

統一7-ELEVEN前總經理徐重仁在《經濟日報》專欄〈談工作與生活〉中，針對他對授權的看法，提出個人的多年經驗，非常精闢有用，故摘其重點如下，以供參考。

一.擺脫老闆主導，建立團隊經營制度

許多中小企業在權威式、人治管理的企業文化下，一切由老闆主導，員工做事多半以老闆的主觀、好惡為依歸。

例如：隨時想開會就開會，與外部談生意或策略合作，都是老闆說了就算，有交情的很容易就可以做成生意，沒交情的就照規矩來；這種狀況下，不但老闆不在就做不成事，員工也會養成被動的思維模式和工作習慣，對企業是一大危機。

企業經營成敗的關鍵，在於經營團隊。當老闆的如果要讓企業運作上軌道，提高經營效率，甚至成為國際級的企業，就必須跳脫處處以老闆為中心的企業文化，建立團隊經營的制度與適度授權。

二.如何授權，才有效果

但究竟該如何做，才能讓幹部主管逐漸養成「單飛」的能耐，又讓企業發揮最佳效率呢？

(一)適才適所：這是授權的第一步，選擇合適的人才做適當的工作。選才用人最重要是看其是否具備工作與學習的熱忱，以及無私與創新的精神。只要具備上述的條件，這些人才都可以透過適度授權與培養，成為可以獨當一面的經營者。

統一超商流通集團次集團32家子公司的總經理，很多都是如此培養出來的，他們在接手新事業之前，往往對這個領域全然陌生，但結果都可成為專業的經營者，並且創出好的成績。

徐重仁的經驗是，在授權的過程中，領導者有責任帶領經營團隊朝正確的方向前進，並且因應快速變化的環境，做出快速而明確的決策。

(二)建立制度化的運作模式：制度化運作，可讓每一階層的幹部養成解決問題的習慣和主動創新革新的精神，調整工作方法和作業流程，不要動不動就把問題扔給上層主管或老闆；如果老闆不肯或不放心授權，是無法形成這種氣氛的。

(三)適時提供必要協助：依照上述作法，難免會有錯誤與風險，企業一方面要有嘗試錯誤、擔負風險的準備，也要設法把風險降到最低，所以領導者必須適時提供輔導與協助。例如：有些工作可以讓主管放手去做，有些工作，領導者則須親自帶著經營團隊及員工一起做，讓他們從做中學，累積成功的經驗，這樣學習效果最佳，風險也最低。

綜上所述，我們可以得到一個結論——「讓他單飛吧！」這句在親子教育上很適用的至理名言，套用在企業想要壯大組織的實務上，也非常可行。前統一7-ELEVEN徐重仁總經理對「授權」的「單飛」看法，深值吾人仿效。

前提
1. 擺脫以老闆為中心的文化
2. 建立團隊經營制度與適當授權

如何授權，才有效果

1.適才適所

2.建立授權制度運作模式

3.適時提供必要協助

213

 授權成功，部屬獲得成長

逐步全面推廣，好人才愈來愈多

授權VS.分權

知識補充站

授權與分權有何區別呢？茲扼要說明如下：

1. **從涵義面看**：授權僅是上司與部屬間一個階層的關係而已，其針對的是個人。而分權更多是企業組織層面的範疇，分權的實質是要實現權力的分散，是根據企業發展的總體目標，在組織的上層將組織的決策權分授於若干重要組織成員。分權賦予的權力包括具有戰略性的決策權，這些權力的行使對企業的發展影響巨大，此外，對於各自計畫的完成負有完全責任。因此，分權是一個組織的整體面，其針對的是組織單位。所以授權不會影響組織結構，分權會影響組織結構。

2. **從先後關係看**：授權乃是達成分權的手段；換句話說，如果一個組織，每個階層管理者均能充分授權，則就成為一個分權式組織。授權者對被授權者負有監督指揮之權，但仍應自負成敗之責，此即「授權留責」，職權可下授，職責卻不可以下授。

第12章

領導與專案小組的運作

●●●●●●●●●●●●●●●●●●●●●●●●●● 章節體系架構 ▼

Unit **12-1**
專案小組成立原因及類型

在大公司或企業集團中，經常可以看到成立各種「專案小組」（Project Team）或「專案委員會」（Project Committee），運用這種組織模式，以達成重要與特定任務。這種打破既有組織架構的功能，很可能在完成任務後即予解散，也可能存留在組織架構內，成為常態編制。但究竟有哪些專案小組或專案委員會？本文將進一步說明。

一.專案小組或專案委員會的範圍

對大型企劃案而言，公司必然以成立各種專案小組或專案委員會，來推動這些大型計畫案。實務上，這些專案小組，通常包括以下範圍：1.新事業部門成立之專案小組；2.新公司成立之專案小組；3.西進大陸投資成立之專案小組；4.新產品上市之專案小組；5.大型銀行聯貸案；6.上市上櫃之專案小組；7.搶攻市場占有率專案小組；8.組織再造專案小組；9.新資訊專案小組；10.投資決策專案小組；11.研發精進專案小組；12.海外建廠專案小組，以及13.其他各種重要任務導向之專案小組。

二.為何要有專案小組或專案委員會

很多人會問既然公司有正式組織體系，為何還要組成專案小組？主要原因如下：

(一)需要跨部門通力合作：公司有些事情涉及跨部門、跨功能，甚至跨公司，不是既有常態性固定式與分工性的組織所能夠做的。因此，必須把相關部門的各種專業人才調出來，才可以共同完成某一件重大事情。此時，就有必要成立專案小組或專案委員會來運作，才可以打破部門本位主義，並集結各部門的專業人才在一起工作。

(二)現有人力無法勝任新業務發展：公司有一些新的業務或新的事業發展，這些功能與發展，是既有組織架構與人力所無法兼顧到的，或者並非他們所專長的。因此，公司也會成立專案小組，邀聘外部專業人才來負責。

(三)公司內部資源有賴整合以發揮綜效：現有集團企業經常強調集團內各公司資源應有效加以利用、整合及發揮，以母雞帶小雞的原則，讓小雞未來也都能發展得很好，這就需要企業內部的各項資源整合，那就有必要成立專案小組來負責。

(四)公司追求成長所產生專案工作之需求：公司追求不斷成長的過程，必然會有很多專案工作，必須有專責的人負責到底，因此，也有成立專案小組的必要。

(五)既有部門做不好但尚無更理想人選可接時：公司也經常發現某一項任務，在既有部門做不好，老闆不滿意其表現，也不想馬上換掉主管，或是沒有更好的人選可接。此時，老闆也會成立某種專案小組，擴大成員，共同參與，把某部門做不好的事，由大家共同支援做好。

三.專案小組的成立模式

實務上，專案小組有三種成立模式，即：1.籌備小組模式；2.以任務為導向的模式，以及3.由各部門暫時支援某個專案小組等，但礙於版面，茲說明如右。

216

專案小組成立原因及類型

為何要有專案小組？

1. 有些事情，必須涉及跨部門、跨功能、跨公司，故要組成專案小組。

2. 面對新業務或新事業發展，須有專案小組負責。

3. 公司內部資源有賴整合，才能發揮綜效。

4. 公司不斷追求成長，必有不少專案小組需求。

5. 公司既有部門做不好，但尚無更理想人選可接時，也會成立專案小組，由大家共同支援做好。

有哪些專案小組？

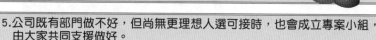

1. 新事業研發小組	2. 新產品開發小組	3. 組織再造小組
4. 成本降低小組	5. 大陸事業小組	6. 銀行大型聯貸小組
7. 上市櫃專案小組	8. 打造品牌行銷小組	9. 接班人團隊培訓小組
10. 轉投資小組	11. 併購專案小組	

知識補充站

專案小組有哪幾種模式？

專案小組在不同任務導向與不同條件下，通常會有下列三種組織模式：

1. **成立籌備小組模式**：此模式是為了往後可能要成立新公司、擴建新廠、成立新事業部門等狀況。因此，籌備專案小組將是過渡性質，一旦三個月、六個月過後，專案小組就變成新公司、新事業部門或新工廠的正式編制人員，而專案小組也就會解散掉。

2. **以任務為導向的模式**：由專責人員負責某項專案工作，直到專案任務達成才停止。這是專責專人的專案小組制度。

3. **由各部門暫時支援某個專案小組**：但這些人仍然在自己部門裡，負責既有工作，他們只是挪出上班的部分時間來支援某項專案工作。這一種狀況，也經常出現在公司內部。例如：公司推動資訊化、教育訓練、上市上櫃作業等，相關各部門主管都會參加這些會議，並配合這個專案小組的任務分配。

綜合來說，在大公司也常見這三種專案小組組織模式的同時存在及運用。因為這三種模式有其不同的運用目的、背景條件與功能，是有所區別的。

Unit 12-2
專案小組的運作及成功要點 Part I

專案小組要如何運作，才能達成組織的特定目標與使命呢？當然有其奧祕所在。除了應有的運作步驟之外，是否還有我們應該注意的要點與原則，才能讓專案小組的運作功能徹底發揮而畢竟其功呢？且讓我們一起來一探究竟。

一.專案小組的運作步驟

專案小組的運作步驟，其實很簡單，大概只有三個過程，茲分述如下：

(一)建立專案小組：首先是編制專案小組的組織架構、人力配置、分工主管，以及各組的功能職掌等。這裡面包括了以下幾點：

1.召集人是誰？副召集人是誰？執行祕書是誰？各功能組組長是誰？底下有哪些組員？公司內部及外部的諮詢委員或顧問是誰？

2.各組的功能職掌應予明確審定。

3.執行祕書是未來此專案小組的統籌負責人。

4.一般來說，專案小組或專案委員會，大概均依員工的專長功能而區分為各種組別，包括行銷組（業務組）、企劃組、財務組、管理組、研發組、工程組、採購組、物流組、生產（製造）組、法務組、國外組等。

上述專案小組各組名稱並沒有一定標準，基本上要視不同行業別、不同任務別，以及不同大小規模的企業而有不同的小組組別名稱。

(二)定期召開專案小組會議：由專案小組召集人「定期開會」，以追蹤各工作組之工作執行進度，並由老闆及時做決策指示。這種定期開會，包括每週一次、每雙週一次或每月一次等狀況。定期開會是老闆對專案的重視與對員工的適度壓力，以使專案推動能有成果展現。

(三)一邊開會、一邊指示、一邊推動進度：依此而繼續下去，一邊開會、一邊下指示、一邊再推動專案進度，直到此專案任務最終的完成為止。任務結束，此專案小組就會解散，或者也有可能改為常設的組織，一直存在著。

二.專案小組成功運作要點

專案小組或專案委員會是大型公司在正式組織架構外，經常被運用的組織制度，也可以說是一種任務導向（Task-Oriented）組織；事實上，也是非常必要。

但是專案小組要能順利達成任務或發揮功能，而不是成為疊床架屋的組織，則必須注意到下列十一個要點：

(一)公司老闆必須親自參與投入，甚至主導領軍：在國內企業的習性上，員工仍然視老闆一人為最後與最大的決策者，大家做的、聽的，也唯老闆馬首是瞻，其他主管，未必能叫得動全部部門的主管，讓他們能真正投入此專案小組。

(二)必須確立專案小組要達成的明確目的與目標：公司老闆要確立此專案小組擬達成哪些目的或目標。此種目的與目標雖具挑戰性，但仍可達成，而不是打高空。

專案小組設立內容及執行

Step1

建立專案小組或專案委員會

①組織架構表
　★召集人是誰？　　　★副召集人是誰？　★執行祕書是誰？
　★各功能組組長是誰？　★有哪些組員？　★公司內外部諮詢委員或顧問是誰？
②各組的功能職掌
　依員工專長功能而區分為行銷組（業務組）、企劃組、財務組、管理組、研發
　組、工程組、採購組、物流組、生產（製造）組、法務組、國外組等組別。
③各組人員的配置

Step2

定期召開專案小組會議

每週一次或每二週一次追蹤各小組工作進度，以使專案推動能有成果展現。

Step3

一邊開會、一邊指示、一邊推動進度

依此繼續下去，直到專案任務最終完成為止。

無疆界組織

知識補充站

無疆界組織（Boundaryless Organization）是一種廣泛運用團隊與類似組織結構機制的產物，意指典型的獨立組織之功能（如銷售與生產）的疆界與階層已刪除（減少）並加以延伸。

無疆界組織鼓勵員工改變「自掃門前雪」的工作態度，提升自己的責任感。員工不應局限於身邊的工作，而需專注在整個組織的最近利益上，公司因此有減化工作職務之需要。

無疆界組織是由透過電腦、傳真機、電腦輔助設計系統、視訊會議系統來連結彼此，而且彼此很少或不曾面對面互動的一群人所組成。成員依他們被需要與否來來去去，如矩陣式結構一般，但是他們並非組織的正式成員，他們只是組織聯盟的功能性專家，他們完成契約上的義務後便加入下一個專案。

無疆界組織突破了下列四種疆界：1.職權的疆界：主管不再是發號施令的人；2.任務的疆界：過去傳統清楚劃分的任務或職責可能不再適用，分工可能不再明確；3.政治的疆界：傳統組織上各個功能或部門的本位主義必須揚棄，以及4.身分的疆界：傳統組織上的身分認同（例如：我是會計人員、我屬於會計部門），可能會受到挑戰。

Unit 12-3
專案小組的運作及成功要點 Part II

　　任務導向（Task-Oriented）組織是按任務的上下游流程，調整組織結構，可說是完全打破組織的束縛，讓負責任務的人去進行決策，更快更有效率。

二.專案小組成功運作要點（續）

　　(三)必須採專責專人的負責制，不可兼任：專案小組必須是專責專人的負責制，不應由既有公司組織的人，用兼差、兼任方式為之。要負責，就必須專任、專心的做此唯一的事與唯一的負責，不要分心及掛名，要的是實質，要的是權責合一的制度。

　　(四)專案小組成員必須是強將強兵：專案小組的專任成員，包括執行祕書及各小組組長，都必須是適才適所，而且都是高手、強將強兵，能獨當一面的好手。成員中不能用經驗不足、能力不足，以及企圖心不足的人。

　　(五)必須邀聘外部專家協助：當公司內部既有人才不足時，必須趕快招聘新人或用挖角方式也可以。此外，也應適度聘用外界的學者專家、顧問、研究機構等外部力量的協助，以補自己力量的不足。

　　(六)老闆應定期開會，有效推動進度：老闆必須定期開會，要求各工作小組提出工作進度報告，有效率與有效能的推動專案的進度，並做適時的決策指示。

　　(七)必須訂定完成時程表：應該訂下各種主要工作項目的時程表，以時間點作為管控的重點指標。

　　(八)事前、事中及事後應提出獎賞措施：專案小組也應訂定激勵獎賞制度與辦法。用獎金誘因，促使專案同仁努力朝此專案達成目標。以筆者過去在業界服務的經驗，老闆經常針對完成銀行聯貸案、信用評等案、上市櫃案、e化推動案、年度業績預算目標達成案等，在順利完成後，均會發放一筆不算小的獎金，讓參與這些專案的人，都能得到獎金以資鼓勵。此外，在專案小組一成立的時候，也會出現為這些成員的薪水加50%的立即鼓勵效果；換言之，在專案進行的六個月內，每個月薪水都多出50%，直到專案結束後才停止。

　　(九)專案小組成員必須有至高的權力：老闆應賦予此專案小組的副召集人（可能是副董事長、總經理或執行副總等），以及執行祕書這兩個重要人員的實質權力，以至高的權力賦予，讓此專案小組能夠順利推動事情，而不會受到原有組織的限制或不配合。

　　(十)必須多利用集團內部資源整合：多利用及發揮集團內跨公司資源整合，將其運用到專案小組上，以得到集團各關係企業的真心與有力支援；專案小組的推動，才會事半而功倍。

　　(十一)專案小組也是人才培養與人才拔擢的好地方：很多年輕的基層幹部或中層幹部，透過專案小組的歷練，常會得到晉升的機會。例如：國內統一7-ELEVEN公司，公司內部經常透過「一人，一專案」（One Person, One Project）的模式，以培養有潛力的年輕幹部，磨練他們獨當一面的能力。

專案小組運作成功11要點

專案小組要如何成功運作？

1. 公司老闆必須親自參與投入並主導領軍。

2. 必須確立此專案小組要達成哪些明確的目的與目標。

3. 必須採專責專人的負責制，不可兼任。

4. 專任小組成員，必須是強將強兵。

5. 必須邀聘外部顧問、業者、專家、機構之協助。

6. 老闆應定期開會，有效推動進度。

7. 必須訂定完成時程表。

8. 事前、事中及事後應提出獎賞措施。

9. 專案小組成員必須有至高的權力。

10. 必須多利用集團內部各公司的資源整合。

11. 人力培育、養成及拔擢年輕人才的最好來源模式。

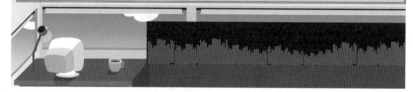

知識補充站

如何讓員工敬業？

公司領導者如果想運用專案小組推動所謂「不可能的任務」時，一定要取得員工的高度敬業；但領導者要求員工的忠誠與敬業的同時，也必須反思自己是否值得員工為你的使命賣命。以下「員工敬業」（Employee Engagement）的3S理論可作為領導者在人員管理方面的一個簡單的理論架構。

員工敬業乃指企業能贏得員工的忠誠，並理解員工的心聲，使員工在情緒上和理性上對企業有很強的投入與承諾，願意為企業付出努力與熱情。員工的敬業表現可以用3S（Say、Stay、Strive）來描述：

Say：員工為公司說好話。

Stay：員工有很強意願留在企業內工作。

Strive：員工承諾並付出額外努力，為追求企業的成功而努力。

而驅動員工敬業表現的組織因素，可以分別從企業文化和使命、職涯發展機會、整體薪酬、工作性質、工作生活品質、領導，以及人際關係等構面剖析。

第13章

領導與組織（企業）文化

● 章節體系架構 ▼

Unit 13-1
組織文化的意義及要素

為何要談「組織文化」（Organizational Culture）？當公司從幾十人變成幾百人後，如何凝聚團隊士氣共同為目標努力時，你就會知道它的重要性了。

一.組織文化的意義

所謂「組織文化」係指組織中共同具有的價值觀與信念而言。一如個人而言，有其人格特質，藉以推測其態度或行為。例如：組織富積極創新、自由開放或消極僵化、保守謹慎，此即代表該組織特質，由此亦可探知組織個人行為。組織文化主宰個人的價值、活動及目標，且可告知員工事情進行之重要性及方式。換言之，組織文化是一種員工的「行為準則」，藉以潛移默化，改變員工之行為態勢。

而「組織文化」又可稱為「組織人格」，也許更流行的說法是「組織氣候」，但此種說法不如「組織文化」一詞之豐富性，更能說明組織中長期持續之傳統、價值、習俗、實務及社會過程，並對成員態度與行為之影響，有更清楚的了解；也有人用「企業文化」名之。具體而言，組織文化意味著組織內部及成員間具有一致性之知覺，為各組織與其他組織區別之特性，因此其涵蓋個體、群體及組織系統等構面。

二.組織文化的構成要素

除上述組織文化考慮構面外，哈佛大學教授狄爾（T. E. Deal）及麥肯錫顧問公司甘迺迪（A. A. Kennedy）曾對18家美國傑出公司（如NCR、GE、IBM）進行研究，認為決定組織文化，可從企業環境、價值觀、英雄人物、儀式與典禮、溝通網路等五種界面表現出來，但礙於版面因素，僅先介紹三種，另兩種請見右文說明：

(一)企業環境：每個環境因產品、競爭對手、顧客、技術，以及政府的影響均有差異，而面臨不同市場情況，要在市場上獲得成功，每個公司必須具有某種特長，這種特長因市場性質而異，有的是指推銷，有些則是創新發明或成本管理。簡而言之，公司營運的環境決定這個公司應選擇哪一種特長才能成功。企業環境是塑造企業文化的首要因素。例如：高科技公司，因技術變化非常快速，產品力求創新，因此組織文化不可能太過官僚或制式化，而應講求創新績效、組織應變彈性、員工個人表現，以及滿足OEM代工大顧客為優先的最高政策。

(二)價值觀念：指組織的基本概念和信念，這是構成企業文化的核心。價值觀是以具體字眼向員工說明「成功」的定義——假使你這樣做，你也會成功——因而在公司設定成就標準。例如：法商家樂福量販店的首要價值觀念是「天天都便宜」，身為該量販店的員工應該都有此認知才是。

(三)英雄人物：上述價值觀念常藉英雄把企業文化的價值觀具體表現出來，為其他員工樹立具體楷模。有些人天生就是英雄人物，比如美國企業界那些獨具慧眼的公司創始人；另外，則是企業生涯過程中時勢造就的英雄。例如：臺灣集團英雄人物代表則有台塑王永慶（已故）、台積電張忠謀、鴻海郭台銘、統一高清愿、王品戴勝益。

組織文化的意義及要素

組織文化的意義

組織中所有成員具有共同的價值觀、信念、觀念、行為方式與思考模式。

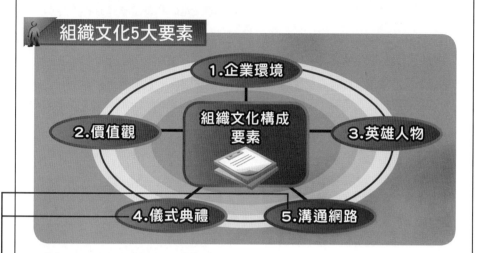 組織文化5大要素

1.企業環境

2.價值觀

組織文化構成要素

3.英雄人物

4.儀式典禮

5.溝通網路

 組織文化4好處

組織文化對企業有何好的影響呢？

1.員工一致的行為準則

2.凝聚對組織的認同

3.形成組織特色與戰鬥力

4.確保組織永續經營

▶組織文化要素──儀式典禮與溝通網路

 知識補充站

1. 儀式典禮：這是公司日常生活中固定的例行活動。所謂的儀式，事實上不過是他們一般例行的活動，主管利用這個機會向員工灌輸公司的教條。在慶典的時候，將這種盛會稱為典禮，主管會用明顯有力的例子向員工昭示公司的宗旨意義。有強勁企業文化的公司更會不厭其詳地告訴員工公司要求遵循一切行為。例如：台塑、台積電每年會舉辦運動大會，亦屬之。

2. 溝通網路：溝通網路雖不是機構中的正式組織，但卻是機構裡主要的溝通與傳播樞紐，公司的價值觀和英雄事蹟，也都是靠這條管道來傳播。例如：公司內部網站、e-mail系統、公司雜誌、小道消息傳播、公告公函、訓練手冊等均屬之。

Unit **13-2**
組織文化的特性及形成背景

組織文化因具有多元的特性，因此要了解組織文化的真正意涵，確實不容易。

一.組織文化的特性

何謂「組織文化」？它係指一種由全體成員共同擁有的一種複雜，但有共識的信念與期望之行為模式。具體分開來看，組織文化應包括以下六個構面的特性：

(一)可見到的行為準則（Observed Behavioral Regularities）：包括組織內部的儀式、規劃、開會及語言。

(二)組織主流價值（Dominant Value）：組織中必擁有的一些價值觀。例如：顧客至上、低價政策、品質第一、名牌政策、追求便利等。

(三)工作規範（Norm）：指整個組織工作個人與群體必須共同遵循的工作規範。

(四)規則（Rules）：組織也有遊戲規則，新加入者，應學習及遵守這些規則。

(五)感覺或氣氛（Mood）：由組織成員，在每天的工作歷程中、開會文化中、部門協調中等，他們所感受到的氣氛。

(六)組織的政策哲學觀：組織用以判斷情境、活動、目的及人物的評估基礎，能反映出真實目標、理想、標準、組織過失與組織成員對日常問題所偏好的解決方法。

二.組織文化形成的背景因素

組織文化的形成，我們很難明確指出，因為它是歷經很久歲月累積、融合，而逐步形成，只能意會，難以言傳。不過，學者席恩（Edgar Schein）則提出組織文化的形成，最主要原因是每個組織都面臨兩大問題而做出反映的過程。這兩大問題如下：

(一)企業（或我們的組織）究竟如何適應外部環境與生存：在諸多外部環境挑戰及變化中，我們如何過關斬將，努力克服，而仍能屹立不搖？這種外部環境的輕鬆與嚴苛，都會影響組織文化的模型。例如：一個高科技公司與傳統水泥公司在外部環境大不同之情形下，其組織文化也會有所不同。

(二)內部整合究竟如何有效進行、解決與改善：整合需要共識、放棄私心與建立一致信念，這些過程也會對組織文化產生影響。我們可以如此說，一個充斥本位主義與團隊合作的組織體，當然其組織文化所呈現出來的也會不同。

小博士解說

外部環境與內部整合

外部環境適應的問題包括：1.公司所提供的服務是否以客為尊；2.公司的產品品質是否能讓客戶滿意，以及3.產品的生產過程是否符合政府的環保規定等。而內部整合問題則如：1.公司內部的工作氣氛是否開放、和諧而有助於公司目標的達成；2.公司的人力資源管理制度是否完善，以及3.公司的作業流程是否做到充分的合理化與自動化等。

組織文化6大特性

解構組織文化的特性

1. 可見到的行為準則
2. 組織的主流價值
3. 工作規範
4. 規則
5. 感覺或氣氛
6. 組織的政策哲學觀

組織文化的內涵

1.文化的內容

文化

重要的共同了解（訊息與期望）

2.對文化的解釋

解釋

推測意義

3.文化的表現

①語言表達→共同說法
②行為→共同行動
③感情→共同感覺
④產品及服務→共同的事務

組織文化形成背景原因

1. 我們的組織究竟如何適應外部環境與生存？

2. 內部整合究竟如何有效進行、解決與改善？

知識補充站

什麼是文化？

關於「文化」的定義，歷來有不少爭論，各門各派都有不同定義。殷海光先生在《中國文化的展望》一書中就曾把四十六種西方學者對「文化」的定義列舉出來。他認為要在眾多的定義中決定一個真正的定義是不可能的，因為沒有任何定義足以一語道盡文化的實質內容。他認為文化的內容是包括所謂「好的」與「不好的」，而不是只選「好的」作為自己的文化。西方著名哲學家泰勒（Tylor）就曾把文化定義為「一種複雜叢結之全體。這種複雜叢結之全體包括知識、信仰、藝術、法律、道德、風俗，以及任何其他的人所獲得的才能和習慣。這裡所說的人，是指社會的每一個分子而言。」這個定義是指人類所有的東西，凡想得到的，都網羅在內，正如其他社會學家對文化的定義一樣，這種定義都是把文化解釋為人類知識的總集。但這種定義方式不能清楚見到中國式文化的特性，即自覺性、精神性，以及價值性。因此，如果要談中國式的文化，一定要將這三種特性包含進去，才算完整。

Unit 13-3
企業文化的涵義及培養步驟

當今企業的競爭，從表面看來是產品與服務的競爭，其深層次則是文化的競爭。「一流的企業做文化」，企業文化成為企業管理的重要組成部分，優秀的企業文化加強了企業的競爭優勢。

在商業社會的發展歷程中，不同時期，企業致勝的「武器」也是不同的，而縱觀當今世界成功的企業，它們致勝的「武器」是擁有出眾的企業文化，如波音、微軟、豐田等。因此，企業要如何培養這種看不見卻又可感染的組織氛圍呢？

一.企業文化的三種涵義詮釋

企業文化一如個人的特質，每個環節的決定，對其往後深具影響，其重要性可說是凌駕在看得見的實質利益上。因此，我們可從三種觀點來分析企業文化的內涵：

(一)企業文化是「包裝」：企業是產品，企業文化是產品外面的包裝，詳細的「核心價值觀、基本價值觀」等是包裝上的說明文字。這樣的包裝，有利於推廣企業這個產品，樹立企業形象，增加企業在市場、政府、客戶，以及員工等層面上的競爭力。站在老闆的角度，企業文化是傳達老闆思想的好方式，也可以說，企業文化是老闆的軟性廣告。例如：統一企業所強調的「三好一公道」，即可視為統一企業文化精神的包裝代表。

(二)企業文化是「規矩」：老闆要統一整個企業的思想，要求大家按照老闆的意志動作，因此企業制定了很多規章和制度。但是所有規章和制度，都有一個基礎，這個基礎是老闆的思想。但畢竟制度不能規定所有的事情。在企業中還有很多不成文的規矩，把這些規矩進行集中，然後試煉，就總結出企業文化。如此一來，企業文化和管理制度相互配合，使得企業降低管理成本，提升了企業的執行力。

(三)企業文化是「宗教」：有一種說法，即是掌握了人的精神，就掌握了他的一切。企業文化就是企業的宗教，老闆就相當於企業中的教皇，老闆要學習宗教的發展，掌握宗教傳播的技巧，實踐在企業中，建設、提升出優秀的企業文化。

二.企業文化的三個培養步驟

企業文化深刻影響到企業的整體發展與存亡命脈。而企業文化是一種無形存在於組織的一種生命靈魂。根據狄爾及甘迺迪（Deal & Kennedy）之看法，培養企業文化包括三個步驟：

(一)激發承諾（Instilling Commitment）：激發員工對共同價值觀念或目標作承諾，並承諾員工對企業哲學的投入，當然必須符合個人與團體的利益。

(二)獎賞能力（Rewarding Competence）：培養和獎勵重要領域的技能，並切記一次只集中培養少數技能而非一網打盡，才能真正培養專精之高級技能。

(三)維持一致（Maintaining Consistency）：藉吸引、培植和留住適當人才，來持續維持承諾及能力。

企業文化3種涵義

1.企業文化是一種包裝

→企業是產品，企業文化是產品外面的包裝，詳細的「核心價值觀、基本價值觀」等是包裝上的說明文字。

2.企業文化是一種規矩

→企業所有規章和制度，都是老闆的思想，並與企業管理相互配合，降低管理成本，提升執行力。

3.企業文化是一種宗教

→老闆掌握了員工的精神，就能實踐在企業，提升出優秀的企業文化。

企業文化培養3步驟

1.激發承諾

必須符合個人與團體的利益。

2.給予獎賞

一次只集中培養少數技能，才能真正培養專精之高級技能。

3.維持一致

藉適當人才，持續維持承諾及能力。

案例

1.台塑企業文化

追根究柢、降低成本

2.王品牛排企業文化

王品天條、王品憲法

3.鴻海郭台銘企業文化

急行軍、效率快

4.統一企業文化

忠厚老實，勤奮苦幹

Unit 13-4
如何維持及增強組織文化

　　組織文化不是一朝一夕可以建立的，而是要歷經長久的歲月累積、融合，而逐步形成的。我們可以從一些長青企業看到它們之所以能歷久不衰，就是在於它們有一個非常堅固的堡壘在守護著，那個便是我們所說的企業（或組織）文化。

一.增強組織文化的方法

　　優良的組織文化，是可以提升組織績效的，但要如何才能有效增強呢？茲將實務上比較有效的方法歸納整理成以下六要點，值得作為一個高階管理者加以參考運用：

　　(一)高階管理者應注意、衡量及控制部屬改變：例如：某個新事業部門要成立時，高階者應明確告訴執行者應如何處理事情，以及達成何種績效目標，因為公司不能容忍一個新部門長期虧損，這就是我們的組織文化。

　　(二)對於一些特殊事件及組織危機的反應：這種危機或特殊事件處理的態度，可以增強原有的組織文化，或者會產生一些新的價值觀文化，而改變原來的文化。例如：我們以坦然與誠實的態度，面對企業危機事件，也是組織文化的反應。

　　(三)角色塑造、教育訓練及指導推動：組織文化也常透過組織高階人員的角色扮演，內部教育訓練的持續洗腦推動，以及一對一長官指導部屬的模式，而維繫整個組織文化。

　　(四)組織的儀式：在組織文化中有很多的信念、象徵及價值觀，是必須透過公開的盛大儀式或典禮，得到親身感受的。

　　(五)激勵及地位分配：組織也常透過賞罰分明的系統並提供更高地位的感受，以強化組織文化的貫徹。

　　(六)招聘、選擇、升遷及解聘等人事權運作手段：人事決策權，也常被用來維護組織文化的一種手段，也是很有效的手段。因為員工們都了解到真正符合、貫徹組織文化的人，才會被晉升、被加薪、被授權，進而升至最高位置。

二.組織文化對公司的影響力

　　組織文化對公司當然具有深厚的影響。有不好的組織文化示範，就會有壞的組織影響；反之，則有好的影響。一般來說，組織文化對公司的影響，可以表現在以下四個觀念與方向上：

　　(一)未來的指引：讓成員了解組織的歷史、文化、目前作法，以提供未來行為的指引。

　　(二)建立堅定的守護者：有助建立成員對公司經營哲學、信念與價值觀承諾的堅定守護著。

　　(三)控制與期望的手段：組織文化中的規範、規則、升遷、獎酬，可以作為一種對成員的控制方法及期望手段。

　　(四)發展更好的未來：有助公司產生更好的績效及生產力，總體對公司發展更好。

維繫及加強組織（企業）文化

聘用一個可以
適合公司組織
文化的員工

組織文化

解聘行為偏離
文化規範者

經理人員應注意的事：
①對於組織危機的反應
②組織的儀式與典禮
③招募與升遷的標準
④管理角色的塑造
⑤獎勵的標準

231

組織（企業）文化對公司4種影響力

1. 提供所有員工現在及未來行為指引。

2. 建立員工對企業信念與價值觀的守護者。

3. 形成對員工期望與控制的手段。

4. 有助對公司整體發展最好。

成全別人，造就自己——戴勝益的成功之道

知識補充站

王品餐飲集團董事長戴勝益憑什麼在不景氣之際，還能迅速擴張？「掌握人性，創造財富」是戴勝益深諳人性的成功之道，即一條船只有我釣到魚，只有我開心，大家都不開心，最好是大家都滿載而歸或乾脆大家都沒釣到。

戴勝益經營本土餐飲業，也效仿高科技的入股分紅制度，而且還做的更人性、更徹底。除了店長級以上都是股東之外，員工小至最基層服務生都能分紅。而且分紅不是每年一次，而是每月分紅。分紅除了有立即獎勵的效果，同時還可刺激各分店競爭，也難怪店長可以月入10多萬，總經理級更是年薪2,000萬，媲美高科技業主的身價。這就是戴勝益懂得「成全別人、造就自己」的成功之道。

Unit 13-5
高階領導如何建立組織文化

組織文化既然如前文所述攸關組織的整體發展與存亡命脈，因此公司高階領導者應以何種機制建立組織文化呢？

史仙（E. H. Scheir）對領導者應以什麼機制來建立組織文化有以下五種主要建議，另搭配五種次要配套措施，相信有助於有志組織文化建立者之參考。

一.領導者如何建立組織文化的機制

領導者要如何建立一套可長可久的制度，並且以身作則，進而成為他人，甚至是後代典範呢？1992年史仙提出以下五種主要建立機制：

(一)獲取部屬注意力：上情下達。領導者將自己處事的緩急先後的原則、價值觀、獎懲等與部下溝通清楚。這些溝通大都發生在規劃或檢討會議中，或在走動管理時進行。領導者的這些情緒反應（如激動）常會導致顯著的效果。另一方面，當領導者對一件事不反應，會被部屬解釋成他並不重視這件事。

(二)對危機之反應：對危機的反應充分表達了領導者的價值觀。例如：當業績不好時，領導者並不採取裁員的方式，而是讓大家工時減少些或是減薪，共度難關；員工會認為老闆是設想保住大家的工作。

(三)以身作則：領導者的身教影響很大，特別是有關忠誠度與犧牲奉獻等方面；反過來說，倘若老闆自訂規則又不遵守，形同虛設，就會被員工認為那些規則並不重要，也不需要理會。

(四)獎賞：對部屬之加薪與升遷的作法會被解釋為領導者的價值觀。正式褒獎或非正式的讚美都是主管間接地向部屬透露自己關心的是什麼。員工會認為不被讚賞的事就是不重要的事。

(五)聘用與解聘：領導者聘僱什麼樣的人或解聘哪一類的人，也直接反映出他的價值觀。領導者通常會告知新人在組織內該具備哪些條件才容易成功。

二.建立組織文化的輔助措施

除上述之外，史仙更提出以下五種次要的作法，作為組織文化建立的輔助措施：

(一)設計組織結構：由組織結構的設計可以看出內部關係，以及管理當局對應付周邊環境的布局思維。集權結構表示領導者對自己較放心；分權結構表示領導者對部屬的信任，願意將權責下放。

(二)制度設計：例如：預算、績效考核等，可以充分說明領導者的價值觀。

(三)設施設計：辦公室或公共設施之設計可以表現領導者的風格。例如：開放式的格局，顯示開放溝通的風格。

(四)故事：組織內重要的人物、事件等故事，能顯示出組織的文化。

(五)正式的價值陳述：領導者公開陳述的信條。這些陳述可以搭配其他機制一起構成組織文化。

如何建立組織（企業）文化

主要機制

1.獲取部屬注意力	2.對危機之反應	3.以身作則
4.獎賞		5.聘用與解聘

輔助措施

1.設計新的組織結構	2.制度嶄新設計	3.設施重設計
4.產生故事		5.正式的價值陳述

知識補充站

戴勝益的危機處理

戴勝益的管理哲學，不只是靠「利潤分享制度」讓員工全力打拼，他的危機處理能力更在爆出「重組牛肉」風波之際，讓外界刮目相看。

在這個事件發生的當時，戴勝益第一個動作不是辯解，而是道歉、回收、推出全新產品。

戴勝益認為新聞引爆消費者的憤怒情緒，在眾怒的浪頭上，再怎麼解釋，都會被認為是推諉塞責的藉口。因此戴勝益在第一時間先認錯，博取消費者同情之後，也會對他們的處置方式產生認同。

戴勝益在危機處理上展現的效率和誠意，讓當時成立十一年的王品集團所面臨的最大挑戰，短短五天就落幕，客人迅速回籠，甚至還意外地產生免費的宣傳效果。

Unit 13-6
組織文化案例──三星及統一企業

　　三星電子的「三星人」與統一企業對報憂不報喜的執著，不同的組織文化，卻同樣創造出令人驚豔的成績！這些令人驚豔的背後，究竟藏有什麼傲人的玄機呢？

一.韓國三星電子集團的組織文化

　　韓國三星電子集團透過教育訓練以培養三星文化，建立共同語言與行為，成為「三星人」。該集團內部職員之間，有一些特定的專門用語。「複合化」、「業」等外人乍聽之下完全無法理解的用語，三星職員卻能輕易了解並意會過來，教育是形成共同意識的方法。三星在招募新進社員時，不分單位，一次招三百名左右，然後所有新進人員要集體生活一個月，共同接受教育課程。從清晨到晚上連續的教育課程中，透過閱讀「三星人用語」的說明手冊與問答題目的方式，讓新進社員自然地記下這些用語。

　　正式進入公司後，到可能忘記「三星用語」時，次年夏天前，關企公司會召集所有資歷達一年的社員，舉辦三天兩夜的集團夏季修煉營。這樣的教育目標，主要在於職員間水平關係的建立，而非強調垂直關係的建立，用以加深同仁間的同質感。

　　對於行為方式有所規定，也是只有三星才有的。「合乎禮儀的行為舉止」這些話語對三星的職員都耳熟能詳。三星職員之所以不需要上司對他們個人行為多花心思，主要是從新入社員就要經由ROTC軍隊式文化訓練所養成的傳統。

　　嚴格的教育，是從前董事長李秉哲時代就開始強調的。結構調整本部出身的P協理說：「故董事長李秉哲曾經說過，要重視新進人員的教育，就得細心照顧花圃，連花的排列都要很費心的投入。教育，關係到我們集團的未來。」

　　就是這樣嚴格的教育，才有所謂「三星人」的誕生。三星人與其他組織截然不同而又深具三星濃厚色彩的獨特文化，對於公司內部凝聚扮演著極重要的角色。不過，也正因如此，外面不時會聽到一些諸如「冷酷無情、非人性化」等不客氣的批評。

二.統一企業優良企業文化

　　統一企業集團總裁高清愿，在一篇專文曾提到該集團成立以來，一直保有一個很好的文化，就是鼓勵公司的同仁幹部，在處理公務時，要有一份報憂不報喜的執著。

　　在我們看來，一個企業理當處處求好，把工作做好，把商品做好，這是我們分內的事，這些好事根本就不必再多加宣揚。把這些事拿來報喜似乎是多此一舉。

　　企業要想永續經營，就得求新求變。求新求變的源頭，則是日新月異的改革、變革。報喜是滿足現狀，安於現實。報憂是居安思危，是一種憂患意識的表現。喜歡報喜的人，看起來像是處處傳喜事的喜鵲，實則是阻礙進步、改革，對企業而言，是不吉不利的烏鴉。至於勇於報憂的人，狀似掃大家興的烏鴉，老是發出一些刺耳的聲音，其實這才是功在企業的喜鵲。

　　一個企業，如果多數的幹部，都是愛聽喜事，厭於下屬報憂，這個企業很快就會病入膏肓，再高明的醫生，也束手無策。

組織文化案例

三星企業文化

要重視新進人員的教育，就得細心照顧花圃，連花的排列都要很費心的投入。教育，關係到三星集團的未來。

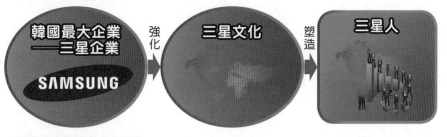

統一企業文化

一個企業，如果多數的幹部，都是愛聽喜事，厭於下屬報憂，這個企業很快就會病入膏肓，再高明的醫生，也束手無策。

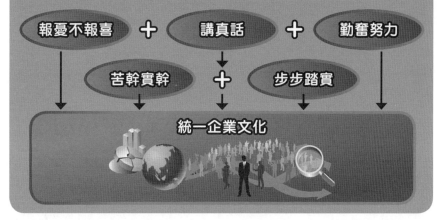

知識補充站

ROTC

我國ROTC制度，源自美國歷史悠久的「預備軍官訓練團」（Reserved Officers Training Corps, ROTC）制度。為便於與現行兵役之預備軍官制度分別，故於定名時取「儲備」而捨「預備」，而成為「大學儲備軍官訓練團」。

學校師長認為ROTC學員認真學習，品學兼優，且該制度對學生之就學、就業，以至於未來均多有幫助，值得讓同學進一步了解。

美國的ROTC的訓練方式和我國有些不同，它是把所有關於軍官學能養成訓練平均的分配到大學四年課程中，這點不同於我國作法。而左文提到韓國三星集團的人才養成是採取所謂的ROTC軍隊式文化訓練的傳統，應是取自美國ROTC的訓練方式。

第14章
領導對壓力與衝突之管理

●●●●●●●●●●●●●●●●●●●●●●●● 章節體系架構 ▼

Unit 14-1
工作壓力的定義、過程及本質反應

最近的你精力充沛嗎？活力十足嗎？覺得累嗎？頭暈不舒服嗎？對工作感到倦怠嗎？如果你有前面所說的這些症狀，不要懷疑，工作壓力已找上了你！

但什麼樣的工作壓力才算是來自於工作的壓力呢？本文將以學者專家對工作壓力的詮釋做一介紹，並對其產生過程與原因逐一說明。

一.工作壓力的定義

綜合學者Dunham、Bonoma及Ealtman等人對工作壓力（Work Stress）之詮釋，認為工作壓力之定義，係指：「員工個人面對環境改革，而形成生理及心理之調適狀態。」此種狀態，包括以下兩種層面：

(一)在心理層面之狀況：包含緊張、憂慮、不安，以及焦慮等情緒。

(二)在生理層面之狀況：包含新陳代謝加快、血壓升高、心跳加速，以及呼吸加快等生理狀況。

所謂「壓力」（Stress）是指一種因為行動或情況對個人的生理或心理思考與本能的要求，所產生的反應。而壓力大小受個人與其工作環境間的互動所影響。

每天在環境中，會產生壓力的因素，我們稱之為「壓力因子」（Stressors）。壓力因子，可能來自於工作、家庭、朋友、同事等外在因子，也可能來自於個人不同的內在需求或內在知覺等。

當一個人認為上述這些因子，超過了對他個人的要求水準及能力時，就會產生個人的壓力了。

二.工作壓力的過程

工作壓力對員工個人之產生過程，可以包括四個步驟，即：1.刺激出現了→2.感受到刺激→3.刺激威脅之認知→4.行為之反應。

為讓讀者能更加明白工作壓力的產生過程，茲將整個四步驟可能會產生的狀況舉例說明如右圖。

三.工作壓力的反應前奏曲

工作壓力之產生，有三種反應前奏曲，茲說明如下：

(一)觸發事件：此係指已發生或即將發生之某件事情，例如：準備參加一項重要檢討會議，老闆特別要求準備哪些資料報告；或是老闆在幾天前，已釋放出他想異動高階人事的訊息。

(二)預期行為：此係指個人覺得無法應對即將來臨的事件，其原因可能來自於追求完美，或是無力做到，或是胡思亂想所致。

(三)恐懼心理：此係指由於無法妥善應對，產生了自我疑慮、挫折、沮喪、無信心、失望，而開始另有打算。

工作壓力感受過程4步驟

| 1.刺激→壓力來源出現 |
| 2.感受→感受到刺激 |
| 3.認知→價值判斷 |
| ＜價值觀念／需求動機＞ |
| 4.反應→感覺壓力 |

舉例說明

1.刺激	2.感覺	3.認知	4.反應
・今天老闆在會議上罵人了，因為本月業績衰退，全部的人都罵，包括業務主管（本人）在內。	・感受到被罵的難過與壓力，因為老闆說了重話，再做不好，就要滾蛋了。	・老闆是講真的！ ・我本人還需要這個職位，因外面同行工作不好找，待遇也不好。	・感受到重大壓力，心情沉重，但是只能再努力拼下去，與全體業務同仁一起團結，發揮戰鬥力，達成下個月業績目標。

工作壓力定義內容

- ・緊張
- ・憂慮
- ・不安
- ・焦躁
- ・悲觀
- ・工時太長、體力負荷重
- ・身體反應不佳
- ・恐慌
- ・食慾不好
- ・不知未來
- ・難以度日

知識補充站

無論處在哪個階段

當你一早醒來，你是否帶著熱情迎向今天？你對你的夢想是否充滿盼望？你是否帶著衝勁開始每天的工作？「呃，但是我實在不太喜歡我現在的工作。」瑪莉咕噥著抱怨說：「我受不了每天必須一路塞車到公司。我也不喜歡和我共事的人。」如果這些聽起來很耳熟，你就必須改變態度。你甚至應該感謝自己還能有個工作，並且為之雀躍。無論你處在生命中的哪一個階段，好好利用並且全力以赴。

Unit 14-2
工作壓力的來源分析

經濟景氣的波動，員工工作壓力，已成為不可承受之重，管理者應高度關切。茲綜合Marrow、Schucer及Beehr等學者對員工工作壓力來源的看法，可供檢視。

一.角色特性

(一)由於角色負擔過重（Role Overload）：主管如果工作超量及目標要求超量，則該主管壓力會很大。

(二)由於角色模糊（Role Ambiguity）：此係指主管人員不完全了解自己工作範圍或職業，或是公司組織經常改變，或是老闆無法按照每個人的定位指揮做事，因此形成某些主管的角色模糊，造成他的壓力感覺。

二.組織特性

(一)由於決策品質（Decision Quality）負責成敗：決策主管如因決策失誤，造成公司損失，決策主管自然有很大壓力。

(二)由於職務不清或錯誤指派：由於組織內部職責及工作分配不清，導致人員相互推諉或奪權。有時也因不適當的人員指派，造成當事人的工作壓力，影響士氣。

三.群己特性

(一)由於別人的評價（Other's Rating）所致：有些主管很在乎上級長官或別人對他的評價，如果過度重視，也會帶來相對的工作壓力。

(二)由人群關係（Human Relations）所致：包括工作關係、家庭關係、社會關係及情感關係等處理不當，也會帶來個人的壓力。

四.實體工作環境

不舒適或危險的工作環境，以及辦公室布置等條件，也會對員工造成壓力。

五.其他因素

此外，還包括社會環境、財務處理問題、員工自尋煩惱，以及其他等相關因素。

小博士解說

壓力會影響思考嗎？
研究指出慢性壓力，會加速記憶力減退。最近的研究已經將重點放在，壓力對腦中的海馬趾及大腦的記憶中樞，所造成的影響。有一個實驗是不斷給動物們處於壓力時，身體會釋放出的荷爾蒙可體松，然後測量動物的海馬趾，結果發現細胞的數量減少了。這個現象指出壓力對腦中的海馬趾，會有負面的影響，因此也影響記憶力。

壓力因子與個人壓力之關係

1. 個人對情境的知覺狀況
2. 個人的過去經驗
3. 壓力與工作績效之間的關係
4. 所涉及的人際關係
5. 個人對壓力反應的差異狀況

（環境）	←----→	（個人）
壓力因子		壓力

個人工作壓力5來源

1. 與工作相關的壓力因子

2. 個人在組織中的角色

3. 事業生涯發展

4. 組織中的關係

5. 組織與外界環境

個人的差異狀況
1. 人格
2. 知覺
3. 過去經驗

壓力

管理者經常面臨的工作壓力因子

壓力因子	舉　　例
1. 工作角色模糊	工作責任不太清楚。
2. 角色改變	某人在某狀況下是上級，在某狀況下又是非上級。
3. 制定困難決策	經理人員被迫做一個困難的決策（例如：裁員、關廠）。
4. 工作過重	同時處理好多件事情。
5. 期望不實際	在各種條件資源不足下，被要求做一些不可能的任務。
6. 期望不明確	沒有人知道本單位被期望成為什麼。
7. 失敗	結果沒有完成、達成。

Unit **14-3**
工作壓力對組織的影響及如何管理

競爭激烈的環境，沉重的工作壓力，已籠罩組織中每個層級。因此，如果組織不能做好壓力管理，那麼員工個人或組織的成效，就會受到損害。

一.工作壓力之管理方法

如就員工個人及組織兩方面看，對於工作壓力之管理方法，可以包括如下：

(一)個人管理方法：包含有1.加強個人戰鬥意志，克服及突破它；2.運用適度休閒、休息，然後再出發；3.善用時間管理，了解輕重緩急，以及4.定期健康檢查，了解是否仍然健康。

(二)組織管理方法：包含有1.健全及改善組織內部水平及垂直的溝通協調管道；2.鼓勵每個員工認識自己，放在對的工作崗位上，並協助發展員工的事業生涯規劃；3.允許員工在創新之中的錯誤，而不必苛刻太多，應該鼓勵重於懲罰，以及4.奉勸個性較急的高階主管及老闆，在正式會議上，少用責罵人的領導風格。

二.如何管理「高績效，低壓力」

「高績效，低壓力」（High Performance and Low Stress）的管理目標，可說是管理最高境界，但要怎麼做呢？不妨考慮以下方法：1.主管應評估部屬能力、需求及個性，然後再配置適當的工作性質及工作量；2.當部屬有理由說明時，應允許部屬有說「不」的權力，並且予以適時調整工作要求；3.應對部屬優良績效，迅速予以回饋（Reward Effective Performance）；4.主管人員應對部屬工作之職權、責任與工作期待等，加以明確化（Clear Authority, Responsibility and Expectation）；5.主管與部屬應建立雙向溝通（Two-Way）；6.主管應扮演教師角色，發展部屬能力，並與他們討論問題（Play a Coaching Role），以及7.主管應即時支援及協助部屬處理難以做到的事或難以見到的人；亦即應有效紓解他們工作上的特殊困境。

三.工作壓力對「組織行為」之涵義

員工工作壓力對組織行為面之涵義，可從以下兩個層面觀察分析：

(一)對員工及組織生產力的影響：

1.就正面來說：適度的工作壓力，可激發員工潛能、個人努力投入程度、解決困難的智慧等，從而提高工作效率、工作成果與組織整體績效。

2.就負面來說：工作壓力太大或持續不斷存在，將使員工生理疲困、心理挫折、人事不穩定，導致員工工作滿意度下降，工作倦怠、無力感，無法達到工作效能及組織績效。

(二)對員工離職率影響：過大、過量及太過長時間工作的壓力，將會對員工的心理、生理產生不良作用，而出現不適應或反彈狀況。因此，員工缺勤率及離職率均會增加。國內外諸多實證研究也顯示，工作壓力較大之企業，其員工離職率也較大。

工作壓力的影響及其管理

壓力產生2大原因

1.組織原因

① 目標挑戰太高
② 太多工作量
③ 角色衝突
④ 角色混沌
⑤ 工作令人厭煩
⑥ 工作環境不佳

2.個人因素

① 經濟因素
② 情感因素
③ 家庭因素

高績效低壓力的管理6方法

1.評估部屬,給予適當工作量。

2.適時調整部屬工作。

3.即時回饋、獎勵與肯定。

4.明確權責與目標。

5.加強雙向互動溝通。

6.即時支援部屬,為其解決難題。

壓力管理6大步驟

1. 掌握壓力源並釐清壓力的反應。
2. 評估及掌握內心需求,調整價值觀之先後次序。
3. 修正信仰窗之原則,發展改善壓力的因應策略。
4. 訂定改善或消除壓力源的規則。
5. 確實執行預防行為模式。
6. 評估壓力源改善結果。

知識補充站

員工壓力管理的治本之道

除左文所提「高績效,低壓力」的管理方法外,對員工壓力管理的治本之道與有效原則,還有以下六點,可資參考運用:1.以鼓勵輔導代替責罵,並培訓解決問題能力;2.以主動發現精神,取代被動因應作法;3.以前瞻眼光取代因循作風;4.以面對挑戰精神,取代事後解決壓力之心態;5.以樂觀態度取代悲觀態度,以及6.以信心幽默取代嚴肅僵固。

Unit 14-4
衝突的定義及型態

　　一群人在一起，難免有衝突，而有些衝突不是真的。但很多人分不清楚什麼是真衝突、什麼是假衝突。要管理衝突，當然首要釐清真假衝突。

　　衝突的發生，如果是基於私利，則會產生對立，這就可能變成真的衝突。如果是基於公利，則大多是假的衝突。不管是真衝突或假衝突，都可能削減合作力量造成損失。因此，化解衝突可以提升組織的競爭力。但專家學者又是如何看待衝突呢？

一.衝突的定義──Hellriegel的看法

　　有關衝突之定義非常多，但卻很難界定明確，因為衝突可能有各種不同發生之情境。不過，衝突仍有其共通性，譬如：衝突過程中蘊含著異議（Disagreement）、對立（Contradiction）、難容（Incompatibility）、反對（Opposition）、稀少（Scarcity）及封鎖（Blockage）等概念。

　　根據賀瑞基（D. Hellriegel）等人之觀點，認為衝突多數源於個人或群體對目標認定不一致，認知差異或情緒分歧所致。足見，衝突本質上是「知覺」之問題，一方面可能產生明顯地「外顯反應」，另方面則可能是存在內心之「意欲企圖」。

　　基於上述，可將衝突定義為：「某A刻意採取破壞行為，使某B努力達成目標受挫之過程；或是某A採取反擊行為，以維護既有之權益。」

二.基本的衝突成因型態

　　如上所述，衝突的本質就是組織內部成員之間或單位之間，對某件人、事、物、地，有不一致、矛盾或無法相容的意見與作法。因此，我們可以將衝突的定義，分為以下五種基本的衝突成因型態：

　　(一)利益衝突（Benefit Conflict）：這是一種對不同利益或利益分配不一致的情況。

　　(二)批評衝突（Criticize Conflict）：這是一種某個人或某部門對其他人或其他部門之批評，無論是正式會議上或私底下之批評，而引致對方不快之衝突。例如：公司內部經營績效分析部門或稽核部門對事業部門之批評意見。

　　(三)目標衝突（Goal Conflict）：這是一種對達成目標而產生不一致的情況。例如：事業單位總是希望拓展事業版圖，但是幕僚財會單位，則是希望考量公司資金狀況而審慎為之。

　　(四)認知衝突（Cognitive Conflict）：這是一種在觀念、思想、水準或教育背景上，認知不相容所產生的情況。例如：服務業背景出身的主管與製造業背景出身的主管，他們對顧客導向或售後服務的重要性認知可能就有所不同，前者會較重視，後者就較忽略。

　　(五)情感衝突（Affective Conflict）：這是一種感覺或情緒上不相容的情況，亦即是一個人對另一個人的不悅或疏遠。例如：某人或某部門經常不願支援另一個人或另一個部門。

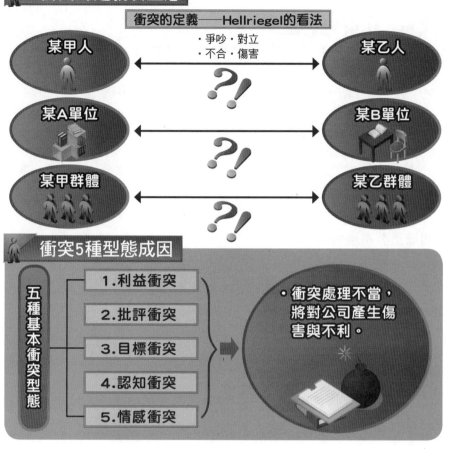

衝突的定義及型態

衝突的定義——Hellriegel的看法

某甲人 ←·爭吵·對立·不合·傷害→ 某乙人

某A單位 ←→ 某B單位

某甲群體 ←→ 某乙群體

衝突5種型態成因

五種基本衝突型態
1.利益衝突
2.批評衝突
3.目標衝突
4.認知衝突
5.情感衝突

→ ·衝突處理不當，將對公司產生傷害與不利。

職場暴力

知識補充站

職場暴力（Workplace Violence）依據國際勞工組織的定義，係指與工作有關，而導致人員受到攻擊、威脅或身心受傷。歐洲共同體將職場暴力定義為：「人員受到與工作相關之虐待、威脅或攻擊，並且對他們的安全、福利或健康有所影響。」世界衛生組織將工作場所暴力定義為：「工作人員在其工作場所受到辱罵、威脅或襲擊，對其安全、幸福或健康造成傷害。」暴力可能是肢體或心理的，後者包括針對性別及種族的不同，所產生的脅迫、攻擊及騷擾。美國職場暴力研究機構對職場暴行的定義為：「任何攻擊職員的行動、使其工作環境充斥敵意，並對職員身體或心理上造成負面影響。」相關的行為包括所有肢體、語言攻擊、威脅、強迫、恐嚇與各種形式的騷擾。因此，職場暴力包括暴力行為、暴力態度及言語威脅、辱罵。這些暴力相關之作為將導致（或具有發生之潛能）人員傷害、財產損失及影響事業單位與機構之正常營運。

Unit 14-5
組織衝突表現方式及起因

　　一個組織就好比一個家庭，家人彼此血濃於水都會有所爭執了，何況組織中那些來自不同家庭的成員。

　　印度聖雄甘地曾說過：「這世界可以滿足所有人的需要，但無法滿足所有人的貪婪。」可見衝突和人類的歷史同樣古老，在資源有限的前提下，人類為爭取較佳的待遇、地位、利益，便產生了歧異的觀點，釀成了衝突；即使隨著社會民主化程度的提高，個人的權益與需求更能獲得保障與滿足，衝突也未減少，甚至更為激烈與頻繁。

　　組織中的成員當然也不例外，但要從哪些跡象才看得出組織中有衝突呢？

一.組織衝突表現方式

　　組織內部的衝突經常可見，彼此間最常見的表現方式，包括有以下幾種：

　　(一)口頭或書面表示反對或不同意見：以口頭表示不同意之看法，有時也會在書面報告或簽呈上表示不同意的意見。

　　(二)行動抗拒：此行動包括工作上的配合給予接續作業上的扯後腿或不配合、不支援，讓對方遇到阻礙。

　　(三)惡意攻擊：在面臨自身與部門之利益受損時，最激烈的衝突，就是先發制人，讓對方措手不及。

　　(四)表面接受，暗地反對：所謂陽奉陰違即是此意。此種衝突只是在檯面下較勁，尚未在檯面上公開化；或是在背後散播不利於對方的小道消息。

　　(五)向老闆咬耳朵或下毒：以信函或口頭方式，向老闆傳達不利於對方的訊息，即先下手為強。

二.組織衝突之起因

　　(一)溝通不良（缺乏溝通）：缺乏主動性、明確性、先前性及尊重性之溝通，導致雙方共識與認知的無法建立。

　　(二)權力與利益遭受瓜分：當企業某人或某部門之原有權力與利益，遭到其他部門或人員瓜分時，勢必引起原部門極力抗拒。

　　(三)主管個人的差異：各部門主管之教育背景、價值觀、經驗、個性與認知均有所差異，這些在組織溝通過程中，必然會反映出不同的見解與立場。例如：技術出身的，或財會出身的，或銷售出身的高級主管，自有其不同的思路。

　　(四)本位主義：各部門常依著本位主義，認為做好自己單位事情，不管他部門的死活，缺乏協助之精神，也是導致衝突之因。

　　(五)組織之職掌、權責、指揮等制度系統未明確：一個缺乏標準化、制度化與資訊化的公司，或是老闆一人集權的公司，比較容易引起組織內部的權力爭奪與衝突。

　　(六)資源分配不當：當財務、人力、物力及技術等資源分配不公平時，就易於引起部門之間的衝突。

員工衝突表現方式

衝突表現5方式

1. 口頭或書面表示反對或不同意見
2. 實際行動抗拒、不配合
3. 展開惡意攻擊
4. 表面接受，暗地反對
5. 向老闆咬耳朵或下毒

組織衝突6起因

1. 彼此溝通不良或缺乏溝通
2. 權力與利益遭受瓜分
3. 主管個人的差異
4. 本位主義作祟
5. 組織職掌權責指揮體系不當
6. 資源分配不當

247

組織衝突演進4階段

1. 問題徵兆浮現

2. 問題產生

3. 問題擴大

4. 問題惡化

Unit 14-6
組織衝突的好處及弊害

凡事一體兩面甚至多面，衝突對組織而言，真的只有負面效應，沒有正面意涵？

一.適度衝突的正面影響

組織內部若有一些良性衝突，不完全是壞事，有時還存在一些好處如下：

(一)提早暴露問題：適度衝突可使組織潛藏問題提早曝光，並謀求有效解決方法。

(二)良性競爭氣氛：適度衝突產生，可使組織各部門產生互動、競爭的氣氛，進而加速組織變革及組織成長。例如：企業在組織設計實務上，經常採用各事業總部的制度，也是在促進各事業總部為了自己的業績目標，而彼此較勁競爭，輸人不輸陣的過程中，也經常出現一些爭取公司資源的良性衝突。

(三)妥善安排資源分配：衝突之產生，可使企業了解組織溝通、協調及資源分配之重要性，從而建立一套制度系統加以運作，產生長治久安之效果。

(四)激發創造能力：創造力的產生條件，常常需要在自由開放、熱烈討論之氣氛，吸收不同意見，方能引發新奇構想。其過程允許某種程度之非理性，因此爭論在所難免，適當衝突反而能引發創新構想。

(五)改善決策品質：在決策過程中，除理性分析、客觀標準外，在尋找可行方案時，經常需要創造能力，因此如上所述，允許適度爭論，可以蒐集不同觀點的分析與更多解決方案，以改善決策之品質。

(六)增加組織向心力：假設衝突能獲得適當解決，雙方可重新合作，由於取得共識，更能了解對方立場，這是衝突讓「問題」出現而解決之，而非掩蓋拖延。因此，雙方更能產生更強之向心力，促進工作完成。在衝突發生前，每個對自己能力會產生錯誤之估計，但在衝突後，可以平心靜氣，對自己重作評估檢討，以免重蹈覆轍。

二.衝突的負面影響

組織內部如存有不利的衝突，應協調及解決，否則對組織將產生負面效應如下：

(一)組織整體生產力下降：衝突的內耗，消耗公司很多資源，包括時間與金錢。

(二)溝通愈來愈難：衝突將導致溝通愈來愈難，歧見難消。

(三)信任瓦解：敵對的心態更加濃厚，員工之間或部門之間的互信關係被破壞。

(四)人才流失：人員開始不滿意、不合作及優秀人才流失。

(五)降低競爭力：組織目標會難以達成，漸漸影響其生存競爭力。

(六)削弱對目標之努力：此常由於衝突雙方對目標認定歧異，無法採取一致行動投契於既定目標，故難發揮績效。

(七)影響員工正常心理：由於衝突產生易造成員工緊張、焦慮與不安，導致無法在正常心理狀態下工作，效率易受影響。

(八)降低產品品質：由於組織對長期發展及短期目標欠缺協調，引發部門間對目標之衝突，結果為短期可衡量之利益目標，引發重量不重質之現象，產品品質受損。

組織產生衝突的好處及程序

適度衝突6正面影響

1. 提早暴露問題
2. 產生良性競爭氣氛
3. 妥善安排資源分配
4. 激發創造能力
5. 改善決策品質
6. 增加組織向心力

組織或個人衝突程序4階段

階段1	階段2	階段3	階段4
潛在對立	認知與個人化	行為反應	行為結果

事前狀況
- 溝通困難
- 結構不良
- 個人偏見

認知衝突

外顯衝突

提升群體績效

感覺衝突

解決方法
- 競爭
- 合作
- 分享
- 規避
- 調適

降低群體績效

知識補充站

不能忽視的壓力

近年來，美國熱烈討論職業精神醫學，因為職業壓力所造成的心理疾患，甚至已成為職業傷害賠償的第一位。研究顯示工作對主管、部屬造成的精神影響，如果沒有適當紓解，會產生精神疾病。美國一項針對兩百家企業進行的研究報告，發現1/4的員工有焦慮與壓力相關的疾病，其中，憂鬱是最常見的病兆，占兩成四，其次是酒癮、藥癮，比率為兩成。

Unit 14-7
有效處理組織衝突的方法

圖解領導學

身為組織的領導者，當衝突發生時要如何有效且圓滿解決，但又不會舊事重演？

一.有效處理衝突的方法

有效處理組織、部門或是人員之間的衝突，大致有六種方法可以參考：

(一)避免衝突之產生：在組織內各單位人員，應尋求背景、教育、個性較一致之成員，以降低衝突之發生。例如：在一個保守、傳統的公司或單位，就不太能引進思想與行為前衛的員工。

(二)化衝突為合作：透過某種組織或成員，將雙方或三方之衝突化解並建立合作模式與互利方案。

(三)公司資源應合理配置：公司有關之財務預算、資金紅利、人力配置、職位晉升、機器設備、權力下授等均應做合理及公平之分配（Allocation），讓各部門沒有抗拒或衝突之理由或藉口。

(四)結合共同目標：將衝突之雙方部門，運用各種方式、制度及方案，而讓其目標一致，如此，就必須加強雙方合作關係，才能達成目標，並且獲致均分利益。

250

(五)建立制度以期長治久安：在人治化的組織中，問題終將層出不窮，唯有透過制度化、法治化的程序，才能將衝突消弭於無形。

(六)個人方面的努力：包含有1.不必過於堅持己見，應有妥協的藝術，退一步海闊天空；2.要秉持問題解決的導向心態，不要刻意反對，以及3.最好平時避免衝突的產生。

二.衝突的治本與治標方法

(一)治本方法：

1.解決問題：面對面地解決分歧的意見。

2.資源擴張：資源的擴張，滿足了衝突的團體，讓每個單位都能分到利益。

3.改變結構的變數：假如衝突根源是來自組織結構，唯一合理方法是診斷組織的結構，並加以改變組織結構的變數。

4.超組織目標：超組織目標加強了組織內部的依賴程度，也加強員工的相互合作，且發展出長期生存的潛力。

(二)治標方法：

1.逃避：逃避雖然不是永久性的解決方法，但卻是非常普遍的短期解決方法。所謂「事緩則圓」，即是此意。

2.調節：藉著調節降低差異，增加彼此的共通性。

3.妥協：妥協之所以不同於其他的技術，乃在於每個衝突團體必須付出代價，沒有明顯的輸家或贏家。妥協在達成雙方均贏。

4.壓力：使用壓力或正式的權力，是消除反對力量最常見的方法。

有效處理衝突的方法

1.避免衝突之產生	2.化衝突為合作	3.公司資源應合理配置
4.結合共同目標	5.建立制度以長治久安	

6.個人方面的努力

①不必過於堅持己見，應有妥協的藝術。
②秉持問題解決的心態，不要刻意反對。
③最好平時避免衝突的產生。

衝突治本與治標方法

治本

1.解決問題

2.資源擴張

3.改變結構的變數

4.超組織目標

治標

1.逃避

2.調節

3.妥協

4.權力施壓

持續施壓＝好管理？

知識補充站

「持續施壓」是管理上常用的手段，目的在確保人員不致於過分鬆懈，但過度施壓，有時也會有反效果。分寸的拿捏，是每一個領導者很重要的功課。

人都是在壓力下成長的，壓力有時來自別人，有時來自己身。來自別人的壓力，感覺特別強烈，來自己身的，往往無所覺。一個對自我要求高的人，往往己身的壓力已很大，比較不會輕易妥協。相反的，一個自我要求不高的人，常常容易鬆懈。這在人員的管理上，要能適當的因人施予不同的壓力。

「持續施壓」是在測試下屬的抗壓能力，多數的經營者都是信奉「人是需要經歷琢磨的」，所以人才最大的考驗，就是抗壓的忍耐力。

在人才養成的過程中，「持續施壓」並不是那麼令人難以接受，重要是施壓要有方向目標，而對於方向目標，若能與願景結合，將更容易打動人心，也讓人信服。壓力的大小，若能與報酬成正比，就比較不會引起反彈。這在中小企業的老闆經營，更應深思一下。

Unit 14-8
衝突有效管理方法

針對衝突管理（Managing Conflict）的方法，可從兩大途徑來看，比較有效。

一.結構性管理方法

基本上，結構性管理方法（Structural Method）乃是採取制度結構之重建，隔離衝突之主體，此法本質上有迴避之性質。茲將其主要論點分述如下：

(一)藉由權位統制衝突（Dominance through Position）：按職位高低，以位高權重者來支配位卑權小者之作法，近似壓制；亦可利用聯合支配方式造成聲勢。然此種方法有短暫效果，卻無法真正消除雙方心理障礙。

(二)互相交換成員（Interchange）：以了解對方立場及困難，也可由主管以命令方式處理之，但效果也難持續。透過人員相互交流，以了解彼此之立場與條件。企業實務上，也經常透過主管輪調，讓雙方主管了解各單位在執行上的困難點及配合點。

(三)改變組織設計，減少互依性（Decoupling）：利用提供某部門資源或複製另一部門，使衝突部門之依賴程度降低。另外，企業組織設計上，也經常採用事業總部方式，將產銷大權集中於該事業總部最高主管，貫徹權責合一制，減少平行部門引起太多的本位衝突。

(四)利用連綴角色予以緩衝（Buffering with Linking Pin）：透過協調連綴個人或群體，作為衝突雙方之仲裁角色。

(五)運用整合部門衝突（Buffering with an Integrating Department）：此法為利用設置整合部門來協調兩個群體之衝突。

二.人際性管理方法

人際性管理方法（Interpersonal Confrontation Method）儘量利用人際技巧協調衝突雙方，其所運用的方法有三，茲分述如下：

(一)自行溝通或說服（Persuasion or Conciliation）：此乃以理性態度，由當事人直接說服或雙方自行協調處理之。有時雙方衝突僅是由於謠傳或誤傳或誤會所致，雙方當事人，經過澄清及溝通後，即可化解小衝突。

(二)協議（Negotiation or Bargaining）：協議的最終目標，希望雙方均能互利互惠，以及互退一步。例如：台塑集團的勞工工會，以前每到調薪時節，總會組團到臺北總公司，求見那時還健在的王永慶董事長，要求調薪比例，最後獲致協議，而避免勞資衝突。

(三)中立的第三團體諮詢法（Third Party Consultation）：在私自協調及談判均無法完成任務時，可採第三者諮詢法，這種方法無特定處理程序。首先雙方分隔兩地，分別提出條件，由第三者居中傳遞訊息，而後聚會交換意見。如有觀點上的差異，請第三者協調澄清，如此經過反覆思考討論，取得折衷方案。在公司內部或公司外部均不傾向採取這種外界認為較為公正客觀的第三方諮詢仲裁。

衝突2大有效管理方法

結構性管理衝突

1.藉由權位（高階）統制衝突

【例如】
董事長下令某兩位副總經理，不必再各執己見，而須通力合作，辦好此事，否則兩位副總都將滾蛋。而兩位副總鑑於薪資及福利都不錯，外面也找不到更好的工作，因此，可能會雙方修好。

2.互相交換成員（主管輪調）

3.改變組織設計，減少彼此互依性

【例如】
某幕僚單位經常扮演分析及評論某業務單位功能，但也引起業務單位不滿。因此，就改變組織設計，將此幕僚單位移轉到該業務單位。

4.利用連綴角色，予以緩衝

【例如】
公司的董事長室或總經理室高階幕僚人員，就常出面扮演衝突雙方的協調人。

5.運用高位階的整合部門緩衝

【例如】
公司設有總管理處或董事長室副總經理，其職掌功能之一即是具有整合相關部門工作方向、政策、溝通協調與資源整合之功能，作為雙方部門最後意見不一致下之仲裁者。

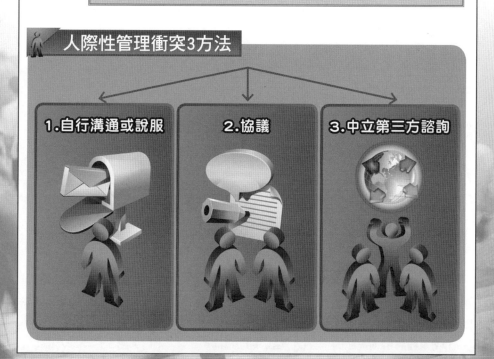

人際性管理衝突3方法

1.自行溝通或說服　　2.協議　　3.中立第三方諮詢

Unit 14-9
衝突管理六大原則及十種方式

領導者在處理衝突時，應恪守以下原則及方式，來化解組織部門間的衝突。

一.衝突管理的六大原則

(一)**注意問題癥結**：很多時候表面看來相安無事，底層卻是暗潮洶湧，有些人表面上說不在意，其實心裡耿耿於懷。

(二)**留餘地**：即使當事人有錯，也要維護對方自尊；事後要使其了解錯在何處。

(三)**對事不對人**：處理的焦點應放在問題本身，而不是放在人身上，避免用情緒性、批評意味的字眼，更不要涉及個人私德或私交。

(四)**同理心**：站在當事人的角色來看問題。

(五)**考量利害**：衝突的化解應基於「利害」的考量，而非「立場」的考量。因此主管必須放下自身立場，衡量整體利害關係，兩利相權取其重，兩害相權取其輕。

(六)**站穩立場**：主管處理衝突，要先了解自己的底限，確認自己的需要，再進一步了解對方的底限，確認對方的需要，這樣才能找出雙方都能接受的平衡點。

二.化解衝突的十種方式

如何化解部門間的衝突，必須從多種管道著手，茲概述如下，其他請見右文：

(一)**從老闆改革起**：企業是老闆一人執政，因此老闆就是改革的最源頭。老闆必須對所有部門及所有一級主管，均一視同仁，沒有大牌與小牌之區分，也只是一種聞道先後或禮儀尊敬之表象。

(二)**職掌、權責釐清**：職掌、權責模糊，勢必造成互相推託，沒有人願意承擔責任。因此每個部門的職掌及部門主管的權責，均須以文字化加以明確規範，自然就能避免三不管地帶的產生。

(三)**組織內必須嚴格禁止派系的產生**：這必須從最高階層的經營者、董事會，以及高階主管身上做起。

(四)**力行定期輪調**：在相似業務的工作上，對主管進行定期輪調，讓他們對別的部門工作多了解、多溝通。

(五)**壯士斷腕**：對於少數抗爭太過分的同仁，可調到較不重要的部門，或調為非主管職。若仍無法改善時，則只有壯士斷腕，請他另謀高就，以徹底解決事端。

(六)**列入考核要項**：部門主管通常對晉升、加薪、年終獎金及紅利分配等均相當在意。因此如果在年度考核（考績）作業上，加入「協調與配合」項目，並給予相當大的比例分數，將會有意想不到的成效。

(七)**主管自我反省**：主管必須胸襟寬大，個性慎重周延，培養成熟穩重的作風。此外，幕僚主管在做規劃或稽核前，應多了解實務，多和業務主管溝通；而業務主管也應確認幕僚人員是來幫助他們的，而多予支持及配合。

(八)**及時化解衝突原因。**　(九)**建立新的指揮系統。**　(十)**部門合作績效方顯。**

衝突管理6大原則

1. 注意問題癥結
2. 留餘地
3. 對事不對人

4. 同理心
5. 考量利害
6. 站穩立場

化解衝突10種方式

1. 從老闆改革起
2. 職掌職責釐清
3. 嚴禁派系產生
4. 力行定期輪調
5. 壯士斷腕
6. 列入考核要項
7. 主管自我反省

8. 及時化解衝突原因

當小衝突發生時，企業經營者必須迅速親自撲滅，並且查出源頭與緣由為何？然後立即研訂解決方案，以避免類似狀況再發生。

9. 建立新的指揮系統

當平行部門太多，而最上面的指揮主管只有一人時，則不妨將幾個部門，劃歸由某一協理級或副經理級人員來主管。

10. 部門合作績效方顯

在很多案例中，經常看見企業界老闆，為解決部門或主管間的衝突，而疲於奔命，不斷做和事佬。不過，這畢竟不是徹底的解決方法。「要拿開心中的陰影」，這是一句十分富有內涵及意義的話。如果企業界上至經營者，下至部門主管，人人都能拿開心中的陰影，那麼部門間的衝突，將會減至最小。

第 15 章

領導與考核控制、績效評估

● 章節體系架構 ▼

Unit 15-1
考核管控的類別與原因

圖解領導學

控制是一項確保各種行動，均能獲致預期成果的工作。如果沒有控制或考核制度與相關部門，那麼計畫的推動就很難百分百的落實了。

一.控制的類別

基本上，組織內各種營運工作，應有以下三種類別的控制方法可資運用：

(一)事前控制或初步控制（Preliminary Control）：係指在規劃過程時，已採取各種預防措施，例如：政策、規定、程序、預算、手續、制度等之研訂，以及各種資源之準備與配置，例如：SOP制度（Standard of Procedure）及預算目標等。

(二)即時同步控制（Concurrent Control）：係指在有異常狀況之執行當時，即同步獲得資訊並馬上進行處理改善；此有賴良好的資訊管理回饋系統。例如：預定的出貨數量是否已準時生產完成，或銷售目標是否已達成等。

(三)事後管制（Post-Action Control）：係指在事件發生一段時間後，再進行檢討執行狀況以為改正。例如：年度總檢討、月檢討、特人專案檢討等。

二.為何需要控制

258

控制的意義是指確保組織能夠達成預算目標的一種過程，但為何需要控制呢？有以下三個理由，茲分述如下：

(一)環境的不確定性（Uncertainty）：組織的計畫及設計都是以未來環境為預估背景，然而社會價值、法律、科技、競爭者等環境變數都可能改變。因此，面對環境的不確定性，控制機能的發揮是不可或缺的。尤其在激烈變動的產業環境中，像高科技產業，變化更是巨大。

(二)危機的避免（Crisis Prevention）：不管是外部環境或內部環境的變化，使組織運作產生一些偏差與失誤時，若不及時予以控制，可能將面臨更大、更意想不到的危機。例如：國外OEM（委託代工）大客戶可能異動的訊息，就必須及時有效的控管及因應。

(三)鼓勵成功（Encourage Success）：對員工激勵其士氣並回饋其成果，透過控制系統中的回報作業可達到此目的。因此，控制系統之主要目的，乃在鼓勵全員努力的成功。

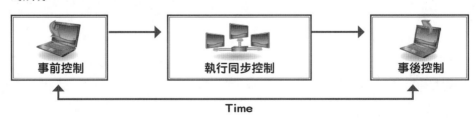

事前控制　　　執行同步控制　　　事後控制

Time

控制與考核的意義

 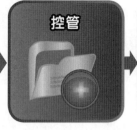 

控管 → 確保事情如實推動與目標達成

控制3大類別

1.事前控制
→SOP控制及預算目標。

2.即時同步控制
→預定的出貨數量是否已準時生產完成,或銷售目標是否已達成。

3.事後控制
→年度總檢討、月檢討、特大專案檢討等。

為何需要控制

1.因面對環境不穩定性
→社會價值、法律、科技、競爭者等環境變數都可能改變。

2.危機的避免
→國外OEM(委託代工)大客戶可能異動的訊息,就必須及時有效的控管及因應。

3.鼓勵成功
→對員工激勵其士氣並回饋其成果,透過控制系統中的回報作業可達到此目的。

知識補充站

寬容/嚴苛偏差

寬容偏差(Leniency)通常肇因於避免評估所引起的爭議,常見於極度主觀且難以辯解的績效標準,及評估者必須與部屬討論評估結果時。

嚴苛偏差(Strictness)常見於實施強迫分配法的公司,因可被評為優秀的名額有限,另外也可能有些主管本身要求較嚴苛。

最大問題在於同一公司同時擁有寬容與嚴苛的主管,導致評估的差異。

Unit **15-2**
有效管控的原則

對組織內部營運體系的有效管控，應把握下列原則，才能做好管控作業與目標。

一.適時的控制

有效的控制，必須能夠適時發現問題，以便管理者及時採取補救措施。更進一步說，管理者最好能夠防患於未然；再不然，也要同步控制才行。

二.要能鼓勵員工一致的配合

控制考核的標準要能鼓勵員工一致配合，即控制標準的設計應該：1.公平且可以達成；2.可以觀察及衡量；3.必須明確不可模糊；4.控制標準值不宜太高但非輕易可達成；5.控制標準必須完整，以及6.由員工參與設定，或由單位提報，呈上級核定。

三.運用例外管理

所謂「例外管理原則」（Management by Exception）係指管理者只須注意與標準有重大差異的事件，不必埋首於平凡細微事務。例如：台塑企業集團的例外差異管理就做得非常好，只要與既定目標數有差異，電腦就會自動列印出來，相關單位主管就必須填報為何有差異，以及如何因應。

四.績效迅速回饋給員工

管理者必須將績效迅速的回饋給員工，以提高員工們的士氣。例如：有好的績效達成、超前的生產量完成等。

五.不可過度依賴控制報告

有些控制報告只告訴我們事情的結果，但對於背後真實情況，必須親自發掘。換言之，只知What，但不知Why及How。因此，還必須搭配專案改善小組的功能。

六.配合工作狀況決定控制程度

高階人員必須知道何時應給予控制、何時多讓屬下自我控制，此乃管理藝術之發揮。其實，最好的控制是員工或單位自我控制，總公司只做重要項目的控制及稽核。

七.避免過度控制

實務上有時會發生總管理處幕僚人員，對程序管制過於嚴苛，讓第一線人員無法專責或發揮應有的戰力。因此，必須明白控制的目的是為了更好的結果，而非控制。

八.建立雙向溝通促進了解

控制考核單位與被考核單位，雙方人員應多雙向溝通、協調及開會討論，才能有效達成目的，解決問題。

控制考核8項原則

有效控制考核的原則

1.適時的控制	5.不可過度依賴控制報告
2.控制標準要能鼓勵員工一致配合	6.配合工作狀況決定控制程度
3.運用例外管理	7.避免過度控制
4.將績效迅速回饋給員工	8.建立雙向溝通，促進了解

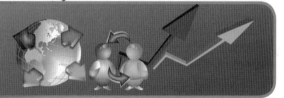

如期、如實推動各部門內工作進展，並順利達到組織目標。

知識
補充站

玻璃天花板效應

玻璃天花板效應（Glass Ceiling Effect）是一種比喻，指的是設置一種無形的、人為的困難，以阻礙某些有資格的人（特別是女性）在組織中上升到一定的職位。

玻璃天花板一詞出現於1986年3月24日的《華爾街日報》的〈企業女性〉的專欄當中，用來描述女性試圖晉升到企業或組織高層所面臨的障礙。

「天花板效應」是莫里森和其他人在1987年的一篇文章〈打破天花板效應：女性能夠進入美國大企業的高層嗎？〉中首先使用的概念。一年以後，瑪里琳‧戴維森和加里‧庫珀在其《打碎天花板效應》一書中也討論了這個問題。

玻璃天花板效應基本上的意涵為，女性或是少數族群沒辦法晉升到企業或組織高層並非是因為他們的能力或經驗不夠，或是不想要其職位，而是一些針對女性和少數族群在升遷方面，組織似乎設下一層障礙，這層障礙甚至有時看不到其存在。

因此，如果組織中的女性或少數族群想順著職業生涯發展階梯慢慢往上攀升，當快要接近頂端時，自然而然就會感覺到一層看不見的障礙阻隔在他們上面，所以他們的職位往往只能爬到某一階段就不可能再繼續上去了。這樣的情況就是所謂的玻璃天花板的障礙。

我國「兩性工作平等法」（現修正為「性別工作平等法」）民國91年3月8日開始實施後，除使兩性工作權平等外，增加女性就業機會與待遇的公平，更希望改變女性等於家務事的傳統觀念，讓有能力的女性和男性公平競爭。

Unit **15-3**
控制中心的型態

就會計制度而言，為達成財務績效，對組織內部可區分四種型態來評估其績效。

一.利潤中心

利潤中心（Profit Center）是一個相當獨立的產銷營運單位，其負責人具有類似總經理的功能。實務上，大公司均已成立「事業總部」或「事業群」的架構，做好利潤中心運作的核心。營收額扣除成本及費用後，即為該事業總部的利潤。

二.成本中心

成本中心（Cost Center）是事先設定數量、單價及總成本的標準，執行後比較實際成本與標準成本之差異，並分析其數量差異與價格差異，以明責任。實務上，成本中心應該會包括在利潤中心制度內。成本中心常用在製造業及工廠型態的產業。

三.投資中心

投資中心（Investment Center of Financial Center）是以利潤額除以投資額去計算投資報酬率，來衡量績效。例如：公司內部轉投資部門或獨立的創投公司。

四.費用中心

費用中心（Expense Center）是針對幕僚單位，包括財務、會計、企劃、法務、特別助理、行政人事、祕書、總務、顧問、董監事等幕僚人員的支出費用，加以總計，並且按等比例分攤於各事業總部。因此，費用中心的人員規模不能太多、龐大；否則各事業總部的分攤，他們會有意見的。當然，一家數億、上百億、上千億大規模的公司或企業集團，勢必會有不小規模的總部幕僚單位，這也是有必要的。

小博士解說

責任中心制度下的利潤中心

當企業成長已具相當規模時，為減輕高階主管的重擔，通常會採分權化組織。因此內部會形成許多被高階主管授權從事決策及日常營運的單位或部門，這些單位及其負責人，也必須對其上一層級之單位主管，加以負責。此一分權化單位或部門，即為一般所稱之「責任中心」。

責任中心制度是一種分權化組織的管理控制制度，激勵各中心主管做到「全員經營」的理想境界，就其職權透過高效能與高效率之管理，完成其所應負的責任目標；此責任目標可能為成本、收益、利潤、投資報酬率或其他品質、技術水準等非貨幣的成就。故組織中的一個部門或單位，其管理人員負責該責任中心的成本控制與利潤創造等經營績效，即稱之為「利潤中心」。

圖解領導學

控制中心4種型態及目的

1.利潤中心
（Profit Center）

- 各事業部別
- 各公司別
- 各業務單位別
- 各分公司別
- 各廠別

負責產、銷、管、研

達成及追求利潤目標

2.成本中心
（Cost Center）

- 各工廠別
- 各採購別

負責成本支出控管

控管及降低成本目標

3.投資中心
（Investment Center）

- 對內各項新投資案
- 對外各項新投資案

負責投資資金控管

追求投資報酬率

4.費用中心
（Expense Center）

- 對各幕僚單位支出控管

達成費用預算控管及降低

知識補充站

責任會計制度

左文有提到責任中心如何到利潤中心的過程；然而要將責任中心下的利潤表現出來，就需要有一套合適的會計制度，這個會計制度，我們稱為「責任會計制度」。

責任會計制度是現代分權管理模式的產物，它透過在企業內部建立若干個責任中心，並對其分工負責的經濟業務進行計畫與控制，以實現業績考核與評價的一種內部控制制度。

這種制度要求根據授予各級單位的權力、責任及對其業績的評價方式，將企業劃分為各種不同形式的責任中心，建立起以各責任中心為主體，以權、責、利相統一為特徵，以責任預算、責任控制、責任考核為內容，透過訊息的積累、加工和回饋而形成的企業內部控制系統。責任會計就是要利用會計訊息對各分權單位的業績進行計量、控制與考核。

Unit 15-4
企業營運控制與評估項目

在企業實務營運上，高階主管較重視的控制與評估項目，茲整理如下，希望透過簡明扼要的介紹，讓讀者對此管理議題能有通盤的概念。

一.財務會計面

市場是現實的，企業營運如果沒有獲利，如何永續經營，所以高階主管首要了解的是企業的財務會計，並針對以下內容加以控制與評估，即：1.每月、每季、每年的損益獲利預算目標與實際的達成率；2.每週、每月、每季的現金流量是否充分或不足；3.轉投資公司財務損益狀況之盈或虧；4.公司股價與公司市值在證券市場上的表現；5.與同業獲利水準、EPS（每股盈餘）水準之比較，以及6.重要財務專案的執行進度如何，例如：上市櫃（IPO）、發行公司債、私募、降低聯貸銀行利率等。

二.營業與行銷面

再來是營業與行銷，這是企業獲利的主要來源及管道，而以下數據及市場變化，會有助於高階主管了解企業產品在市場上的流通狀況，即：1.營業收入、營業毛利、營業淨利的預算達成率；2.市場占有率的變化；3.廣告投資效益；4.新產品上市速度；5.同業與市場競爭變化；6.消費者變化；7.行銷策略回應市場速度；8.OEM大客戶掌握狀況，以及9.重要研發專案執行進度如何。

三.研究與發展面

企業不能僅靠一種產品成功就停滯不前，必須不斷研究與發展（R&D），才能有創新的突破，因此高階主管必須對以下研發相關進展有所掌握，即：1.新產品研發速度與成果；2.商標與專利權申請；3.與同業相比，研發人員及費用占營收比例之比較，以及4.重要研發專案執行進度如何。

四.生產／製造／品管面

企業不斷研發，但生產、製造及品管產品的品質度及完成時間如何，這是攸關企業的專業與信譽，當然也是高階主管必須重視的，即：1.準時出貨控管；2.品質良率控管；3.庫存品控管；4.製程改善控管，以及5.重要生產專案執行進度如何。

五.其他面向

上述四個控制與評估項目，幾乎是高階主管必修的課題，除此之外，還有以下列入專案管理的項目，也必須予以特別留意並控制與評估，即：1.重大新事業投資專案列管；2.海外投資專案列管；3.同／異業策略聯盟專案列管；4.降低成本專案列管；5.公司全面e化專案列管；6.人力資源與組織再造專案列管；7.品牌打造專案列管；8.員工提案專案列管，以及9.其他重大專案列管。

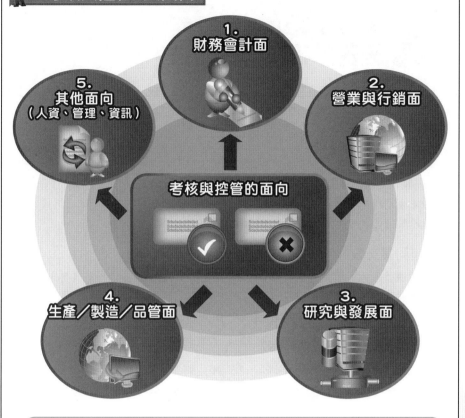

1.
財務會計面

5.
其他面向
（人資、管理、資訊）

2.
營業與行銷面

考核與控管的面向

4.
生產／製造／品管面

3.
研究與發展面

265

什麼是IPO？

知識
補充站

IPO是指初次上市櫃之意。正式說法是首次公開募股（Initial Public Offerings, IPO），即企業透過證券交易所首次公開向投資者增發股票，以期募集用於企業發展資金的過程。

對應於一級市場，大部分公開發行股票由投資銀行集團承銷而進入市場，銀行按照一定的折扣價從發行方購買到自己的帳戶，然後以約定的價格出售，公開發行的準備費用較高，私募可以在某種程度上部分規避此類費用。

這個現象在90年代末的美國發起，當時美國正經歷科網股泡沫。創辦人會以獨立資本成立公司，並希望在牛市期間透過首次公開募股（IPO）集資。由於投資者認為這些公司有機會成為微軟第二，股價在它們上市的初期通常都會上揚。不少創辦人都在一夜間成了百萬富翁。而受惠於認股權，雇員也賺取了可觀的收入。在美國，大部分透過首次公開募股集資的股票都會在那斯達克市場內交易。很多亞洲國家的公司都會透過類似的方法來籌措資金，以發展公司業務。

Unit 15-5
經營分析的比例用法

對於今年任何實際經營分析的數據，我們都必須注意到下列五種可靠正確的比例分析原則，才能達到有效的分析效果。

一.應與去年同期比較

今年是否比往常好？當然是以去年為最優先的比較基準，例如：本公司今年營收額、獲利額、EPS（每股盈餘）或財務結構比例，與去年第一季、上半年或全年度同期比較增減消長幅度如何。與去年同期比較分析的意義，即在彰顯今年同期本公司各項營運績效指標，是否進步或退步，還是維持不變。

二.應與同業比較

與同業比較是一個重要的指標分析，因為這樣才能看出各競爭同業彼此間的市場地位與營運狀況，例如：本公司去年業績成長20%，而同業如果也都成長20%，甚或更高比例，則表示這整個產業環境景氣大好所帶動。

三.應與公司年度預算目標比較

企業實務最常見的經營分析指標，就是將目前達成的實際數字表現，與年度預算數字互作比較分析，看看達成率多少，究竟是超出預算目標，或是低於預算目標。

四.應與國外同業比較

在某些產業或計畫在海外上市的公司、計畫發行ADR（美國存託憑證）或發行ECB（歐洲可轉換公司債）的公司，有時也需要拿國外知名同業的數據，作為比較分析參考，以了解本公司是否也符合國際間的水準。

五.應綜合性／全面性分析

有時在經營分析的同時，我們不能僅看一個數據比例而感到滿意，更應注意各種不同層面、角度與功能意義的各種數據比例。換言之，我們要的是一種綜合性與全面性的數據比例分析，必須同時納入考量才會周全，以避免偏頗或見樹不見林的缺失。

小博士解說

短期經營決策分析

短期經營決策分析是指決策結果只影響或決定企業一年或一個經營週期的經營實踐的方向、方法和策略，著重於從資金、成本、利潤等方面，如何充分利用企業現有資源和經營環境，以取得最大可能的經濟效益。從短期經營決策分析的定義中可以看出，在其他條件不變的情況下，判定某決策方案優劣的主要標誌是看該方案能否使企業在一年內獲得更多的利潤。

今年經營數據分析

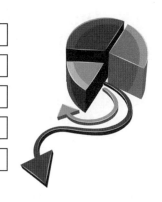

今年實際數據的比較

1. 與去年同期比較
2. 與同業比較
3. 與預算目標比較
4. 與國外同業比較
5. 綜合全面性分析

財務資訊VS.財務分析

財務報表

◇管理者的重要資訊及會計政策的重要性
◇其他報導資料：
　產業及企業資料

財務分析應用範圍

◇信用分析
◇證券分析
◇併購分析
◇負債及股利分析
◇企業溝通策略分析
◇一般企業分析

企業分析工具

企業策略分析

透過產業分析及競爭策略分析，評估企業未來績效

會計報告分析	過去財務比率分析	企業未來展望分析
透過會計政策及估計值，評估會計報告品質。	使用比率及現金流量分析，評估企業財務績效。	進行企業預測及評估企業價值。

資料來源： Palepu, Krishna G., Victor L. Bernard and Paul M., *Healy Business Analysis and Valuation*, 1996, P.1-8。

財務分析

知識補充站

財務分析是針對企業財務資料進行分析，用以評估企業經營績效與財務狀況。過去營運績效良好的企業，未來不一定良好，而過去營運績效不良的企業，未來也不一定惡化。因此，財務分析是指了解財務資訊程序，透過可取得的資訊，針對企業的過去及未來價值分析，進行企業改革與決策擬定之用。

Unit **15-6**
財務會計經營分析指標

近幾年來，報章媒體常頻傳某些知名上櫃上市企業無預警的關廠、倒閉，雖可歸咎於全球景氣不佳或是因應競爭壓力而移轉境外投資等因素。但是，如果我們能事先從其財務報表看出端倪，不僅有助於降低企業本身投資之風險，也能提升企業內部經營效能。

一.損益表分析

損益表是表達某一期間、某一營利事業獲利狀況的計算書，期間可以為一個月／季／年等，也是多數企業經營管理者最重視的財務報表，因為這張表宣告這家企業的盈虧金額，間接也揭露這家企業經營者的經營能力。但損益表的功能絕不只是損益計算，深入其中常可發現企業經營上的優缺點，讓企業藉此報表不斷改進。

二.資產負債表分析

資產負債表是反映企業在某一特定日期財務狀況的報表，所以又稱為靜態報表。

資產負債表主要提供有關企業財務狀況方面的訊息，透過該表，可以提供某一日期資產的總額及其結構，說明企業擁有或控制的資源及其分布情況，也可以反映所有者所擁有的權益，據以判斷資本保值、增值的情況，以及對負債的保障程度。

三.現金流量表分析

現金流量表是財務報表的三個基本報告之一，所表達的是在一固定期間（每月／每季）內，一家機構的現金（包含銀行存款）的增減變動情形。該表的出現，主要是在反映出資產負債表中各個項目對現金流量的影響，並根據其用途劃分為經營、投資及融資三個活動分類。

四.轉投資分析

轉投資就是企業進行非現行營運方向或他項產業營運的投資。但是愈來愈多的臺灣上市櫃公司把生產重心轉移中國大陸，在公司財務報表上就產生了愈來愈龐大的業外收益，母公司報表上的數字也愈來愈沒有代表性。因此，如何判斷報表數字的正確性，正是奧妙所在，所以不論是看同業或自家企業，高階主管應注意下列幾點分析：1.轉投資總體分析；2.轉投資個別公司分析，以及3.轉投資未來處理計畫分析。

五.財務專案分析

除上述外，企業可能會有其他重要財務專案的進行需求，需要高階主管隨時投入心力，包括：1.上市、上櫃專案分析；2.外匯操作專案分析；3.國內外上市櫃優缺點分析；4.增資或公司債發行優缺點分析；5.國內外融資優缺點分析，以及6.海外擴廠或建廠資金需求分析。

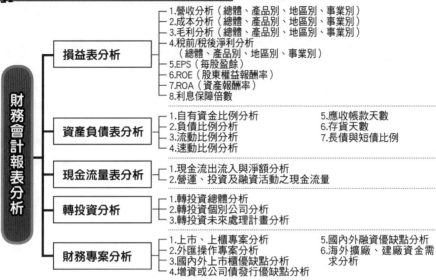

財務報表與經營指標分析

財務會計報表分析

- **損益表分析**
  - 1.營收分析（總體、產品別、地區別、事業別）
  - 2.成本分析（總體、產品別、地區別、事業別）
  - 3.毛利分析（總體、產品別、地區別、事業別）
  - 4.稅前/稅後淨利分析（總體、產品別、地區別、事業別）
  - 5.EPS（每股盈餘）
  - 6.ROE（股東權益報酬率）
  - 7.ROA（資產報酬率）
  - 8.利息保障倍數

- **資產負債表分析**
  - 1.自有資金比例分析
  - 2.負債比例分析
  - 3.流動比例分析
  - 4.速動比例分析
  - 5.應收帳款天數
  - 6.存貨天數
  - 7.長債與短債比例

- **現金流量表分析**
  - 1.現金流出流入與淨額分析
  - 2.營運、投資及融資活動之現金流量

- **轉投資分析**
  - 1.轉投資總體分析
  - 2.轉投資個別公司分析
  - 3.轉投資未來處理計畫分析

- **財務專案分析**
  - 1.上市、上櫃專案分析
  - 2.外匯操作專案分析
  - 3.國內外上市櫃優缺點分析
  - 4.增資或公司債發行優缺點分析
  - 5.國內外融資優缺點分析
  - 6.海外擴廠、建廠資金需求分析

各種財務經營指標分析

項　目		
1.財務結構	(1)負債占資產+股東權益比率(%)	
	(2)長期資金占固定資產比率(%)	
2.償還能力	(1)流動比率(%)	
	(2)速動比率(%)	
	(3)利息保障倍數(倍)	
3.經營能力	(1)應收款項周轉率(次)	
	(2)應收款項收現日數	
	(3)存貨周轉率(次)	
	(4)平均售貨日數	
	(5)固定資產周轉率(次)	
	(6)總資產周轉率(次)	
4.獲利能力	(1)資產報酬率(%)(ROA)	
	(2)股東權益報酬率(%)(ROE)	
	(3)占實收資本比率(%)	營業純益
		稅前純益
	(4)純益率(%)/毛利率(%)	
	(5)每股盈餘(EPS)	
5.現金流量	(1)現金流量比率(%)	
	(2)現金流量允當比率(%)	
	(3)現金再投資比率(%)	
6.槓桿度	(1)營運槓桿度	
	(2)財務槓桿度	
7.其他	本益比(每股市價÷每股盈餘)	

Unit 15-7
績效評估的程序、目的與激勵Part I

完善的績效管理作業辦法，能促進上下溝通管道順暢，展現團隊合作精神。

一.績效評估之程序

對組織個人及群體進行績效評估，乃是一種控制工具的功能，其基本程序包括四種，即：1.績效指標的制度（Key Performance Indicator, KPI）；2.實際達成績效的衡量；3.評估比較（實際與預算），以及4.提供賞罰的行動。

二.績效評估的目的

對人的績效評估，有以下幾個項目可資參考運用，茲簡單說明如下：

(一)人事決策參考：可作為一般人事決策之參考。例如：晉升、降級、輪調、資遣等。

(二)獎酬分派基礎：讓員工了解組織對其績效考核的回饋狀況，可作為獎酬分派的基礎。例如：調薪、年終獎金、股票紅利分配及業績獎金等。

(三)工作指派依據：可作為評估甄選及工作指派之標準。

(四)了解未來培訓方向：可作為未來人力資源規劃之參考依據，以及確認員工個人或幹部之教育訓練計畫需求。

(五)了解個人或單位對公司之貢獻：了解個人、群體（部門）對公司營運績效目標達成之貢獻程度，以確保公司整體營運績效處於良好狀況下。

三.績效評估與激勵

在前面章節中曾述及「期望激勵理論」（Expectancy Theory）中，績效是一個重心。該理論在闡述：1.對努力與績效關係之預期，以及2.績效與獎酬關係之預期。

換言之，員工對「努力→績效→獎賞」之三職制關係愈明確及相信者，則愈具激勵效果。而獎賞的依據，就是依員工對公司的績效成果而定。

四.高績效組織——必先強化績效目標管理

環顧世界一流企業——奇異、IBM的管理經驗，都是以達到高績效組織（High Performing Organization, HPO），作為企業強化體質的重要手段，但如何才能轉化成為高績效目標？

首先，必須先強化績效管理，明確訂立每位員工的績效目標和考核標準，把公司的成敗責任，下放到每一位員工身上，徹底分層負責。其次，營運成果也必須下放到員工，堅守賞罰分明的原則，讓每一位員工都能達到公司期望的潛力。

所謂的「績效管理制度」，也就是貫徹目標管理（Management by Objectives）的精神，公司的年度總目標，經由各級主管和部屬面對面討論，細分到每一位員工當年度的目標和績效評估標準。

績效評估的目標與程序

1.重要的必須衡量

What counts gets measured

4.獎勵的必是重要

What gets rewarded counts

設立衡量目標

2.衡量的必會完成

What gets measured gets done

3.完成的必有獎賞

What gets done gets rewarded

績效評量的目的

1.作為個人升遷參考依據

2.作為個人獎酬分派依據

3.作為個人指派工作依據

4.了解個人未來培訓方向

5.了解個人或單位對公司貢獻

→ 確保公司整體營運績效處於良好狀況

績效評估4程序

1.設立單位及個人的KPI值與預算

2.實際達成與預定目標之比較（達成率多少）

3.考評

4.賞罰

Unit 15-8
績效評估的程序、目的與激勵Part II

運用資源創造績效，貢獻企業獲利，可說是經理人的天職。當然，創新產品、產品特徵、行銷力量、品牌知名度、廣告促銷、財務結構、生產製造技術等外在環境的優越，是經營績效的最佳保障，但經理人如何在這些優越條件下，創造更高績效呢？我們除了前文提到的高績效組織，必先強化績效目標管理之外，經理人還必須注意如何確保高績效組織工作的進行與持續。

五.如何確保高績效組織工作

(一)重視人才：企業成功在於找到合適人才，以其工作技巧完成公司所賦予的使命，經理人最重要的工作就是把這些人留下來為公司效命。三流人才占據工作崗位，耗費公司資源，又無法發揮績效，久而久之，他們營造出來的工作環境，可能汙染好的人才，造成組織無能。這時主管可能要耗用80%的寶貴時間輔導不稱職的員工，到頭來，所有人都變成無能。精選人才，讓好人才感染好人才，才能創造高績效。

(二)良好的工作環境：經理人的重責大任就是創造一個有生產力的工作環境，讓每一位工作同仁都能樂在其中。有幸能在同一個辦公室工作，主管的任務便是讓每個人能夠互相支援，朝共同的目標前進。良好的工作環境就是使每一位同仁能在工作中學習成長，誠如彼得·聖吉所言，沒有學習成長的企業，如同沒有學習成長的嬰兒，終將成為白癡，後果堪慮。同仁之間的和諧關係，不但促進工作效率，而且能夠激發彼此學習的動機。

(三)融洽的關係：經理人必須營造主管與部屬的融洽關係，更應促使同仁與公司建立積極正面的關係。經理人必須以誠實、正直的態度與方法，跟同仁互動，才能提升員工生產力。員工與主管的關係融洽，才能毫無保留的討論工作上的難題，共同探討改善的方法，因為員工是接觸問題的人，只有他才能解決現場問題。

(四)現場的教練：在劇烈競爭的球賽中，教練穿梭球場研擬攻防策略，適時調動與指導球員。成功經理人應像教練輔導同仁將工作做對、做好。教練也應利用現場指導，將工作技巧與方法傳授同仁。同仁與教練是建立在彼此依存的信任關係中，因此，經理人要學好教練技巧，建立彼此良好的雙向溝通，才能發揮教練的功能。

(五)發揮工作成效：正如彼得·杜拉克所言，經理人的工作成效在於做正確的事、把事情做對，這是指主管提供正確的工作方向，讓同仁全心投入，然後在處理的過程中，把工作做好，讓工作成果展現出來。所以，每個員工的責任範圍，要明確訂定。這些責任範圍必須在主管與部屬彼此認知下，形成共識。部屬對工作投入，主管輔以指導，就可發揮工作績效。

(六)讚美與肯定：對於部屬以正確方法完成的工作績效，主管必須立即給予肯定或讚美，讓部屬了解他已完成一項完美的工作。肯定與讚美是明確告訴部屬，這樣的好行為應該繼續讓它發生，經由肯定與讚美，可以建立主管與部屬的工作默契，並潤滑彼此的關係。

如何確保高績效組織工作？

1.重視人才
→精選人才，讓好人才感染好人才，才能創造高績效。

2.良好的工作環境
→良好的工作環境就是使每一位同仁能在工作中學習成長，朝共同的目標前進。

3.融洽的關係
→經理人必須以誠實、正直的態度與方法，跟同仁互動，才能提升員工生產力。

4.現場的教練
→經理人要學好教練技巧，建立彼此良好的雙向溝通，才能發揮教練的功能。

5.發揮工作成效
→部屬對工作投入，主管輔以指導，就可發揮工作績效。

6.讚美與肯定
→肯定與讚美是明確告訴部屬，這樣的好行為應該繼續讓它發生，藉此潤滑彼此關係，建立工作默契。

273

知識補充站

高績效員工的定義

《顛峰表現》（*Peak Performance*）一書作者卡森巴克（Jon Katzenbach），多年來一直對如何運用員工工作情緒，為公司創造亮麗成績甚感興趣。但是情緒能夠成事，也能敗事，企業如何激發員工正面情緒，為公司賣力，答案似乎並非顯而易見，因此作者展開進一步的研究，寫成了《顛峰表現》一書。

卡森巴克將高績效員工定義為：一群積極認同企業的員工，運用活力生產產品、提供服務，為公司創造持久的競爭優勢。根據這個定義，一個能激發高績效員工的企業，必須符合以下四項要件：1.超過1/3員工的表現經常超乎領導者與顧客的期望；2.該企業員工的平均表現，優於競爭對手員工的平均表現；3.員工有一股希望達到較高標準的強烈企圖心與渴望，這種氣氛為公司績效所創造的乘數效果，是理性管理方式無法解釋的，以及4.這類員工在第一線部門的表現，正是企業競爭優勢的核心所在，而且不是其他同業可以模仿得來的。

然而，究竟這種高績效員工的活力從何而來呢？顯然必須要有外在的刺激，點燃員工的動機，最後再由他們自己本身展現出來。

當然，永遠有些員工可以自我鞭策，但這畢竟是少數；團體中大多數人還是需要一些外在刺激因素，才能積極、有活力。這種外在因素可能是來自領導者本身的魅力或多變的市場情況，甚至也可能源自過去輝煌的歷史傳統。但不論來源為何，經理人必須持續努力，才能不斷地發掘這股員工的活力。

Unit 15-9
韓國三星公司獎酬制度

韓國三星電子集團，之所以能成為全球營收最大電子企業，乃在於其激勵奏效的作法，即以能力及實績作為薪獎的最大依據——有幾分能力，給幾分對待；做多少事，給多少報償！

一.員工基本薪資，只占25%~60%

三星集團子公司CEO所獲得的年薪當中，職薪的基本支給比重只有15%，其餘的75%是股票上漲率和收益性指標EVA，依據預定目標的實績達成率等，每年有不同的決定。

一般職員也是一樣，年薪所占的基本職薪比重不超過60%，其餘的當然也是根據實績而定。這是賞罰分明與成果補償主義。

有幾分能力，給幾分對待；做多少事，給多少報償，這個原則是三星電子具備世界競爭力，背後的主因之一。

二.頗具激勵性的三種獎金制度

(一)利潤分享制（Profit Sharing）：一年期間評鑑經營實績，當所創利潤超過當時預設目標時，超過部分的20%將分配給職員的制度。每年於結算後發給一次。每人發放額度的上限是年薪的50%。無線事業部和數位錄影機事業部，就在2002年獲得年薪的50%。人事組相關人士說明，獲得追加PS50%的職員，相當於每年以5%調整的年薪，連續調整七年後才能得到的年薪。三星PS的引進是在2000年，彌補以個人職等敘薪的限制，目的是為了要激發動機，讓小組或公司對整個集團的經營成果有所提升。

(二)生產力獎金（Productivity Incentive）：PI所評鑑的是經營目標是否達成，以及改善程度，然後以半季（一、七月）為單位，根據等級支付獎額。評鑑過程分成公司——事業部——部門及小組等三部分。評鑑基準以公司、事業部、部門（組）各自在半季內創造多少營利，計算EVA、現金流轉、每股收益率等，各自訂定A、B、C等級。

因此，評鑑等級從AAA（公司——事業部——組）到DDD，共有二十七個等級。依照評鑑結果，最傑出的等級將獲得年度基本給薪的30%；反之，最低等級者一毛也得不到。例如：無線事業部或數位錄影機事業部所屬職員們，於2001年下半季公司（三星電子）A級、事業部及組也同為A級，評定可獲得150%的PI。相對地，記憶體事業部，或是TFT-LCD事業部，則只能獲得50%。

(三)技術研發獎勵金（Technology Development Incentive）：2002年年初，三星電子半導體、無線事業部所屬課長級六位工程師，各自從公司一次獲得1億5千萬韓圜的現金。這是與年薪不同，另外的「技術研發獎勵金」。這是和投資股票、不動產、創投企業一樣，美夢實現的暴利。以前，公司賺再多錢，最多也只能獲得薪水100%~200%的特別獎金。

韓國三星公司獎酬制度

以能力表現及對公司貢獻實績作為薪獎依據

↓

大部分員工：基本薪資25%~60%；其餘為獎金

↓

三種獎金制度

| 1.利潤分享制 | 2.生產力獎金 | 3.技術研發獎勵金 |

↓

鼓勵：努力、有表現、有能力、有貢獻的員工出頭

↓

形成良性循環，全面提升企業人才競爭力！

知識補充站

EVA

EVA（Economic Value Added, EVA），中文為經濟附加價值，即企業產生出來的附加價值，扣除支付給股東和債權人的資本成本後，即為該企業所創造出的附加價值。

EVA是由美國紐約Stern Stewart & Co.財務顧問公司發展出來的一種績效衡量指標，他強調公司應賺取超過資金成本的報酬來創造股東價值。其計算式如下：

$$EVA = NOPAT - C \times WACC$$

★NOPAT：稅後營業淨利（Net Operation Profit After Tax）

★C：投資資本（Invested Capital）

★WACC：加權平均資金成本（Waited Average Cost of Capital）

EVA值若為正，代表超出投資者的期待。也就是說，企業經營者在投資判斷時，看的應該不是業績的多少，而是獲利是否超出支付給股東的配分和債權人的利息。

第 16 章

領導與損益分析及預算管理

●●●●●●●●●●●●●●●●●●●●●●●● 章節體系架構 ▼

Unit **16-1**
如何看懂損益表

企業管理者必須對企業的營運狀況有所了解，除財會本行的其他專業部門的高階主管，最好養成讀懂財務報表的能力。這樣才能了解企業營運是處在何種階段，要如何改善並採取何種經營策略，才有助於企業未來的發展。

尤其是損益表（Income Statement），可以清楚表達企業每階段的獲利或虧損，其中收入部分能讓企業管理者了解哪些產品或市場可再開源，而哪些成本及費用可再予以控制或減少。

總括來說，數字會說話，每一個數據背後都有它的意涵，管理者不能輕忽。

一.損益表的構成要項

基本上，損益表主要構成要項就是營業收入（各事業總部收入或各產品線收入）扣除營業成本（製造業為製造成本，服務業為進貨成本）後，即為營業毛利（一般在25%~40%之間）。

營業毛利再扣除營業管銷費用（一般在5%~15%之間，視不同行業而定）後，即為營業淨利。

營業淨利再加減營業外收入與支出（指利息、匯兌、轉投資、資產處分等）後，就稱為稅前淨利（一般在5%~15%之間）。

稅前淨利再扣除所得稅（17%），即為一般熟知的稅後淨利（一般在3%~10%之間）。稅後淨利除以流通在外股數，即為每股盈餘（Earnings Per Share, EPS）。

每股盈餘乘以十至三十倍即為股價。

股價乘以流通總股數，即為公司總市值（Market Value）。

二.損益表各項分析

從損益表中，可以追蹤出很多「問題及解決方案」的作法，必須逐項剖析探索，每一項都要深入追根究柢，直到追出問題及解決的確切答案。例如：

(一)營業收入如何：營業收入為何比別人成長慢？問題出在哪裡？是在產品或通路？廣告或SP促銷活動？還是服務或技術力？

(二)營業成本如何：我們的營業成本為何比競爭對手高？高在哪裡？高出多少比例？為什麼？改善作法如何？

(三)營業費用如何：營業費用為何比別人高？高在哪些項目？如何降低？

(四)股價如何：為什麼我們公司的股價比同業低很多？如何解決？

(五)ROE如何：為什麼我們的ROE（股東權益報酬率）不能達到國際水準？

(六)利息支出如何：為什麼我們的利息支出水準與比率，比同業還高？

綜上所述，我們可以得知損益表內的每個科目其實都有其意涵，分別代表並記錄這家企業經營過程中所有發生的交易行為，讓管理者有跡可尋，可說是管理者非懂不可的財務報表之一。

損益表範例

1.營業收入（各事業總部收入或各產品線收入）

－2.營業成本（製造成本或服務業進貨成本）

3.營業毛利（Gross Profit）（一般在25%-40%之間）

－4.營業費用（管銷費用）
（一般在5%-15%之間，視不同行業而定）

5.營業淨利
±6.營業外收入及支出

7.稅前淨利（一般在5%-15%之間）

－8.所得稅（17%）

9.稅後淨利（Net Profit）（一般在3%-10%之間）
10.每股盈餘（EPS＝稅後淨利÷流通在外總股數）
11.股價（EPS×10~30倍＝股價）
12.股價×流通總股數＝公司總市值（Market Value）

從損益表看出6大問題

1.營業收入為何比別人成長慢？問題出在哪裡？

2.營業成本是否比競爭對手高？高在哪裡？改善作法如何？

3.營業費用為何比別人高？高在哪些項目？如何降低？

4.股價為何比同類低很多？如何解決？

5.ROE（股東權益報酬率）為何不能達到國際水準？

6.利息支出水準與比率為何比同業還高？

知識補充站

如何使公司獲利

如果企業為追求如何提升獲利水準時，我們可在營業收入方面，思考如何提高銷售量及價格；營業成本方面，思考如何使成本下降；這樣即能提高營業毛利；再來是營業費用方面，思考如何使費用下降（包括房屋租金、銷售獎金、交際費、退休金、健保費、勞保費、加班費等是否偏高），以及營業外收支方面，思考如何使利息費用支出下降及轉投資損失下降，這樣即能提高稅前淨利了。

Unit **16-2**
現金流量表與財務結構

　　什麼是現金流量表？財務結構指的是什麼？它能表現出企業哪些營運狀況？其實單以字面來看，就可以知道這些是與企業的現金流動及多少資金可資運用有關。

　　有人是這樣形容現金流量表的——現金流量表一如人的心臟，每天輸送著人體的血液，不足的話，則相當容易休克——既然如此，管理者怎能不多多親近了解它呢？

一.現金流量表的構面

　　所謂「現金流量表」是公司財務四大報表中的重要一環。其最主要的目的，是在估算及控管公司每月、每週及每日的現金流出、現金流入與淨現金餘額等最新的變動數字，以了解公司現在有多少現金可資運用或是不足多少。

　　當預估到不足時，就要緊急安排流入資金的來源，包括信用貸款、營運周轉金貸款、中長期貸款、海外公司債或股東往來等方式籌措。

　　而對於現金流出與流入的來源，主要也有三種管道：第一種是透過「日常營運活動」而來的現金流進、流出，包括銷售收入及各種支出等；第二種則是「投資活動」的現金流進與流出，是指重大的設備投資或新事業轉投資案，以及第三種則是指「財務面」的流出與流進，例如：償還銀行貸款、別公司歸還借款，或是轉投資的紅利分配等。

二.財務結構的指標

　　所謂「財務結構」是一個公司資本與負債額的比例狀況如何，這是從資產負債表計算而來的。

(一)財務結構比例兩個重要指標：

　　第一個是「負債比例」，其計算公式：負債總額÷股東權益總額。另外，也有用這個方式計算，即：中長期負債額÷股東權益總額。

　　第二個是「自有資金比例」，即上述公式的相反數據即是。

(二)重要指標之分析：

　　1.就負債比例來看：正常的最高指標應是1：1，不應超過這個比例。換言之，如果興建一個台塑石油廠，總投資額需要2,000億元時；如果自有資金是1,000億元，那麼銀行聯貸額也不要超過1,000億元為佳。因為超出了就代表「財務槓桿」操作風險會增高。尤其，在不景氣時期中，一旦營收及獲利不理想，而且持續很長時，公司會面臨到期還款壓力。即使屆期可以再展延，也不是很好的財務模式。

　　2.就自有資金比例來看：太高也不是很好，因為若完全用自己的錢來投資事業，一則是公司面對上千億元的大額投資，不可能籌到這麼多資金，而且也沒有發揮財務槓桿作用，尤其在利率走低借款的現況下。當然，自有資金比例高，代表著低風險，也是值得肯定的。但是，公司在追求成長與大規模下，勢必要借助財務槓桿運作，才能在短時間內，擴大全球化企業規模目標。

現金流量表的構面

1. 主要在估算及控管公司每月／每週／每日的現金流出、現金流入與淨現金餘額最新數字，了解公司現有多少現金可動用。

2. 預估不足時，就要緊急安排流入資金的來源。

3. 現金流出與流入主要來源：
   ①透過日常營運活動而來的。
   ②投資活動的現金流進與流出。
   ③財務面的流出與流進。

財務結構的重要指標

財務結構＝公司資本與負債額的比例

財務結構比例

1. 負債比例＝
   負債總額÷股東權益總額 or 中長期負債額÷股東權益總額
2. 自有資金比例：即上述公式的相反數據即是。

重要指標之分析

1. 就負債比例來看
   ★正常的最高指標應是1：1。
   ★超過就代表「財務槓桿」操作風險增高。
2. 就自有資金比例來看
   ★太高也不是很好＝Why
      ↓
      完全用自己的錢投資，一則公司不可能籌到，而且也沒有發揮財務槓桿作用。

   ★當然自有資金多，代表風險低。

知識補充站

成為卓越人的背後

卓越的人照顧別人的財產就像照顧自己的一樣。如果你在飯店房間裡，別把一杯水放在你知道若打翻了會弄髒桌面的木頭桌上，因為你在自己家裡也不會那麼做。

或許我們時常旅行，是否曾發生當我們離開時會任由飯店的燈全都開著，空調開到最大，電視開得很大聲。因為我們會想：「這有什麼關係呢？我已經付了錢，我愛怎樣就怎樣！」但這是不對的，我們在家不會浪費電，所以我們應該妥善對待別人的所有物，就像我們希望別人也會這樣對待我們的財產一樣。

要明白，忽略這些小細節，在多數情況下，不會對你造成困擾或讓你的人生陷入悲慘。但若犧牲正直人格而做微妙的妥協，會讓你遠離生命最好的部分。它們會阻止你攀登頂峰，攔阻你活出當下最好的人生。

Unit 16-3
投資報酬率與損益平衡點

　　景氣一如天候，變化多端，難以預測，因此春燕何時報到，端視每個企業如何因應與突破。企業經營當然是以獲利為前提，但獲利之前，是否需要先沙盤推演營運上定期的基本開銷，需要創造多少銷售才能支付？而當企業要進行投資時，投資案的獲利程度又要如何設算，才能胸有成竹的進行？

一.投資報酬率的計算

　　所謂「投資報酬率」（Return on Investment, ROI）係指公司對某件投資案或新業務開發案所投入的總投資額，然後再看其每年可以獲利多少，而換算得出的投資報酬率。當然在核算投資報酬率時，最正規的是用IRR方法（內在投資報酬率試算法）。只要一個投資報酬率高於利率水準，即是一個值得投資的案子。這是指公司用自己的錢投資，或是向銀行融資借貸的錢投資，都還能賺到超過支付給銀行的利息，當然是值得投資了。

　　除上述外，還有計算「投資回收年限」，亦即這個投資總額，要花多少年的獲利累積，才能賺回當初的總投資額。例如：某項大投資額耗資1,000億元，若自第三年，每年平均可賺100億元，則估計至少十年才能賺回1,000億元。此外，還要彌補前二年的虧損才行。

　　當然，當初試算的投資報酬率是一個參考指標；另外，也必須考慮其他戰略上的必要性。有時投資報酬率不算很好的案子，但公司也決定要做，很可能有其他非常重要性、策略性的考量，才迫使公司不得不投資。例如：投資上游的原物料或關鍵零組件工廠，以保障上游採購來源。

　　另外，投資報酬率只是假設試算而已。事實上隨著國內外經濟、產業、技術、競爭的變化，當初計算的投資報酬率可能無法達成，或反而更高，提前回收，這都是有可能的。

二.損益平衡點的重要性

　　所謂「損益平衡點」（Break-Even Point, BEP），即是指當公司營運一項新事業或新業務時，必須每月或每年達成多少銷售量或銷售額時，才能使該項事業損益平衡，而不賺也不賠。很多新事業或部門，在剛起頭時，因連鎖店數規模或公司銷售量，尚未達到一定規模量，因此呈現短期虧損，這是必然的。但是一旦跨越損益平衡點的關卡，公司營運獲利就有明顯的起色。

　　從會計角度來看，達到損益平衡點時，代表公司的銷售額，已可負擔固定成本及變動成本，因此才能損益平衡。

　　從公司經營立場來看，當然儘量力求加速達到損益平衡點，至少三年內，最多不能超過五年。即使不賺錢但也不要繼續虧損，因為會把資本額虧光，而被迫增資，或向銀行再借款，甚至關門倒閉。

 投資報酬率的計算

什麼是投資報酬率？

這是指公司對某件投資案或新業務開發案，所投入的總投資額，然後再看其每年可以獲利多少，而換算得出的投資報酬率。

核算投資報酬率的方法

1. 最正規的是用IRR（Internal Return Rate），即內部投資報酬率試算法。
2. 其他還有計算「投資回收年限」。

也有例外情形

投資報酬率只是假設試算，事實上隨著外在環境的變化，可能無法達成或反而提前回收，這都是有可能的。

 損益平衡點的重要性

什麼是損益平衡點？

這是指當公司營運一項新事業或新業務時，必須每月／每年達成多少銷售量／銷售額時，才能使該項事業損益平衡，不賺不賠。

1.從會計角度來看

→ 達到損益平衡點時，代表公司銷售額，已可負擔固定成本及變動成本，因此才能損益平衡。

2.從公司經營來看

→ 當然力求加速達到損益平衡點，至少三年，最多不能超過五年。

知識補充站

CAPEX

長期投資需要長時間的資源投注，由於資本支出的金額往往很龐大，而且投資期間長，所以資本支出的規劃、評估及控制，對於公司的經濟利益具有重大而長期性的影響。CAPEX即是「長期性資本支出」之意（Capital Expenditure）。例如：台塑石化公司投資4,000億元建造雲林麥寮六輕大廠，這4,000億即是資本支出，包括填海工程、整地工程、設備採購、廠房建立、研發與品質設備、運油車輛採購、輸油管鋪建等，均屬於CAPEX。

因CAPEX先期投資大，且回收較慢，可能需要花三至五年的時間不等，因此，必須以銀行團長期聯貸及增資活動等支應。台塑石化公司在營運五、六年後，已開始賺大錢，成為台塑集團中最賺錢的公司。

Unit 16-4
責任事業單位制度詳解 Part I

責任事業單位（英文簡稱為BU）制度是近年來常見的一種組織設計制度，它是從戰略事業單位（Strategic Business Unit, SBU）制度，逐步簡化稱為責任事業單位（Business Unit, BU）；然後，因為可以有很多個BU存在，故也可稱為BUs。由於本主題內容豐富，特分兩單元介紹。

一.何謂BU制度

BU組織乃指公司可依事業別、公司別、產品別、任務別、品牌別、分公司別、分館別、分部別、分層樓別等之不同，而歸納為幾個不同的BU單位，使之權責一致，並加以授權與課予責任，最終要求每個BU要能夠獲利才行；此乃BU組織設計之最大宗旨。BU組織也有人稱之為「責任利潤中心制度」，兩者確實頗為相似。

二.BU制度的優點何在

BU組織制度究竟有何優點呢？大致可歸納整理成以下幾點，茲分述如下：

(一)權責一致：確立每個不同組織單位的權力與責任的一致性。

(二)提升整體績效：可適度有助於提升企業整體的經營績效。

(三)良性競爭：可引發內部組織的良性競爭，並發掘優秀潛在人才。

(四)邁向優良的績效管理：可有助於形成「績效管理」導向的優良企業文化與組織文化。

(五)績效攸關賞罰的好壞：可使公司績效考核與賞罰制度，有效的連結一起。

三.BU制度有何盲點

事實上，不是每個企業採取BU制度，每個BU就能賺錢獲利，否則，為什麼同樣實施BU制度的公司，依然有不同成效呢？因此，BU制度仍有其盲點所在：

(一)BU單位的負責人很重要：當BU單位的負責人，如果不是一個很優秀的領導者或管理者時，該BU仍然績效不彰。

(二)有無配套措施：BU組織要發揮功效，需要有配套措施，才能事竟其功。

四.BU組織單位如何劃分

實務上，因為各行各業甚多，可看到BU的劃分從下列切入：公司別BU、事業部別BU、分公司別BU、各店別BU、各地區BU、各館別BU、各產品別BU、各品牌別、各廠別、各任務別、各重要客戶別、各分層樓別、各品類別、各海外國別等。

舉例來說，甲飲料事業部劃分茶飲料BU、果汁飲料BU、咖啡飲料BU，以及礦泉水飲料BU四種；乙公司劃分A事業部BU、B事業部BU，以及C事業部BU三種；丙品類劃分A品牌BU、B品牌BU、C品牌BU，以及D品牌BU四種；丁公司劃分臺北區BU、北區BU、中區BU、南區BU，以及東區BU五種。

圖解領導學

BU制度的優點與缺點

優點	缺點
1.確立每個不同組織單位的權力與責任一致性。 2.可適度提升企業整體的經營績效。 3.可引發內部組織的良性競爭，並發掘優秀潛在人才。 4.可有助形成「績效管理」導向的優良企業文化與組織文化。 5.可使公司績效考核與賞罰制度，有效的連結一起。	1.BU單位負責人不是優秀的領導者或管理者時，該BU仍然績效不彰。 2.BU組織要發揮功效，需要有配套措施，才能事竟其功。

BU組織單位劃分案例

甲事業部

茶飲料BU
果汁飲料BU
咖啡飲料BU
礦泉水飲料BU

乙公司

A事業部BU
B事業部BU
C事業部BU

丙品類

A品牌BU
B品牌BU
C品牌BU
D品牌BU

丁公司

臺北區BU
北區BU
中區BU
南區BU
東區BU

知識補充站

成本／效益分析

所謂成本／效益分析（Cost and Effect Analysis），即指對某一件投資案、某一件設備更新案、某一件策略聯盟合作案、某一個業務革新計畫、某一個單位的成立、某一件政策的改變或某一個委外事業及某一個組織存廢等，均須進行成本與效益的分析，提出投入成本與產出效益之分析及評估。

然後依據效益必須大於成本的正面結果下，才能做出好的決策，避免決策失誤的不良影響。

當然，有時企業也會考量到長期的戰略性效益，而暫時犧牲短期的回收效益。因此，必須從戰略層面與戰術層面，區別看待此事。

Unit 16-5
責任事業單位制度詳解 Part II

前面單元提到企業設有BU制度，雖然是有助於經營績效的提升，但不一定保證賺錢，因也有其盲點所在。本單元就要針對此方面提出如何有效運作BU制度，才能更發揮BU制度的優點，進而達到其成功的目標。

五.BU制度如何運作

BU制度的步驟流程，大致可歸納整理成以下幾點，茲分述如下：

(一)**精準區分BU單位**：適切合理劃分各個BU組織，賦予一致的權利與責任。

(二)**挑選合適的BU長**：選任合適且強力的BU長或BU經理，負責帶領單位。

(三)**研訂配套措施**：包括授權制度、預算制度、目標管理制度、賞罰制度、人事評價制度等。

(四)**定期考核與評估績效**：定期嚴格考核各個獨立BU的經營績效成果如何。

(五)**訂定獎勵目標**：若BU達成目標，則給予獎勵及人員晉升等。

(六)**設定績效不彰的補救措施**：若未能達成目標，則給予一段觀察期，若仍不行，就應考慮更換BU經理。

六.BU制度成功的要因

BU制度並不保證成功，不過歸納企業實務成功的BU制度，大致有如下要因：

(一)**強有力的BU長**：要有一個強有力BU Leader（領導人、經理人、負責人）。

(二)**要有一個完整的BU「人才團隊」組織**：一個BU就好像是一個獨立運作的單位，必須要有各種優秀人才的組成。

(三)**完整的配套措施**：要有一個完整的配套措施、制度及辦法，才能發揮功效。

(四)**要認真檢視自身BU的競爭優勢與核心能力何在**：每個BU必須確信超越任何競爭對手的BU。

(五)**最高主管要有勢在必行的決心**：最高階經營者要堅定貫徹BU組織制度。

(六)**BU經理的年齡層有日益年輕化的趨勢**：因為年輕人有企圖心、上進心、對物質有追求心、有體力、活動與創新。因此，BU經理彼此會存有良性的競爭動力。

(七)**幕僚單位的支援**：幕僚單位有時仍未歸屬各個BU內，故應積極支援各個BU的工作推動。

七.BU制度與損益表之結合

BU制度最終仍要看每個BU是否為公司帶來獲利，每個BU都能賺錢，全公司累計起來就會賺錢。所以如果將BU制度與損益表的效能成功結合起來使用，即能很清楚知道每個BU的盈虧狀況。這也是BU制度被稱為「責任利潤中心制度」的原因。

BU制度如何運作

BU制度的步驟流程

1. 適切合理劃分各個BU組織。
2. 選任合適且強有力的「BU長」或「BU經理」，負責帶領單位。
3. 研擬可配套措施，包括：授權制度、預算制度、目標管理制度、賞罰制度、人事評價制度等。
4. 定期嚴格考核各個獨立BU的經營績效成果如何。
5. 若BU達成目的，則給予獎勵及人員晉升等。
6. 若未能達成目標，則給予一段觀察期，若仍不行，就應考慮更換BU經理。

BU制度與損益表如何結合

各BU 損益表	BU1	BU2	BU3	BU4	合計
①營業收入	$○○○○○	$○○○○	$○○○○	$○○○○	①營業收入
②營業成本	$(○○○○○)	$( )	$( )	$( )	$( )
③營業毛利	$○○○○○	$○○○○	$○○○○	$○○○○	③營業毛利
④營業費用	$(○○○○○○)	$( )	$( )	$( )	$( )
⑤營業損益	$○○○○○	$○○○○	$○○○○	$○○○○	⑤營業損益
⑥總公司幕僚費用分攤額	$(○○○○)	$( )	$( )	$( )	$( )
⑦稅前損益	$○○○○	$○○○○	$○○○○	$○○○○	$○○○○

知識補充站

自我減少壓力步驟

減少壓力，從改變心態著手：1.簡述現有的壓力情況：例如：工作薪水很好，但是全年無休，根本沒有生活品質可言；2.描述自己目前看情況的角度：因為薪水太好了，我被困在這個工作；3.找出三到五個替代角度，必須比目前的角度正面：其實這是一個很好的個人成長機會，我的挑戰是如何將工作與私生活做更好的平衡，以及4.挑出一個理想的替代角度，嘗試一個星期：跟試穿衣服一樣，看看新角度合不合身，如果舊角度浮現，把它往下壓，觀察用新角度看情況造成什麼改變，思考應該採取哪些配合行動。

Unit 16-6
預算管理 Part I

　　預算管理對企業界相當重要，也是經常在會議上被當作討論的議題。企業如果想要常保競爭優勢，就必須事先參考過去經驗值，擬定未來年度的可能營收與支出，才能作為經營管理的評估依據。由於探討內容豐富，故分兩單元介紹。

一.預算管理的意義

　　所謂「預算管理」，即指企業為各單位訂定各種預算，包括營收預算、成本預算、費用預算、損益（盈虧）預算、資本預算等，然後針對各單位每週、每月、每季、每半年、每年等定期檢討各單位是否達成當初訂定的目標數據，並且作為高階經營者對企業經營績效的控管與評估主要工具之一。

二.預算管理的目的

　　預算管理的目的及目標，主要有下列幾項：

　　(一)營運績效的考核依據：預算管理是作為全公司及各單位組織營運績效考核的依據指標之一，特別是在獲利或虧損的損益預算績效是否達成目標預算。

　　(二)目標管理方式之一：預算管理亦可視為「目標管理」（Management by Objective, MBO）的方式之一，也是最普遍可見的有力工具。

　　(三)執行力的依據：預算管理可作為各單位執行力的依據或憑據；有了預算，執行單位才可以去做某些事情。

　　(四)決策的參考準則：預算管理亦應視為與企業策略管理相輔相成的參考準則，公司高階訂定發展策略方針後，各單位即訂定相隨的預算數據。

三.預算何時訂定及種類

　　企業實務上都在每年年底快結束時，即十二月底或十二月中時，即要提出明年度或下年度的營運預算，然後進行討論及定案。

　　基本上，預算可區分為以下種類：1.年度（含各月別）損益表預算（獲利或虧損預算）：此部分又可細分為營業收入預算、營業成本預算、營業費用預算、營業外收入與支出預算、營業損益預算、稅前及稅後損益預算；2.年度（含各月別）資本預算（資本支出預算），以及3.年度（含各月別）現金流量預算。

四.要訂定預算的單位

　　全公司幾乎都要訂定預算，不同的是有些是事業部門的預算，有些則是幕僚單位的預算。幕僚單位的預算是純費用支出，而事業部門的預算則有收入，也有支出。

　　因此，預算訂定單位，應該包括：1.全公司預算；2.事業部門預算，以及3.幕僚部門預算（財會部、行政管理部、企劃部、資訊部、法務部、人資部、總經理室、董事長室、稽核室等）。

預算管理的目的及種類

預算管理4目的

1.營運績效考核的依據指標之一。
  ★特別是在獲利或虧損的損益預算績效是否達成目標預算。
2.目標管理的方式之一,也是最普遍可見的有力工具。
3.各單位執行力的依據。
4.企業策略管理的參考準則。
  ★公司高階訂定發展策略方針後,各單位即訂定相隨的預算數據。

預算何時訂定?

每年12月中或12月底提出明年度或下年度的營運預算,然後進行討論及定案。

預算種類

1.年度(含各月別)損益表預算(獲利或虧損預算)
  ·營業收入預算 ·營業成本預算 ·營業費用預算 ·營業損益預算
  ·營業外收入與支出預算 ·稅前及稅後損益預算
2.年度(含各月別)資本預算(資本支出預算)
3.年度(含各月別)現金流量預算

目標管理

知識補充站

目標管理(Management by Objectives, MBO)的概念是管理專家彼得·杜拉克(Peter Drucker)1954年在其名著《管理實踐》中最先提出的,其後他又提出「目標管理和自我控制」的主張。杜拉克認為,並不是有了工作才有目標,而是相反,有了目標才能確定每個人的工作。所以「企業的使命和任務,必須轉化為目標」,如果一個領域沒有目標,這個領域的工作必然被忽視。因此管理者應該透過目標對下級進行管理,當組織最高層管理者確定了組織目標後,必須對其進行有效分解,轉變成各個部門以及各個人的分目標,管理者根據分目標的完成情況,對下級進行考核、評價和獎懲。

Unit **16-7**
預算管理 Part II

預算管理的重要性，我們從前面單元即可得知，然而是否代表著公司有完善的預算制度，就一定賺錢？答案當然是否定的。但不可否認，它的確是一項好的績效控管工具。

五.預算訂定的流程

至於預算訂定的流程，大致可歸納整理成以下幾點：

(一)經營者提出下年度目標：包括經營策略、經營方針、經營重點及大致損益的挑戰目標。

(二)各事業部門提出初步年度預算：包括初步年度損益表預算及資金預算數據，此由財會部門主辦。

(三)各幕僚單位提出費用預算：財會部門請各幕僚單位提出該單位下年度的費用支出預算數據。

(四)財會部門彙整數據：由財會部門彙整各事業單位及各幕僚部門的數據，然後形成全公司的損益表預算及資金支出預算。

(五)高階主管會議討論：然後由最高階經營者召集各單位主管共同討論、修正及最後定案。

(六)執行：定案後，進入新年度即正式依據新年度預算目標，展開各單位的工作任務與營運活動。

六.預算何時檢討及調整

在企業實務上，預算檢討會議經常可見，就營業單位而言，應檢討的內容如下：

(一)密集檢討：每週要檢討上週達成業績如何，每月也要檢討上月損益如何？

(二)與原訂預算目標相比：是超出或不足？超出或不足的比例、金額及原因是什麼？又有何對策？

(三)如果連續一、二個月下來，都無法依照預期預算目標達成：則應該要進行預算數據的調整。調整預算，即表示要「修正預算」，包括「下修」或「上調」預算；下修預算，即代表預算沒達成，往下減少營收預算數據或減少獲利預算數字。

總之，預算關係公司最終損益結果，必須時刻關注預算達成狀況而做必要調整。

七.預算制度的效果

有預算制度，是否表示公司一定會賺錢？答案當然是否定的。預算制度雖然很重要，但它也只是一項績效控管的管理工具，並不代表有了預算控管就一定會賺錢。

公司要獲利賺錢，此事牽涉到很多面向問題，包括產業結構、景氣狀況、人才團隊、老闆策略、企業文化、組織文化、核心競爭力、競爭優勢、對手競爭等太多的因素了。不過，優良的企業，是一定會做好預算管理制度的。

預算訂定流程

1. 經營者提出下年度目標

2. 各事業部門提出初步年度預算

3. 各幕僚單位提出費用預算

4. 由財會部門彙整各事業單位各幕僚部門的數據，然後形成全公司的損益表預算及資金支出預算。

5. 由最高階經營者召集各單位主管共同討論、修正及最後定案。

6. 進入新年度即正式依據新年度預算目標執行。

損益表預算格式

月分損益表

	1月	2月	3月	4月	5月	6月	7月	8月	9月	10月	11月	12月	合計
① 營業收入													
② 營業成本													
③=①-② 營業毛利													
④ 營業費用													
⑤=③-④ 營業損益													
⑥營業外收入與支出													
⑦=⑤-⑥ 稅前淨利													
⑧營利事業所得稅													
⑨=⑦-⑧ 稅後淨利													

知識補充站

預算制度的趨勢

近年來，企業的預算制度對象有愈來愈細的趨勢，包括已出現的有：1.各分公司別預算；2.各分店別預算；3.各分館別預算；4.各品牌別預算；5.各產品別預算；6.各款式別預算，以及7.各地域別預算。

這種趨勢，其實與目前流行的「各單位利潤中心責任制度」是有相關的。因此，組織單位劃分日益精細，權責也日益清楚，接著各細部單位的預算也就跟著產生了。

第 17 章

成功領導實務——國內篇

●●●●●●●●●●●●●●●●●●●●●●●●● 章節體系架構 ▼

國內企業家對接班人條件的看法

企業的成功，經營團隊當然很重要；但團隊的舵手或領航者，也是同樣重要。

公司總經理或執行長（Chief Executive Officer, CEO）即是扮演團隊舵手的角色。但要成為大企業集團的接班人或最高負責人，不是一般人可以勝任的，必須要有特殊優秀的條件配合才可。

根據國內知名雜誌《商業周刊》對國內知名大型企業負責人，專訪他們對選擇接班人的條件看法，得到以下的結論，茲摘述重點如下，以利有識之士參考。

一.宏碁集團前董事長：施振榮

施董事長認為接班人最應該具備的「人格特質」、「核心能力」、絕對「不能觸犯的大忌」與他心目中的「接班人輪廓」如下：

(一)人格特質：1.領袖魅力；2.正面思考，以及3.自信。

(二)核心能力：1.創新能力；2.經營能力，以及3.溝通能力。

(三)絕對不能觸犯的大忌：1.停止學習；2.違反誠信，以及3.沒責任感。

(四)心目中的「接班人輪廓」：具有領袖魅力，能夠開發舞臺和人才，長、短效益並重。

二.統一企業集團前總裁：高清愿

高總裁認為接班人最應該具備的「人格特質」、「核心能力」、絕對「不能觸犯的大忌」與他心目中的「接班人輪廓」如下：

(一)人格特質：1.品德第一，以及2.領袖魅力，要能夠帶領一大群人。

(二)核心能力：1.做好內部溝通及跨部門協調；2.開創新的賺錢事業，以及3.充分了解自己經營的事業。

(三)絕對不能觸犯的大忌：1.沒有辦法賺錢；2.沒有誠信，以及3.投機取巧。

(四)心目中的「接班人輪廓」：具有全方位的功能。

三.裕隆汽車前董事長：嚴凱泰

嚴董事長認為接班人最應該具備的「人格特質」、「核心能力」、絕對「不能觸犯的大忌」與他心目中的「接班人輪廓」如下：

(一)人格特質：1.心地善良；2.正面思考，以及3.具有經營事業的熱忱。

(二)核心能力：1.研發創新，沒有研發，什麼都完了；2.精確判斷產業的發展趨勢，以及3.溝通能力。

(三)絕對不能觸犯的大忌：1.策略錯誤；2.搞小圈圈，破壞組織的限制，以及3.停止學習。

(四)心目中的「接班人輪廓」：不斷創新，創造新的市場與商機。

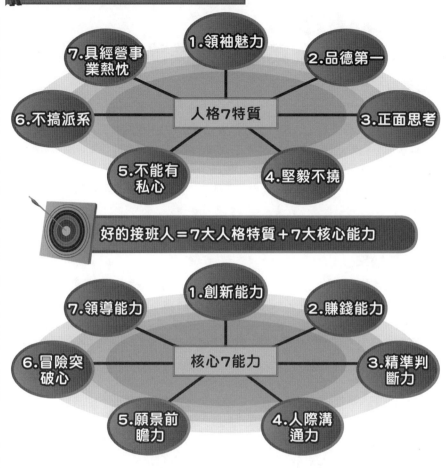

企業接班人應具備的條件

7.具經營事業熱忱

1.領袖魅力

2.品德第一

人格7特質

6.不搞派系

3.正面思考

5.不能有私心

4.堅毅不撓

好的接班人＝7大人格特質＋7大核心能力

7.領導能力

1.創新能力

2.賺錢能力

核心7能力

6.冒險突破心

3.精準判斷力

5.願景前瞻力

4.人際溝通力

知識補充站

接班人必須創新與好品格

除左述外，還有遠東集團董事長徐旭東與光寶集團董事長宋恭源兩位對接班人的條件看法。

徐董事長認為接班人最應該具備的「人格特質」為創新、堅毅不撓及正面思考。而應具備的「核心能力」是創新能力、判斷能力及讓專業人才做他們認為對的事情。認為絕對「不能觸犯的大忌」是不懂用人唯才及授權管理的藝術。而他心目中的「接班人輪廓」要有眼光和願景，知道帶領企業往哪裡去。

宋董事長認為接班人最應該具備的「人格特質」為不能有私心、要很雞婆，能夠招呼很多人，以及要有耐心。而應具備的「核心能力」是賺錢能力、要站出來做判斷，不能躲在後面，以及高科技隨時在變，要有創新能力。認為絕對「不能觸犯的大忌」是搞派系、待人不公正及操守不佳。而他心目中的「接班人輪廓」要性格正直、勇於承諾、敢於創新。

Unit **17-2**
統一企業集團董事長羅智先談經營

一、談經營

1. 不要因為要成長，而犧牲營運穩健，我們寧可營運沒有成長，但一定要穩健營運。在穩健基礎下，我們可以犧牲成長性，只要基礎打好，在你不想要的時候，就會自動成長。
2. 經營事業就是要符合時代及需求，要做「對的事情」，而不是做「和大家一樣的事情」，如果時間不對，就好像拿明朝的尚方寶劍來砍清朝的官，會鬧笑話的。
3. 做事情不要用血汗，要用腦袋，做比較有道理的事情。

二、減法經營學

1. 簡單的事情很無聊，但最難做也最重要，這是每天一點一滴累積起來的東西。不要以為自己有多厲害，最後你就會發現，大家都一樣平凡，儘量簡單就好。
2. 過去幾年處理很多資產，讓營運變輕鬆，抽屜裡一些不用的東西都清乾淨，集團塑身有成，身材愈來愈好看，看起來值得開心。

三、談中國市場

1. 中國市場大環境好或不好，統一中控公司在裡面都顯得微不足道。如果說大環境影響到我們，都是找理由，真正機會與問題都是在我們身上。
2. 中國消費市場有一特色，就是16個字：「一放就亂，一亂就收，一收就恐，一死就放」，唯一確保就是自己的品質與健康要好。

統一羅智先董事長：追求穩健營運

(1) 不追求盲目成長 ＋ (2) 要追求穩健營運

基礎打好就會
自動成長

 統一羅智先董事長：要做對的事情

(1)
經營事業就是要符合
時代及顧客需求！

＋

(2)
要在對的時間，
做對的事情！

抓住趨勢及
滿足顧客需求，
事業就會成功！

Unit **17-3**
〈個案一〉家樂福：臺灣最大量販店的成功祕笈

家樂福原是法國及全歐洲的第一大量販店，成立於1963年，已有50年歷史。30年前，家樂福進入臺灣市場，與國內最大食品飲料統一企業集團合資合作，成立臺灣家樂福公司。目前，臺灣家樂福已有大店及中小型店計120多家，年營收額達700億元，已居國內第一大量販店，領先國內的Costco（好市多）、大潤發及愛買等。

一、三種不同店型的零售賣場(註1)

家樂福在臺灣長期以來都是提供1,000坪以上的大型量販店型態，目前全臺已有65家這種大型店。但近幾年來，為因應顧客交通便利性需求，因此，家樂福也開展200坪以內的中型店。目前此店型全臺有65家。此型態店稱為「Market便利購」，是以超市型態呈現，將賣場搬到顧客的住家附近，提供多樣的選擇，讓會員顧客輕鬆便利購買平日所需，讓生活更方便。

另外，因應網購迅速發展，家樂福也開發第三種型態店，即虛擬網購通路。網購通路不用出門，即可在家輕鬆以電腦或手機，方便下單及宅配到家的方式。目前家樂福實體店有500多萬會員，而網購也有70多萬會員。

二、家樂福三大服務承諾

家樂福本著會員顧客至上的信念，對會員有三大承諾，如下（註2）：
1. 退貨，沒問題：會員於家樂福購買之商品，享有退貨服務；非會員退貨，則需帶發票，並且於購物日30天內辦理退貨。
2. 退您價差：只要會員您發現有與家樂福販售的相同商品，其售價更便宜，公司一定退您差價金額。
3. 免費運送：如果有買不到店內商品，公司一定幫您免費運送。

三、加速發展自有品牌，好品質感覺得到

家樂福於1997年即開始逐步發展自有品牌的商品。迄今，其占比已達10%，未來努力空間仍很大。家樂福發展自有品牌強調三大關鍵要點：
1. 確保食安問題不發生。因此有各種的檢驗過程、要求及認證。
2. 要求一定的品質水準，不能差於全國性製造商品牌的水準，要確保一定的、適中的品質，以使顧客滿足及有口碑。
3. 要求一定要低價、親民價，至少要比以前製造商品牌價格低10~20%才行。

四、好康卡（會員卡）

家樂福也提供給會員辦卡，稱為「好康卡」，即為一種紅利集點卡，每次約有千分之三的紅利累積回饋，目前辦卡人數已超過500萬卡，好康卡的使用率已高達90%之高，顯示會員顧客對紅利集點優惠的重視。

（註1：此段資料來源取材自家樂福官網www.carrefour.com.tw，並經大幅改寫而成。）
（註2：此段資料來源取材自動腦雜誌www.brain.com.tw，並經大幅改寫而成。）

關鍵成功因素

1. 具有一站購足、能滿足消費者購買生活所需的需求性。
2. 低價。家樂福與全聯超市近似，都是在比誰能低價商品競爭力。
3. 競爭對手不多。嚴格來說，量販店需要大的坪數才能經營，也要有足夠財力支持才行，目前家樂福面對大潤發及愛買的競爭性不高。
4. 三種店面型態，具多元化。目前家樂福有大型店、中小店及網購三種型態，具有線上及線下整合兼具的好處，對消費者很方便。
5. 目標客層為全客層。家樂福的目標客層有家庭主婦、有上班族，有男性、有女性，也有小孩，目標客層為全客層，非常寬廣，有利業績提升及鞏固。
6. 定位正確。家樂福大賣場的定位在1,000坪以上空間、大型、品項4萬項以上，具一站購足的定位角色很明確及正確。
7. 品質控管嚴謹。家樂福賣得多是吃有關的，因此特別重視食品安全及品質控管的嚴謹度。
8. 發展自有品牌。家樂福20年來，已不斷精進改善自有品牌的品質及形象，已獲得大幅改善，未來成長空間將很大。

家樂福：四項經營策略

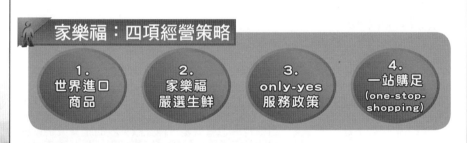

1. 世界進口商品

2. 家樂福嚴選生鮮

3. only-yes 服務政策

4. 一站購足 (one-stop-shopping)

家樂福：三種營運模式並進

(1) 量販店 ＋ (2) 超市 ＋ (3) 網購

帶給消費者最大便利及購物體驗

Unit 17-4
〈個案二〉瓦城餐飲：讓東方菜成為國際之光

一、瓦城快速成長的關鍵成功因素

　　瓦城泰統25年前就以「東方料理國際化」為目標，挑戰了市場上大家都不敢做的，那就是將東方菜做到連鎖化，目標要讓所有顧客在一年365天、任何一間店、任何一個廚師炒出來的每道菜，都能有100%一致的信賴美味。

　　因此，在集團創立的初期，親自進廚房，仔細研究每個料理的步驟，並鑽研了約3年，才將東方菜複雜的程序及制度一磚一瓦的砌起來。接下來，花了10幾年時間獨創了全球唯一的「東方爐炒廚房連鎖化系統」，將難以複製傳承的東方菜，透過「食材規格化」、「廚房管理科學化」與「人才制度化──11級臂章制度」，讓瓦城泰統旗下6個品牌、超過90間店、700位以上的廚師，都能有一樣的品質，瓦城泰統所秉持的是一種堅持的精神，更希望能用東方菜讓東方文化躍上國際。

二、餐飲的規格化及科學化

　　在瓦城泰統的東方爐炒連鎖化系統裡，「食材規格化」與「廚房管理科學化」每一個環節都明定了數字標準，如食材的規格化，要求所有空心菜菜梗直徑都須於0.4~0.7公分之間；而廚房管理科學化，嚴格執行控菜系統管理，只要到瓦城泰統旗下的品牌，8分鐘內就能吃到第　道菜，25分鐘桌上就會上齊所有的菜色！同時，在服務方面也持續與第一線人員傳遞「真心為你」，是最高的服務準則。

三、成長發展策略

　　瓦城泰統一直都以穩健的步伐成長，過去花很多時間建立制度、用美味累積消費者的信賴，奠定了很好的基礎，也因此在逆勢的環境中並沒有受到太大的影響，過去五年的複合成長率是27%，2019年的營業額超過新台幣36億，未來也有信心持續成長。這幾年來，愈來愈清楚的知道，現在瓦城泰統的成就與表現，都是顧客們消費後，對各品牌累積出的信任及長時間的高滿意度，這是無價的，同時這也是為什麼瓦城泰統過去較少砸下大筆的行銷廣告來吸引消費者，因為擁有的是最真誠的口碑行銷。

　　經濟景氣也許不好，顧客消費習慣也許也會改變，但瓦城泰統的經營策略以客戶為中心而建立進而調整，這也是持續開創各品牌的原因；例如，去年瓦城泰統一連推出了兩個品牌，其中「大心新泰式麵食」，更是首次跨足單人餐飲的品牌，短短開幕一年多成績表現亮眼，未來會持續推出不同菜系或不同餐飲型態的品牌，讓消費者能以不同形式吃到瓦城泰統的美味料理。

四、留住好人才的方法

　　東方菜極為複雜的料理環節對人才培育來說是相當困難的，幾千年以來傳統的傳承方式，不外乎師徒制，而東方菜的精髓都藏在老師傅的肚腦裡，不像西方菜，可透過系統化的方式被教育、被傳承！

　　瓦城泰統內部設立的廚藝學院，就是在極為繁雜的東方菜系下做系統性的傳承，對於餐飲從業人員來說，專業廚師的能力及經驗固然重要，但更重視的是學員是有很好的學習態度、烹飪的熱忱及對餐飲有高度的興趣；瓦城泰統在「東方爐炒廚房連鎖化系統」裡，設立了「十一級臂章制度」，這套系統源自於跆拳道，以跆拳道的晉級概念設計了這套制度，作為東方菜系人才培訓制度化的重點，用來對於廚師應具備的能力進行培訓與考核，並確保SOP能確實執行。十一級臂章制度當中，每一個階級都設有不同的程度關卡，最重要的是在瓦城泰統工作的人員，都因為這個透明化的制度設定目標去突破進而不斷提升自身能力，並且對未來職涯可有明確的規劃。

五、運動管理學的意涵

在游泳的過程中，必須為自己設定目標，一步步達成。這其中的運動管理學問，其實與企業經營有相呼應之處，最主要有三個重點：

1. 設立目標、拆解步驟：若要求進步，就要設定明確目標，並拆解方法。例如：1,500公尺的游泳距離，要從30分鐘縮短為28分鐘的話，每一趟縮短4秒，那麼全程也就能成功減少2分鐘。
2. 進步很慢、退步很快：游泳要進步0.5秒需每天練習，但幾天不練，就會退步一秒。所以當集團目標要帶給全球顧客東方餐飲「一致美味」時，30年來天天就重複做這件事，努力把它做到最好。
3. 保持信念、持續前進：游泳其實是個孤獨的運動，不像棒球或是籃球，有隊友的鼓勵和支持，游泳的開始與停止都由自己掌握，靠的是自己的信念和意志力。在東方餐飲連鎖化的這條路上，對於拓展東方美食的願景，因為沒有前例可循，所以更要堅定信念，持續努力、堅持毅力、鍛鍊耐力。

六、長期發展的願景目標

30年前，從開始創立瓦城泰統集團，立志將東方料理連鎖化的那一刻起，就期許未來國際化的下一步無論是東京還是倫敦，都希望能讓瓦城的美味飄香全世界。所以，用美味推廣東方文化，並將東方料理推展到國際，更是瓦城泰統最重要的使命。自2013年走向中國市場後，也持續積極的布局海外地區，未來也希望可以在不同的國家、不同的城市、與喜愛瓦城泰統消費者們用美食相聚。

 瓦城：快速成長三大因素

| 1 食材規格化 | 2 廚房管理科學化 | 3 人才制度化（11級臂章制度） |

 瓦城：多品牌拓展市場

| 1. 瓦城 | 2. 非常泰 | 3. 1010湘 |
| 4. 大心 | 5. 十食湘 | 6. 時時香 |

Unit **17-5**
〈個案三〉寬宏藝術：國內第一大展演公司成功經營之道

　　寬宏藝術公司是由創辦人林建寰於早年從小工作室創立而起，並於2004年正式創立寬宏藝術公司，經過14年優良經營，於2018年在資本市場上櫃成功，成為第一家上櫃的展演公司。寬宏藝術的營運內容是以承辦國外大型音樂劇、國內外演唱會及國外展覽等三大活動為主軸，並在整合企劃、硬體設備、行銷宣傳及網路售票等四合一一條龍的完整展演公司。該公司於2019年的營收額達12億元，居國內同業公司之最高，獲利約9,600萬元，獲利率為8%。

一、如何爭取國外展演團體的信任
　　作為承辦國外大型表演公司來臺灣做演出，最重要的一件事情就是必須爭取到他們內心的最大信任。因為國外表演團體到某一地演出，都會經過很多評估，例如：當地承辦公司的財力夠不夠強，國際信用好不好，以及主辦單位是否付得起這種高額的演出費，而且還要能預先支付費用。
　　寬宏過去幾年來，陸續承辦過〈貓劇〉、〈獅子王〉、〈歌劇魅影〉等知名音樂劇，而且都非常成功順利，寬宏之所以能接這麼多案子，獲得國外表演團體的信任是主要資產。

二、如何評估案子是否可做？
　　回到主辦方這邊，寬宏內部對於每一個國內外大型展演案的主辦決定，是有一個詳細的評估過程，包括下列五步驟：
　　1. 首先會做簡單的內外部問卷調查，看看國內觀眾的反應及需求如何。
　　2. 會了解他們在國外各國演出狀況如何，是否很賣座、很成功。
　　3. 會了解在國外他們出價多少？是否合理？
　　4. 然後會進行內部售價收入的預估及財務（成本與效益）總評估。
　　5. 最後要加一點老闆及主辦單位主管的多年直覺及經驗，即會做最後決定。
　　因為國外大案的價錢，大約每場在200~300萬美金之間，並且要先付清，壓力很大，一定要很審慎評估及思考。

三、臺灣第一大展演公司
　　寬宏藝術公司一年主辦40~50場次表演，幾乎週週都有展演，非常忙碌，年營收達12億元，是臺灣第一大展演公司，也是全球前30大主辦展演公司。

四、國內及國外紛紛找寬宏的原因
　　主要有四大原因及優勢：
　　1. 寬宏已打造出值得信任感及很有誠意的公司。
　　2. 寬宏是做廣告行銷曝光及宣傳最多且效果最好的一家公司。
　　3. 寬宏是軟體規劃、硬體、行銷、售票一條龍作業公司，此為成功票房的保證。
　　4. 寬宏是此行業領導品牌形象。

五、為何要自己成立售票系統？
　　寬宏過去都是委託別人去售票，後來決定自己成立售票系統，其目的有三個：
　　1. 可以增加門票收入的財務周轉自由度，以前是委託別人，門票收入要下下個月才能匯款入帳。現在，今天售票收入，明天即可用，資金流掌握在自己手裡，增加很多彈性及自由度，現金流也充裕很多。
　　2. 透過門票銷售資料系統，可以知道買票族的基本輪廓分析及偏好分析，未來更可以做大數據分析及精準行銷。
　　3. 可以知道電視廣告播出後的效果如何，可以有具體的廣告成效分析。

六、如何抓行銷預算？
　　寬宏以前規模小時，比較保守，對於行銷廣告預算，只抓總票房收入的2%-3%。但是國外表演團體希望可以提高到10%-15%，後來嘗試拉高占比，並且專門做電視廣

告，結果，效果出乎意料的好，拉高票房不少。主要是因為國外展演團體的門票收費較高，我們吸引的目標客群也是中高收入，且年齡偏高一些，因此主攻電視廣告的效果好很多。至於網路廣告的效果，主要是攻年輕族群，但效果普通而已。

七、顧客回頭率如何？

　　寬宏認為展演觀眾是可以培養出來的，如果他看了一場很精彩的國外音樂劇，心中感到很快樂，下次你再往他身上再宣傳另一個國外好戲，他就會再回來觀看。

　　寬宏認為只要認真、用心、詳實地做好每一場國內、國外的展演，只要做出好口碑，做出企業品牌好形象，觀眾自然會愈來愈多。寬宏至今每一場幾乎都有九成以上購票率，早已做出國內第一品牌的展演經紀公司的好形象。

八、未來努力方向

　　寬宏已成功走出自己的路，而未來努力的方向，主要有三點：
1. 要持續引進國外各國更多元化、更知名的音樂劇來臺灣。
2. 要持續爭取國內外一流歌手的演唱會。
3. 開始嘗試自製的展演好戲，建立屬於自己的IP（智產權）。

成功關鍵因素

1. 眼光精準，能夠引進國外好看的音樂劇，這是它根本的產品力。

2. 已做出好口碑，寬宏的品牌已經相當鞏固。

3. 每一場的行銷廣告宣傳都很成功，能拉升票房收入。

4. 一條龍垂直作業，建立全方位的競爭優勢。

5. 已建立與國外表演團體的堅強友好關係，具備優先主辦權。

6. 自己掌握售票系統，可主宰資金流及顧客資訊流。

寬宏藝術：成功六大因素

1. 眼光精準，引進好看國外音樂劇

2. 已做出好口碑

3. 每一場行銷廣告宣傳都很成功

4. 一條龍作業之優勢

5. 先建立與國外表演團體互動良好關係

6. 自主售票系統可掌握資金流及資訊流

寬宏藝術：如何評估案子的可行性

1. 先做簡單問卷調查，了解反應及需求

2. 會了解他們在海外演出的狀況如何

3. 會了解他們出價多少，是否合理

4. 會進行內部售票收入預估及可行性財務評估

5. 最後靠一點多年的經驗及直覺

第 **18** 章
成功領導實務——國外篇

● ● ● ● ● ● ● ● ● ● ● ● ● ● ● ● ● ●章節體系架構 ▼

Unit **18-1**
美國IBM高績效領導原則 Part I

　　路・葛斯納（Louis V. Gerstner）在1993年4月正式接掌IBM公司，出任執行長兼總裁。IBM在1990年代初，步入大幅虧損危機，他上任後，即積極進行內部重整及策略轉型，一年後，即脫離困境，依然保有IBM為美國資訊電腦服務業之寶座。

　　葛斯納將全球最大電腦製造公司IBM，從最糟的財務危機拯救到重登產業龍頭寶座，這段歷史已成為管理經典。葛斯納怎麼做到呢？由於內容豐富，特分兩單元介紹。

一.葛斯納成功的高績效領導原則

　　葛斯納在2002年卸任後，即親自撰寫《誰說大象不會跳舞 》一書，描述他在IBM九年歲月的經營管理心得，他總結出八項高績效領導原則，深值吾人學習參考：

　　(一)市場是我們一切作為背後的驅動力量：IBM必須專心致志，以服務顧客為念，並且在這個過程中，擊敗競爭對手，公司經營能夠成功，最重要的是擄獲顧客的心，而不是靠別的事情。

　　(二)我們骨子裡是科技公司，品質至上是我們努力追求的最高目標：科技一向是IBM最大的優勢，IBM只需要把這樣認知，注入產品的開發中，以滿足顧客的需求為最高職志。

　　(三)我們衡量成功的首要標準，是顧客的滿意和股東的持股價值：這是強調我們必須向外看的另一種方式。葛斯納上任的第一年，許多人，尤其是華爾街的分析師，問葛斯納要如何衡量IBM未來的經營是否成功——觀察營業利潤率、營業收入成長，或是其他的東西？葛斯納認為，他所知道最好的衡量標準，是提高股東的持股價值。如果顧客不滿意，那麼不管在財務或其他方面，公司都不算成功。

　　(四)我們必須像有創業精神的組織，把官僚習氣降到最低，而且時時專注於生產力：快速變動的新市場要求IBM改變原來的習慣。最具創業精神的公司，願意接受創新、承受適度的風險，並以擴張舊業務和尋找新業務雙管齊下的方式，追求成長。這正是IBM需要的心態，IBM必須加快行動腳步、更有效率的工作，而且更聰明地花費。

小博士解說

IBM的浴火重生

葛斯納1993年上任時便對員工清楚宣示，他要從事改革，要樹立新標準、新作風，如果有人不願意跟隨他朝這個方向走，他這班改革列車就要開了，沒搭上列車的人，就只能留在月臺上。葛斯納這種強悍的作風，讓許多老IBM人無法接受，也迫使許多人做出離職的選擇。IBM過去採取的終身僱用制度，被葛斯納打破了。在裁汰冗員、合併組織等雷霆行動下，一口氣將IBM員工從40萬人精簡到21.5萬人，幾乎裁減掉一半。經過這番浴火重生，等到2002年葛斯納退休時，IBM員工不減反增加6.5萬人。

美國IBM高績效領導8原則

1. 市場是我們一切作為背後的驅動力量

2. 品質至上是我們努力追求最高目標

3. 顧客滿意與股東滿意是成功指標

4. 擁有創業精神，減少官僚氣息

5. 始終保有策略性願景

6. 思考與行動都要有急迫感

7. 須群策群力，攜手合作

8. 重視員工的需求

IBM薪酬制度的大變動

知識補充站

葛斯納進入IBM後，在審視IBM人事制度的同時，也看到了「老」IBM對於薪酬的看法非常僵化。舊的薪酬制度除了考核不理想員工，所有的員工每年一律加薪一次；高階員工和低階員工之間，每年的調薪金額差距很小；不管外界對某項技能的行情有多高，只要屬於同一薪級，各種專業員工待遇相同。

葛斯納發現在這個猶如家庭、保護得無微不至的環境，重視平等和分享，甚於績效高低的差異。於是他在薪酬制度上做了四大變動，包括：1.依績效敘薪，而非年資；2.強調差異化，薪酬視市場狀況與對某項技能的需求而有別；3.加薪幅度視個人績效與市場行情而定，以及4.認股權證的獲得，根據個人關鍵技能與流失到對手的風險而定。

Unit **18-2**
美國IBM高績效領導原則 Part II

IBM在過去的快速成長期，整個組織日益龐大僵化，葛斯納的任務，就是將IBM這頭垂垂老矣的大象，改造為一家規模龐大但行動敏捷的新公司，讓IBM員工重拾創業精神和競賽熱情。

葛斯納在IBM也同時發現，文化不只是遊戲的一部分，它本身就是遊戲。追根究柢，一個組織不過展現了人員創造價值的集體能力。

一.葛斯納成功的高績效領導原則（續）

(五)我們從沒有失去策略性願景：每一家企業如想成功，非得有方向感和使命感不可。因此，不管你從事什麼行業和正在做什麼，你都曉得自己走在正確的路上，而且你做的事情很重要。

(六)我們的思考和行動都要帶著急迫感：葛斯納喜歡稱為「有建設性的不耐」。IBM擅長研究、學習、設立委員會和辯論。但是在這一行，在這個時候，行動快速往往比懷有遠見要好。葛斯納並不是說規劃和分析不好，只是不能因此而停下來不做事。

(七)優秀、犧牲奉獻的人將有所成，尤其是他們的群策能力，攜手合作時：要消除官僚習氣和門戶之爭，最好的方法是讓每個人知道──葛斯納重視並獎勵團隊合作，特別是齊心一力，把注意力放在為顧客帶來價值。

(八)我們十分重視所有員工的需求，也重視我們所處的社群：IBM希望員工有空間和資源去成長。而且IBM希望經營業務所在的大環境，因為IBM的存在而變得更美好。

這八項原則是很重要的第一步，不只是因為它們定義了新IBM的優先要務，也因為它們能夠去舊除弊，革除靠作業程序來管理的惡習。但是如果IBM員工沒辦法把這些原則注入公司同仁的DNA裡面，那麼這第一步一點價值都沒有。光是勸誡和分析還不夠。

二.IBM的領導能力三構面

IBM的改革成功，和葛斯納本身的領導風格很有關係，他非常強調：求勝、執行和團隊合作。

(一)求勝：所有的IBM人務必了解經營事業是種競爭活動。這一點非常重要。競爭之下，有贏家，也有輸家。在新IBM中，缺乏競賽熱情的人，將無立足之地。最重要的是，對手是在外面，不是在裡面。IBM必須讓市場成為鞭策IBM一切行動和所有行動的標準。

(二)執行：務必講求速度和紀律，不能只顧追求無謂的完美。IBM已經為了追求完美而與市場機會失之交臂，並且任由他人恣意利用IBM的發現。研究時不能只求打破砂鍋問到底，在新IBM中，成功者是以又快又有成效的方式完成工作的人。

(三)團隊合作：簡單的說，就是成為一個IBM團隊。

留住IBM最優秀的人才

知識補充站

在革新薪酬及獎勵制度之後，葛斯納知道，IBM處於危機之中，留住最優秀的人才非常重要，他的手段，就是提供新的認股權證給重要員工。他相信，如果獎勵計畫不向新策略看齊，就沒有辦法改造一個機構。

在葛斯納到任之前，IBM發放紅利給高階主管，純粹看單位績效，而無關乎公司整體營運成果，公司整體表現再差，對高階主管的紅利發放一點影響也沒有。葛斯納徹底改變這種獎勵方式，高階主管每年紅利發放的一部分，要看IBM的整體營運績效而定。這項新作法對全公司只傳達一個訊息，那就是：「我們必須像個團隊那樣攜手合作。」新的獎酬制度，也讓IBM員工遠比以前更有機會分享公司經營成功的果實。

Unit **18-3**
美國德州儀器高階經理人的條件 Part I

曾任美國德州儀器公司執行長佛瑞德‧布希（Fred Bucy）撰寫過一篇文章〈我們如何甄選高階主管〉（*How We Measure Managers*），提出他對傑出高階經理人應具備十大條件，茲摘述如下，由於內容豐富，特分兩單元介紹，以供參考。

一.誠實

經理人員可能很聰明、很有創意，且很會替公司賺錢，但是如果他不誠實，則他不僅一文不值，而且對公司而言是個相當危險的人物。誠實的另一個定義是對所有事物的承諾，能不計任何代價去達成。當經理人發生事先未預料到的事情而無法達到承諾時，他必須盡可能通知對方，解釋未能達成原因，並竭盡所能去減少對方的損失。

二.冒險的意願

冒險並不好玩，什麼事都小心翼翼的人，當然就不會闖出什麼大禍。但是如果在經營上，經理人做事老是講求安全第一，公司是不太可能快速成長的。企業要創造一種環境，讓經理人勇於去冒經過深思熟慮的風險，而不怕因為失敗而受責備。

三.賺錢的能力

請注意賺錢能力是經理人第三重要而不是最重要的資質。因為企業存在的目的不單是為股東賺錢，但是由於企業對社會有所貢獻，仍需要靠利潤來達成。因此，企業仍需要會賺錢的經理人。經理人的賺錢能力是由許多方面的才能組合而成的。這些才能包括激勵員工、快速行動、洞悉趨勢及其他有形的要素。此外，再加上經理人個人魅力與幸運等無形因素，而成為會賺錢的經理人。有人說要了解經理人的賺錢能力，最好看他過去的工作表現，然而事實並不盡如此。對於環境變遷與賺錢能力的關係要特別注意。例如：1946年美國舊車的買賣可以大賺其錢，但是到了1962年，即使是商場奇才，想要靠賣真空管收音機賺錢，也是難如登天。

四.創新的能力

卓越的經理人必須能夠創新，次之的經理人則要能獎勵與支持部屬的好點子。企業必須不斷有新創意流入，這些創意不單是科技方面，在管理、溝通、市場行銷及其他任何與企業經營有關的技巧上也都要能日新月新。然而創意必須能付諸行動，否則空有創意也是於事無補。企業內能產生好創意的人為數不少，但真正能使創意發揮功效的人卻鳳毛麟角，經理人應該具有使創意成為事實的能力。

五.實現的能力

經理人即使有全世界最偉大的產品計畫、最看好的產品創新，但是如果無法讓它們付諸實現，那麼他還不能算是經理人。

高階經理人甄選10大條件

前美國德州儀器公司執行長佛瑞德‧布希對傑出高階經理人應具備條件的看法

高階經理人

↓

1.誠實

→①經理人可能很聰明、很有創意，且很會替公司賺錢，如果不誠實，則一文不值，對公司而言也是個相當危險的人物。
②誠實的另一個定義是對所有事物的承諾，能不計任何代價去達成。

> 當經理人發生事先未預料到的事情而無法達到承諾時，他必須盡可能通知對方，解釋未能達成原因，並竭盡所能去減少對方的損失。

2.冒險的意願

→①經理人做事老是講求安全第一，公司是不太可能快速成長。
②企業要創造一種環境，讓經理人勇於去冒經過深思熟慮的風險，而不怕因為失敗而受責備。

3.賺錢的能力

→①賺錢能力是經理人第三重要而不是最重要的資質。
↓Why？？？？？？
企業存在的目的不單是為股東賺錢，還要對社會有所貢獻。
②經理人的賺錢能力是由許多方面的才能組合而成。
↓
❶這些才能包括激勵員工、快速行動、洞悉趨勢及其他有形的要素。
❷再加上經理人個人魅力與幸運等無形因素，而成為會賺錢的經理人。
③有人說要了解經理人的賺錢能力，最好看他過去工作表現，然而事實並不盡如此。
↓Why？？？？？？

> 對於環境變遷與賺錢能力的關係要特別注意……
> ★例如：1946年美國舊車的買賣可以大賺其錢，但是到了1962年，即使是商場奇才，想要靠賣真空管收音機賺錢，也是難如登天。

4.創新的能力

→①卓越的經理人必須能夠創新，次之的經理人則要能獎勵與支持部屬的好點子。
②企業必須不斷有新創意流入，這些創意不單是科技方面，在管理、溝通、市場行銷及其他任何與企業經營有關的技巧上也都要能日新月新。
③經理人應該具有使創意成為事實的能力。

5.實現的能力

→經理人即使有全世界最偉大的產品計畫、最看好的產品創新，如果無法付諸實現，就不能算是經理人。

6.良好的判斷力	7.授權與負責的能力	8.求才與留才的能力

9.智慧、遠見與洞察力	10.活力

Unit 18-4
美國德州儀器高階經理人的條件 Part II

　　企業最高主管的首要目標，就是要使管理團隊都是由最聰明、最具活力、最積極、有想像力，以及有最高從業道德的經理人組成。

六.良好的判斷力

　　判斷力是一種重要的思考能力，使經理人能根據數據來發現，以及感覺、評估、計畫、方案和建議的價值。

七.授權與負責的能力

　　主管人員可以將作決策的權力全部授予部屬，但他必須與部屬對事情的後果共同負責。無論部屬所做的良好決策是多麼微小，主管都可以分享榮譽；無論部屬所做的不良決策是如何輕微，主管都要與部屬一起受責備，亦即各階層的經理人要層層授權、層層負責。

八.求才與留才的能力

　　企業靠少數獨攬全局的主管可能會成功一時，但是有良好的管理團隊才能永遠成功。因此，良好的經理人不但應該樂意，也應該對最能幹部屬升遷到組織其他單位而感到光榮。高階主管在評估經理人時，應該著重在他如何建立團隊、如何培育部屬，然後才是他對組織的貢獻。傑出的經理人會培育出良好的管理人才。

九.智慧、遠見與洞察力

　　好的經理人不單是今天很聰明，明天或十年後都應該如此。大企業的經理人必須快速學習、消化大量資訊，解決複雜問題，並從經驗習得教訓。成功的經理人必須所做的事一半以上都是對的。遠見是一種向前看事情的能力，能預見並解決即將到來的問題。經理人若沒有預見未來的能力，最後將會面臨無法預料的重重危機。至於洞察力則是一種長程的遠見。此種資質使得經理人得以想像未來年代的世界、業界，以及自己公司會變成怎樣，因此，他可以開始計畫並解決未來的問題。經理人應該養成以熱忱和樂觀的態度瞻望未來的習慣。

十.活力

　　雖然此項經理人的資質名列第十，但是重要性應該排名第二，僅次於誠實。企業要永續經營，大家應該使它藉著成長與改變而成為充滿活力之組織。一個企業組織若因充滿著因循苟且、得過且過的成員而變得呆滯，那它將很快失去優秀的人才、顧客以及所有的一切。企業主管要聘用能超越他的人、要因材施教，將他們安置在發揮所長的職位上，並鼓勵、協助他們成長。教育部屬、領導部屬，最重要的是要幫助他們增加其個別性與重要性，發展其想像力，與同事相處的能力、獨立性及自我控制力。

高階經理人甄選10大條件

前美國德州儀器公司執行長佛瑞德‧布希對傑出高階經理人應具備條件的看法

高階經理人

1.誠實

2.冒險的意願

3.賺錢的能力

4.創新的能力

5.實現的能力

6.良好的判斷力

→判斷力是一種重要的思考能力，使經理人能根據數據來發現，以及感覺、評估、計畫、方案和建議的價值。

7.授權與負責的能力

→主管人員可以將作決策的權力全部授予部屬，但他必須與部屬對事情的後果共同負責。

8.求才與留才的能力

→①企業靠少數獨攬全局的主管可能會成功一時，但是有良好的管理團隊才能永遠成功。
②良好的經理人不但應該樂意，也應該對最能幹部屬升遷到組織其他單位而感到光榮。
③高階主管如何評估經理人求才與留才的能力
↓

❶如何建立團隊　　❷如何培育部屬　　❸然後才是對組織的貢獻

9.智慧、遠見與洞察力

→①成功的經理人必須所做的事一半以上都是對的。
②經理人應具有能預見並解決即將到來的問題之能力。
③經理人應具有遠見，得以想像未來年代的世界、業界，以及自己公司會變成怎樣，因此開始計畫並解決未來的問題。

10.活力

→①雖然此項經理人的資質名列第十，但是重要性應該排名第二，僅次於誠實。
②企業要永續經營，大家應該使它藉著成長與改變而成為充滿活力之組織。

知識補充站

聰明≠判斷力佳

雖然良好的判斷力與聰明才智有關，但是聰明的判斷力不一定就佳。例如：美國電機工程奇才斯坦因米奇是個卓越的科學家，但他晚上回家卻經常迷路。馬克吐溫是個文學巨擘，而他卻曾宣告破產。至於愛迪生和克德林兩位發明家雖不是絕頂聰明，但他們的成功卻是受惠於良好的判斷力，因此他們可算是成功經理人。

Unit **18-5**
美國P&G公司如何培訓高階主管能力

　　寶僑（P&G），一個產品網路遍及全球160個國家的企業，今年獲選全球前20大領導人企業第一名，原因是其管理具延續性，並拔擢內部人才，值得參考。

一.美國P&G公司培養高階主管的致勝要素

　　(一)領導能力（Leadership）：具備高瞻遠矚的能力，能制定出「改變遊戲規則」的有效戰略，激勵並團結他人，在每一件事情上追求高標準和突破性的作法，並能坦率地面對現實，主動承擔複雜問題，並從失敗中記取經驗。

　　(二)能力發展（Capacity）：透過發展自己以及他人的能力，做出非凡的成績，並且利用全球各種不同的經驗與技能，來迎接真正振奮人心的挑戰，明智地運用20/80原則，以應付不斷改變的工作，保持士氣高峰。

　　(三)勇於承擔風險（Risk-Taking）：要具備主人翁精神，果斷地行動，勇敢地承擔更大的任務，更迅速且有突破性的結果，快速累積並運用經驗，且勇於承擔風險。

　　(四)積極創新（Innovation）：運用技術，將消費者與顧客的需要連結，建立信任關係，強烈的好奇心及試驗的自由。發揮企業家的精神，結合經驗，創造嶄新、富想像力的可能性。

　　(五)解決問題（Solutions）：將數據與直覺結合在一起，做出卓越的業務決策，在問題中，找出隱藏其中的機會，提出與P&G「做中學」價值觀一致的解決方案。

　　(六)團結合作（Collaboration）：在危險中鼓勵個人創造力，運用適當的時機，適當的傳遞，將適當的人集合在一起。先了解別人，再讓人了解、相互信任。

　　(七)專業技能（Mastery）：不斷更新並利用專業知識，創造分享與運用知識的優勢。

二.P&G執行長積極培養領導人才，以維持創新及競爭力

　　(一)雷富禮執行長花費1/3到1/2時間在培育領導人才上：寶僑現任執行長雷富禮（Alan G. Lafley）曾說：「在對寶僑的長期成功上，我所做的事，沒有一件比協助培育出其他領導人更具長遠的影響力。」現年58歲的雷富禮表示，他的時間有1/3到1/2都用在培育領袖人才上，而寶僑花在這上面的錢雖無法準確計算，但金額肯定很大。

　　(二)P&G人，每踏出一步都會受到評估：寶僑所做的就是讓領導能力培育變成全面性並且深入寶僑文化之中，雷富禮認為，最大要點就在於寶僑是一部不停做篩選的機器，從大學畢業生進到寶僑就展開了，寶僑有流程、有評估工具，寶僑依據價值、才智、創造力、領導能力和成就進行拔擢，一個寶僑人在寶僑的生涯中，每踏出一步都會受到評估，這個應該就是寶僑人成長的最大動力。

　　(三)培育方式為短期訓練：在培育領袖人才的方法上，寶僑不同於奇異電器、摩托羅拉等企業，寶僑並未興建大學校園式培訓機構，而是著重為期一或兩天的密集式訓練課程，然後就要受訓主管返回工作崗位。此外，寶僑會從外頭聘請企管教練來上課，也採用過由顧問或大學設計的教學課程。

P&G公司培訓高階主管7項能力

P&G主管應備7能力

1.領導能力
→①具備高瞻遠矚的能力，能制定出「改變遊戲規則」的有效戰略，激勵並團結他人。
　②在每一件事情上追求高標準和突破性的作法，並能坦率地面對現實，主動承擔
　　複雜問題，並從失敗中記取經驗。

2.能力發展
→①透過發展自己以及他人的能力，做出非凡的成績。
　②利用全球各種不同的經驗與技能，迎接振奮人心的挑戰。
　③明智地運用20/80原則，以應付不斷改變的工作，保持士氣高峰。

3.勇於承擔風險
→①要具備主人翁精神，果斷行動，勇敢承擔更大任務。
　②更迅速且有突破性的結果，快速累積並運用經驗，且勇於承擔風險。

4.積極創新
→①運用技術，將消費者與顧客的需要連結，建立信任關係，強烈的好奇心及試驗的
　　自由。
　②發揮企業家的精神，結合經驗，創造嶄新、富想像力的可能性。

5.解決問題
→①將數據與直覺結合在一起，做出卓越的業務決策。
　②在問題中，找出隱藏其中的機會，提出與P&G「做中學」價值觀一致的解決方案。

6.團結合作
→①在危險中鼓勵個人創造力，運用適當時機，適當傳遞，將適當的人集合在一起。
　②先了解別人，再讓人了解、相互信任。

7.專業技能
→不斷更新並利用專業知識，創造分享與運用知識的優勢。

P&G公司積極培養領導人才

1.最高執行長花1/2在培育領導人才上　➡　2.每一個P&G人員，每踏出一步都會受到評估　➡　3.培育方式為短期訓練　➡　4.已儲存3千名頂尖主管人才系統

寶僑儲存3千名頂尖主管的人才系統 ←

知識補充站

寶僑各產品線經理級員工的評分和給薪，不只依據他們的業務表現，他們發展組織的績效也被納入考量。此外，寶僑建立了一個名為「人才培育系統」的電腦資料庫，裡頭儲存了寶僑3千名頂尖主管的名字以及他們個人詳細背景資料，此一系統被用來協助確認寶僑內部哪個人最適合填補哪個職缺。

Unit **18-6**
世界第一大製造業GE領導人才育成術 Part I

　　年營收額達1,300億美元，全球員工高達31萬人，事業範疇橫跨飛機發電機、金融、媒體、汽車、精密醫療器材、塑化、工業、照明及國防工業等巨大複合式企業集團的奇異（GE）公司，多年來的經營績效、領導才能及企業文化，均受到相當的推崇，大家都好奇是如何才能使世界第一製造業的名聲，能夠長期維繫成功於不墜。由於本主題內容豐富，特分兩單元介紹。

一.GE全球人才育成四階段

　　(一)第一階段：係屬基層幹部儲備培訓，主要是針對新進基層人員，進行為期二年的工作績效考核計畫。以每六個月為一循環，由被選拔出來的基層人員，自己訂出這六個月要做的某一項主題目標，然後再看六個月後是否完成此一主題目標。依此循環，二年內要完成四次的主題目標研究，其中一次，必須在海外國家完成，大部分人選擇到美國GE總公司去。至於這一些主題目標，可以是與自己工作相關或不完全相關。大部分仍是以基層的功能專長為導向，例如：財務、資訊情報、營業、人事、顧客提案、商品行銷、通路結構等為主。此階段培訓計畫稱為CLP（Commercial Leadership Program），每年從全球各公司中，選拔出2,000人接受此計畫，由各國公司負責執行。

　　(二)第二階段：稱為MDC計畫（Manager Development Course），即中階幹部經理人發展培訓課程計畫。每年從全球各公司的基層幹部中，挑選500人作為未來晉升為中階幹部的培訓計畫。培訓內容以財務、經營策略等共通的重要知識為主。

　　(三)第三階段：稱為BMC計畫（Business Management Course），即高階幹部事業經營課程培訓計畫。每年從全球各公司中階幹部中，選拔150人作為未來晉升為高階幹部的培訓作業。這150人可以說是能力極強的各國精英。

　　(四)第四階段：稱為EDC計畫（Executive Development Course），即高階幹部戰略執行發展培訓計畫，每年從各國公司中，僅僅選拔出35人，作為未來各國公司最高負責人或是亞洲、歐洲、美洲等地區最高負責人之精英中的精英之培訓計畫。

　　這四階段可以說是有計畫的、循序漸進的、全球各國公司一體通用的，而且是全球化人力資源的宏觀培訓人才制度。

二.BMC研修課程案例

　　GE培訓各國公司副總經理級以上的高階主管所進行的儲備幹部研修課程，每年舉行三次，在不同國家舉行。2003年底最後一次的BMC研修課程，即選在日本東京舉行。此次儲備計畫，計有全球51位獲選出席參加，為期二週。行程可以說非常緊湊，不僅是被動上課，而且還有GE美國公司總裁親自出席，下達這次研修課程的主題為何，然後進行6個小時的分組，由各小組展開資料蒐集、顧客緊急拜訪及簡報撰寫與討論等過程，最後還要轉赴美國GE公司，向30位總公司高階經營團隊作最後完整的主題簡報並接受詢答。最後由GE總公司總裁傑佛瑞·伊梅特作表示與評論。

GE公司領導人才育成術

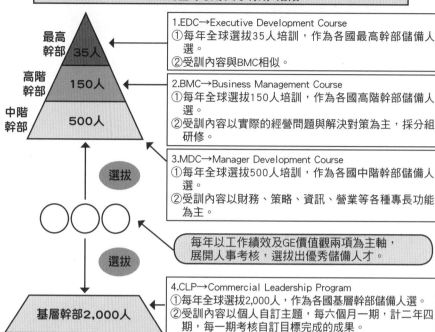

GE公司全球領導人才育成4階段

最高幹部 35人

高階幹部 150人

中階幹部 500人

選拔

選拔

基層幹部2,000人

1.EDC→Executive Development Course
①每年全球選拔35人培訓，作為各國最高幹部儲備人選。
②受訓內容與BMC相似。

2.BMC→Business Management Course
①每年全球選拔150人培訓，作為各國高階幹部儲備人選。
②受訓內容以實際的經營問題與解決對策為主，採分組研修。

3.MDC→Manager Development Course
①每年全球選拔500人培訓，作為各國中階幹部儲備人選。
②受訓內容以財務、策略、資訊、營業等各種專長功能為主。

每年以工作績效及GE價值觀兩項為主軸，展開人事考核，選拔出優秀儲備人才。

4.CLP→Commercial Leadership Program
①每年全球選拔2,000人，作為各國基層幹部儲備人選。
②受訓內容以個人自訂主題，每六個月一期，計二年四期，每一期考核自訂目標完成的成果。

GE公司全球重要幹部研修行程表

這是2003年底在日本東京舉行的BMC研修課程安排	
11/4	51位受訓幹部在東京六本木GE日本總公司集合，由美國GE總裁伊梅特揭示此次研修主題——日本市場的成長戰略及作法，以及將51位予以分成6個小組，並確定各小組的研究主題。
11/5~11/7	邀請日本東芝等大公司及大商社高階主管演講。
11/8	赴京都、奈良、箱根觀光。
11/10	工廠見習。
11/11~11/14	各分組展開訪問顧客企業、蒐集資料情報及小組內部討論。
11/15	各分組撰寫提案計畫內容。
11/16	週日休息。
11/17~11/19	各分組持續撰寫提案及討論。
11/20~11/21	各分組向GE日本公司各相關主題最高主管，進行第一階段的提案簡報發表大會、互動討論及修正。
11/23~11/30	51人先回到各國去。
12/1~12/2	51人再赴美國紐約州GE公司研修中心，各小組先向GE亞太區總裁作第二階段提案簡報發表大會及修正。
12/3	正式向GE美國總公司總裁及30人高階團隊作提案發表大會，並由伊梅特總裁作裁示。

Unit **18-7**
世界第一大製造業GE領導人才育成術 Part II

「GE堅信，培養優秀的領導人是必須採取的策略。當時局繁盛，領導力無所凸顯；當時局動盪，你會珍視優秀的人才。」──傑夫‧伊梅特，GE公司董事長兼首席執行長對人才培育如此表示。

傑夫‧伊梅特（Jeff Immelt）是GE公司的董事長兼首席執行長。2001年上任以來，他始終致力於推展GE全球化、多元化以及客戶導向的公司文化，並兩次受《*Barron*》雜誌評選為「全球最佳首席執行長」。

以下我們即來看看GE公司是如何培訓各階層幹部，使之都能成為日後不但能獨當一面，而且能帶領團隊向前邁進的領導者。

三.GE領導人才培訓的特色

GE公司極重視各階層幹部領導人才的培訓計畫，歸納起來，該培訓特色如下：

(一)每年培訓費為世界第一：GE公司每年都花費10億美元，在全球人才育成計畫上，可以稱得上是世界第一投資經費在人才養成的跨國公司。

(二)以行動訓練導向：GE公司高階以上領導幹部培訓計畫，大都採取現今所面臨的經營與管理上的實際問題，以及解決對策、提案等為培訓主軸，是一種「行動訓練」（Action Learning）導向。

(三)跨國各公司人才混合編組培訓：GE公司在培訓過程中，經常採取跨國各公司人才混合編組。亦即，不區分哪一國、性別或專長為何，必須混合編成一組。其目的是為了培養每一個幹部跨國團隊（Team）經營能力與合作溝通能力，而且更能客觀看待提案簡報內容。例如：某次的BMC培訓計畫，即有日本某位金融財務專長的幹部，被配屬在「最先進尖端技術動向」這一組中，希望以財務金融觀點來看待科技議題。

(四)基層選拔重視「工作績效表現」與「GE價值觀」的實踐：GE公司在一開始的基層幹部選拔人才中，最重視的是兩項考核項目，一是「工作績效表現」，另一則是「GE價值觀」的實踐。

(五)極限挑戰，激發潛能：GE公司的培訓計畫，係以極限挑戰，讓各國人才潛能得以完全發揮。

(六)每次研修主題聚焦在全球化與各國地區化經營戰術：GE公司希望從每一次各國的研修主題中，產生出GE公司的全球化經營戰略與各國地區化經營戰術。

四.結語──培育人才，是領導者的首要之務

GE公司總裁伊梅特語重心長的表示：「GE全球31萬名員工中，不乏臥虎藏龍的優秀人才，但重要的是，必須有系統、有計畫的引導出來，然後給予適當的四大階段育才培訓計畫，就可以培養出各國公司優秀卓越的領導人才。然後GE全球化成長發展，就可以生生不息。」發掘人才，育成領導人才，GE成為全球第一大製造公司，正是一個最成功的典範實例。

GE領導人才培訓6特色

1.每年培訓費為世界第一
→GE公司每年花費10億美元,在全球人才育成計畫上。

2.以行動訓練導向
→GE公司高階以上領導幹部培訓計畫,大都採取現今所面臨的經營與管理上的實際問題,以及解決對策、提案等為培訓主軸。

3.跨國各公司人才混合編組培訓
→①GE公司在培訓過程中,經常不區分哪一國、性別或專長為何,而混合編成一組。
②目的是為了培養每一個幹部跨國團隊經營能力與合作溝通能力,而且更能客觀看待提案簡報內容。

4.基層選拔重視「工作績效表現」與「GE價值觀」的實踐
→GE公司在一開始的基層幹部選拔人才中,最重視的是兩項考核項目,一是「工作績效表現」,另一則是「GE價值觀」的實踐。

5.極限挑戰,激發潛能
→GE公司的培訓計畫,係以極限挑戰,讓各國人才潛能得以完全發揮。

6.每次研修主題聚焦在全球化與各國地區化經營戰術
→GE公司希望從每一次各國的研修主題中,產生出GE公司的全球化經營戰略與各國地區化經營戰術。

知識補充站

Healthymagination

GE 做出新的承諾,立志永續發展健康專業。這個計畫便是健康創想(Healthymagination),它將以其超過 100 項的創新技術改變現有健康照護的方式,並重點關注以下三項關鍵需求:降低成本、照護更多人群,以及改善品質。

Healthymagination 是一項業務策略,該計畫將新挹注大筆資金以永續發展健康專業,同時協助 GE 進一步發展壯大。GE全心致力於解決世界級難題。

截至 2015 年,GE將1.大幅降低可能與 GE 技術及服務相關的流程及程序成本;2.增加人們獲取健康服務、技術及教育的途徑,力求透過新方法每年至少惠及 1 億人;3.藉由與醫師及其他利益相關者合作,致力於研發可簡化和改良健康照護流程的創新技術並提升照護標準,進而大幅改善病患照護品質。

Unit **18-8**
傑克・威爾許的領導守則 Part I

GE公司前執行長傑克・威爾許於1981年至2001年擔任GE公司的第八任執行長期間，藉由他一連串的興革，將該公司的營業額從上任前的250億美元成長到1,400億美元，獲利由15億美元上升到127億美元，因此而有「中子傑克」（Neutron Jack）之稱。

傑克・威爾許對於領導的看法主要建立在兩個基調，即1.領導在於栽培：以前，顧好自己，現在，顧好別人，以及2.領導人應做些什麼事。

本文即來與大家分享傑克・威爾許對於領導守則的看法，由於內容豐富，特分兩單元介紹。

一.領導人要不斷努力提升團隊層次能力

首先，領導人必須孜孜矻矻於提升團隊的層次，把每一次的接觸都當作評量、指導部屬和培養部屬自信的機會。

(一)你必須量才任用：把對的人擺在對的位置，支持和拔擢適任的人選，淘汰不適任者。

(二)你必須指導部屬：引導、評斷並協助部屬，從所有面向來改善績效。

(三)最後，你必須建立自信：不吝鼓勵、關懷和表揚。自信能帶來活力，讓你的部屬勇於全力以赴、冒險犯難、超越夢想。自信是致勝團隊的燃料。

二.領導人要與部屬一同為願景打拼

其次，領導人不但力求部屬看到願景，也要部屬為願景打拼，起居作息都圍繞著願景運作。

再者，領導人必須為團隊描繪一幅願景。大部分領導人也都這麼做了。但是談到願景，該做的事遠不止如此。身為領導人，你必須讓願景活起來。

三.領導人帶人要帶心

所謂帶人要帶心，領導人應該散發正面的能量和樂觀的氣氛。有句老話說：「上梁不正，下梁歪。」這主要是形容，政治和腐化如何經由上行下效而遍及整個組織。不過，這句話也可以用來描述上級的不良態度，對任何團隊（不拘大小）所造成的影響，其結果會感染到每個人。

四.領導人要胸襟坦率及作風透明，獲部屬信賴

領導人自身要胸襟坦率、作風透明，以及信用聲譽，這樣才能獲得部屬的信賴。

何謂信賴？傑克・威爾許可以給你一個字典上的定義；但是你只要親身體會，便能明白何謂信賴。當領導人作風透明、坦誠，以及講信用，信賴便油然而生，就是那麼簡單。

320

傑克‧威爾許8領導守則

1.領導人要不斷努力提升團隊層次能力

→領導人必須把每一次的接觸都當作評量、指導部屬和培養部屬自信的機會。
①你必須把對的人擺在對的位置，支持和拔擢適任的人選，淘汰不適任者。
②你必須引導、評斷並協助部屬，從所有面向來改善績效。
③最後，你必須建立自信，不吝鼓勵、關懷和表揚。

2.領導人要與部屬一同為願景打拼

→①領導人必須為團隊描繪一幅願景。
②大部分領導人也都這麼做了，但重點是必須讓願景活起來。

3.領導人帶人要帶心

→①領導人應該散發正面的能量和樂觀的氣氛。
②上級的不良態度，對任何大小團隊所造成的影響，其結果會感染到每個人。

4.領導人要胸襟坦率及作風透明，獲部屬信賴

→①何謂信賴？傑克‧威爾許可以給你一個字典上的定義；但是你只要親身體會，便能明白何謂信賴。
②當領導人作風透明、坦誠，以及講信用，信賴便油然而生。

5.領導人要勇於做出不討好的決定

6.領導人要有好奇心及探索心

7.領導人要以身作則

8.領導人要時常獎勵部屬

知識補充站

中子傑克

奇異原來有 41 萬名員工，經過威爾許大幅度精簡只剩23萬人，共裁員18萬人，達44%。在1980年代傳統看法是只有當公司營運遭遇困境時才會裁員，這是不得已的最後手段。但對奇異這樣營運平穩的公司進行裁員，很快地新聞週刊就給他「中子傑克」（Neutron Jack）的封號。

中子彈是繼原子彈後的科技武器，它的特點是中子會殺傷人員，但對建築物等硬體設備不會造成損害，使用中子彈可殺死敵人，但保住了所有設備以便繼續使用。換句話說，人命比建築設備不值錢，戰爭武器發展到這地步，真是人類的悲哀。

被威爾許裁撤的事業單位剩下的只是「人去樓空」的淒涼景象，猶如受到中子彈轟炸一樣。因此「中子傑克」的惡名從此常伴威爾許，成為他揮之不去的夢魘。

Unit **18-9**
傑克・威爾許的領導守則 Part II

「我是在領導奇異，不是在管理奇異」奇異（GE）前任董事長兼首席執行長傑克・威爾許曾如此說。本單元繼續與大家分享他的領導守則。

五.領導人要勇於做出不討好的決定

再來，領導人要有勇氣做出不討好的決定，並根據直覺下判斷。

有些人天生就是和事佬；有的人則是處處討好，渴望被大家接受和喜愛。

如果你是領導人，這些行為無異搬磚砸腳；不論你工作的場合或內容為何，總有必須做出艱難決定的時刻，例如：解聘某些人、削減某個專案的預算、關閉廠房。

這些困難的決定，當然會招來怨言和阻力。你要做的事，是仔細傾聽部屬怎麼說，而且把你的作法解釋清楚。終究，你還是必須義無反顧，勇往直前，做你該做的事。不要猶豫不決或花言巧語。

六.領導人要有好奇心及探索心

領導人必須時時抱持懷疑與好奇心，探索並敦促，務使所有疑問都獲得具體的行動回應。

你還是專業人士的時候，必須想辦法找出所有答案。你的工作就是當個專家，成為自己那一行的頂尖高手，甚至整個房間裡就數你最聰明。

等你當了領導人，你的工作便是提出所有的問題。就算你看起來像是房間裡最笨的人，你也泰然自若，不以為意。討論決策、提案、某項市場資訊的每次談話，你都必須用到諸如此類的句子：「如果這樣，會怎麼樣？」、「有何不可？」、「怎麼會呢？」

但發問原本就是領導人的工作。你要的是更寬廣、更完美的解決方案。提出問題、健康的辯論、擬定決策、採取行動，才能讓大家得到完美寬廣的解決方案。

七.領導人要以身作則

領導人要以身作則，鼓舞部屬冒險犯難和學習的精神。我們可以發現那些所謂的贏家公司，總是歡迎冒險犯難和學習這兩種精神。

事實上，這兩個觀念常常是徒有口惠，少有實際作為。有太多經理人敦促部屬嘗試新事物，一旦失敗就狠狠指責下屬。也有太多人活在自以為是，孤芳自賞的世界裡。

如果你希望部屬勇於實踐並擴大視野，就請以身作則。以冒險犯難來說，不避諱談論自己犯過的錯，暢談你從中學到的教訓，藉以塑造鼓勵冒險犯難的風氣。

八.領導人要時常獎勵部屬

最後，也是最重要的，領導人要懂得適時獎勵褒揚部屬。工作既然在生活中占有舉足輕重的位置，做出點成績時，當然得好好慶祝。掌握所有機會，大肆慶祝，犒賞自己與部屬。如果你不做，沒人會做。

1.領導人要不斷努力提升團隊層次能力
→領導人必須把每一次的接觸都當作評量、指導部屬和培養部屬自信的機會。

2.領導人要與部屬一同為願景打拼
→大部分領導人也都這麼做了，但重點是必須讓願景活起來。

3.領導人帶人要帶心
→領導人應該散發正面的能量和樂觀的氣氛。

4.領導人要胸襟坦率及作風透明，獲部屬信賴
→當領導人作風透明、坦誠，以及講信用，信賴便油然而生。

5.領導人要勇於做出不討好的決定
→①領導人面對解聘某些人、削減某個專案的預算、關閉廠房，要有勇氣做出不討好的決定，並根據直覺下判斷。
②這些困難的決定，領導人要做的事，是仔細傾聽部屬怎麼說，而且把你的作法解釋清楚，然後義無反顧，做你該做的事。

6.領導人要有好奇心及探索心
→①領導人必須抱持懷疑與好奇心，探索並敦促，務使所有疑問都獲得具體的行動回應。
②領導人的工作便是提出所有的問題

↓

討論決策、提案、某項市場資訊的每次談話，你都必須用到諸如此類的句子★如果這樣，會怎麼樣？
★有何不可？　★怎麼會呢？

7.領導人要以身作則
→①領導人要以身作則，鼓舞部屬冒險犯難和學習的精神。
②以冒險犯難來說，不避諱談論自己犯過的錯，暢談你從中學到的教訓，藉以塑造鼓勵冒險犯難的風氣。

8.領導人要時常獎勵部屬
→①工作既然在生活中占有舉足輕重的位置，做出點成績時，當然得好好慶祝。
②領導人要掌握所有機會，大肆慶祝，犒賞自己與部屬。

Unit 18-10
微軟執行長：薩蒂亞‧納德拉 (Satya Nadella)

領導心法

1. 解決顧客痛點是第一重要的事。
2. 尊重競爭對手但不要怕他們。
3. 團隊成功比個人成功重要。
4. 放心授權，也要適時提點部屬。
5. 顧客在什麼平臺、用什麼軟體，其實不重要；重要的是，微軟能不能幫助顧客解決問題。

Unit 18-11
Google執行長：桑德爾‧皮蔡 (Sundar Pichai)

領導心法

1. 領導者要成為開路人，替團隊掃除障礙，幫助他人成功。
2. 隨時保持危機意識，並讓組織保有彈性。
3. 要跟自己比，不隨競爭對手起舞。
4. 比起個人風格與特色，世界上最優秀的領導者，更應該具備穩定、禮貌與體貼的人格特質。

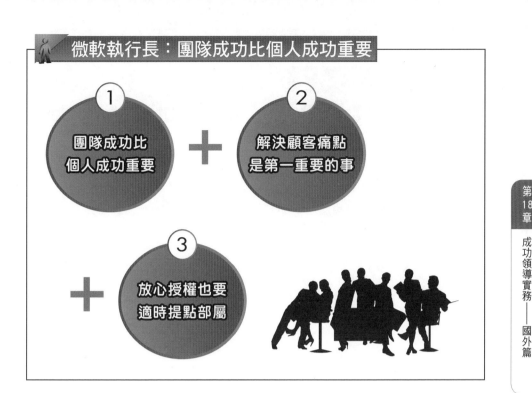

微軟執行長：團隊成功比個人成功重要

1 團隊成功比個人成功重要

+

2 解決顧客痛點是第一重要的事

+

3 放心授權也要適時提點部屬

Google執行長：領導者要成為開路人

領導者要成為開路人，替團隊掃除障礙，並幫助他人成功。

要隨時保持危機意識，並讓組織保持彈性。

要跟自己比，不隨競爭對手起舞。

1 **2** **3**

Unit 18-12
萬事達卡執行長：安傑·班加 (Ajay Banga)

領導心法

1. 不要被「做不到」想法限制，要勉勵員工思考「怎麼做才能成功」。帶動組織的正向氛圍。
2. 既然無法100%不犯錯，就得培養快速解決危機的能力。
3. 不只有A、B計劃，還要有C、D方案。
4. 有壞消息？雙手迎接，正面迎擊！
5. 經營跨國企業宗旨：全球在地化（Global）。

Unit 18-13
百事可樂執行長：盧英德 (Indra Nooyi)

領導心法

1. 不懂的問題，要追問到底，找到為什麼，才知道如何改進。
2. 好奇心讓你發現問題，創造力幫你解決問題。
3. 清楚說明願景。
4. 少說多聽，支援團隊需求。
5. 領導力的五C原則：
   (1) 好奇心（Curiosity）。
   (2) 創造力（Creativity）。
   (3) 企業公民（Citizenship）。
   (4) 勇氣（Courage）。
   (5) 溝通（Communication）。
6. 對的事，要堅持做！溝通協調不同意見。

萬事達卡執行長：鼓勵員工思考怎麼做才能成功

1
不要被做不到想法限制，要鼓勵員工思考怎麼做才能成功。

2
全體員工要培養快速解決問題的能力。

3
有壞消息，雙手迎接正面迎擊。

百事可樂執行長：對的事，要堅持做

1
不懂的問題，要追問到底，找到為什麼，才知道如何改進。

2
創造力，幫你解決問題。

3
清楚說明願景，對的事要堅持去做。

Unit 18-14
諾基亞執行長：拉吉夫・蘇里 (Rajev Suri)

領導心法

1. 專注做一件事，做到最好，帶領企業從谷底翻身。
2. 領導者要有企圖心，不斷傳遞改造信念。
3. 制定策略，知道往哪裏走，是領導者最重要的事。

Unit 18-15
美光科技執行長：桑亞伊・馬羅特拉 (Sanjay Mehrot)

領導心法

1. 在一個領域專心經營，追求極致，引領美光，達到史上最高營收。
2. 分享自己成功的祕訣，其中一項就是「專注」！

圖解領導學

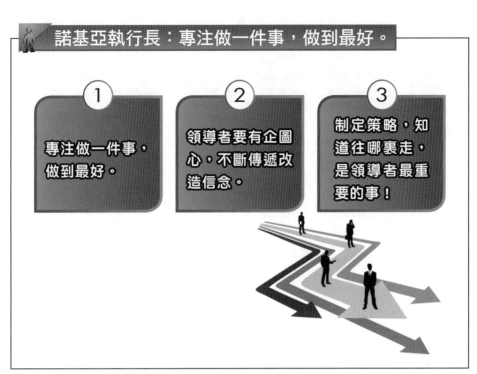

諾基亞執行長：專注做一件事，做到最好。

1 專注做一件事，做到最好。

2 領導者要有企圖心，不斷傳遞改造信念。

3 制定策略，知道往哪裏走，是領導者最重要的事！

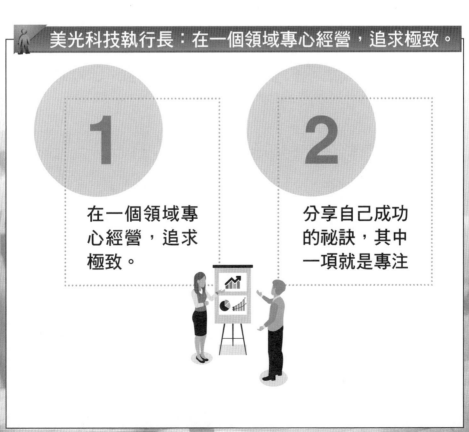

美光科技執行長：在一個領域專心經營，追求極致。

1 在一個領域專心經營，追求極致。

2 分享自己成功的祕訣，其中一項就是專注

Unit **18-16**
星展銀行執行長：皮亞希・古普塔 (Piyush Gupta)

領導心法

1. 要改變，就必須給人實驗的機會。

2. 一開始就要考量客戶的需求，從他們的真實反應來改善產品！

圖解領導學

Unit **18-17**
NetApp執行長：喬治・庫利安 (George Kurian)

領導心法

1. 讓員工了解困境，清楚目標。

2. 一個好的領導者必須做出對公司最好的決定！

星展銀行執行長：要改變，就必須給人實驗的機會

1 要改變，就必須給人實驗的機會。

2 一開始就要考量客戶的需求，從他們的真實反應來改善產品！

NetApp執行長：做出對公司最好的決定

1 你讓員工了解困境，清楚目標。

2 一個好的領導者必須做出對公司最好的決定！

Unit 18-18
利潔時執行長：瑞凱許‧卡普爾 (Rakesh Kapoor)

領導心法

1. 主動出擊，永遠以高標要求自己，才能在眾多品牌中脫穎而出。
2. 我得不斷、不斷提高對自己的要求，如果不這樣做，我就會落後，那是我人生裡學到的第一課。
3. 我是領導者，如果我放慢速度，代表整個組織都會被我拖垮。
   （註：利潔時公司是全球最大的家用清潔品、民生消費品公司之一。）

Unit 18-19
高知特執行長：法蘭斯高‧杜索達 (Francisco DSouza)

領導心法

1. 察覺問題、快速修正，是在變動愈來愈快的世界裡，存活的必要條件。
2. 想要搶得先機，領導者必須審視組織中的人才，是否具有學習動力、快速反應的能力，願意不斷精進工作技能，才有機會勝出。
3. 我將組織分解成非常小的單位，每個人都可以是老闆。
4. 對員工「授權」，是我回報他們對組織的付出。

利潔時執行長：如果我放慢速度，代表整個組織都會被我拖垮。

1

主動出擊，永遠以高標要求自己，才能在眾多品牌中脫穎而出。

2

我得不斷提高對自己的要求，如果不這樣做，我就會落後。

3

我是領導者，如果我放慢速度，代表整個組織都會被我拖垮。

高知特執行長：察覺問題、快速修正，是存活必要條件。

1

察覺問題、快速修正，是在變動愈來愈快世界裡，存活的必要條件。

2

組織中的員工必須有快速反應的能力及精進工作技能，才有機會勝出。

3

我將組織分解成非常小的單位，每個人都可以是老闆。

4

對員工充分授權，是我回報他們對組織的付出。

職場專門店系列

培養菁英力，別讓職場對手發現你在看這些書！

3M79
圖解財務報表分析
定價：380元

3M61
打造No.1大商場
定價：630元

3M58
國際商展完全手冊
定價：380元

3M37
圖解式成功撰寫行
銷企劃案
定價：450元

3M51
面試學
定價：280元

3M47
祕書力：主管的全
能幫手就是你
定價：350元

491B
Bridge橋代誌：不
動產買賣成交故事
定價：280元

3M84
圖解小資老闆集
客行銷術
定價：400元

3M68
圖解會計學精華
定價：350元

491A
破除低薪魔咒：
職場新鮮人必知
的50個祕密
定價：220元

3M62
成功經理人下班後默
默學的事：主管不傳
的經理人必修課
定價：320元

3M85
圖解財務管理
定價：380元

3M83
圖解臉書內容行銷有
撇步！突破Facebook
粉絲團社群經營瓶頸
定價：360元

3M71
真想立刻去上班：
悠遊職場16式
定價：280元

3M86
小資族存錢術：看漫
畫搞懂，90天養成計
劃，3步驟擺脫月光族
定價：280元

五南文化事業機構
WU-NAN CULTURE ENTERPRISE

地址：106 臺北市和平東路二段 339 號 4 樓
電話：02-27055066 轉 824、889 業務助理 林小姐

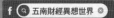
五南財經異想世界

五南圖解財經商管系列

圖解成本與管理會計
書號：1G92
定價：380元

圖解會計學 IFRS
書號：1G89
定價：380元

圖解經濟學
書號：1MCT
定價：350元

圖解財務報表分析
書號：1G91
定價：320元

圖解創業管理
書號：1F0F
定價：280元

圖解管理學
書號：1FRK
定價：400元

圖解行銷學
書號：1FRH
定價：560元

圖解定價管理
書號：1FW5
定價：300元

圖解物流管理
書號：1FS3
定價：350元

圖解投資管理
書號：1FTH
定價：380元

圖解生產計劃與管理
書號：1FW7
定價：380元

圖解組織行為學
書號：1FSC
定價：350元

圖解網路管理
書號：1FW6
定價：380元

圖解人力資源管理
書號：1FRM
定價：380元

圖解財務管理
書號：1FRP
定價：400元

圖解策略管理
書號：1FRN
定價：450元

圖解領導學
書號：1FRQ
定價：420元

圖解企業危機管理
書號：1FS5
定價：270元

圖解整合行銷傳播
書號：1FTG
定價：380元

圖解金融行銷
書號：1MD2
定價：350元

圖解顧客滿意經營學
書號：1FS9
定價：320元

圖解作業研究
書號：1FRG
定價：350元

圖解企劃案撰寫
書號：1FRZ
定價：320元

圖解網路行銷
書號：1FSB
定價：360元

圖解管理（MBA學）
書號：1FRY
定價：380元

圖解顧客關係管理
書號：1FW1
定價：380元

圖解品牌行銷與管理
書號：1FSA
定價：350元

圖解供應鏈管理
書號：1FTR
定價：350元

圖解保險學
書號：1N61
定價：350元

圖解零售業管理
書號：1FSD
定價：450元

國家圖書館出版品預行編目（CIP）資料

圖解領導學/戴國良著. -- 四版. -- 臺北市：五南圖
書出版股份有限公司, 2022.11
　　面；　公分
　ISBN 978-626-343-434-9(平裝)

1.CST: 企業領導

494.2　　　　　　　　　　111016040

1FRQ

圖解領導學

作　　者：戴國良

發 行 人：楊榮川

總 經 理：楊士清

總 編 輯：楊秀麗

主　　編：侯家嵐

責任編輯：侯家嵐

文字校對：鐘秀雲

內文排版：賴玉欣

出 版 者：五南圖書出版股份有限公司

地　　址：106 臺北市大安區和平東路二段 339 號

電　　話：(02)2705-5066

傳　　真：(02)2706-6100

網　　址：https://www.wunan.com.tw

電子郵件：wunan@wunan.com.tw

劃撥帳號：01068953

戶　　名：五南圖書出版股份有限公司

法律顧問：林勝安律師事務所　林勝安律師

出版日期：2012 年 5 月初版一刷
　　　　　2017 年 7 月初版五刷
　　　　　2019 年 1 月二版一刷
　　　　　2020 年 7 月三版一刷
　　　　　2022 年 11 月四版一刷

定　　價：新臺幣 450 元

經典永恆・名著常在

五十週年的獻禮——經典名著文庫

五南，五十年了，半個世紀，人生旅程的一大半，走過來了。

思索著，邁向百年的未來歷程，能為知識界、文化學術界作些什麼？

在速食文化的生態下，有什麼值得讓人雋永品味的？

歷代經典・當今名著，經過時間的洗禮，千錘百鍊，流傳至今，光芒耀人；

不僅使我們能領悟前人的智慧，同時也增深加廣我們思考的深度與視野。

我們決心投入巨資，有計畫的系統梳選，成立「經典名著文庫」，

希望收入古今中外思想性的、充滿睿智與獨見的經典、名著。

這是一項理想性的、永續性的巨大出版工程。

不在意讀者的眾寡，只考慮它的學術價值，力求完整展現先哲思想的軌跡；

為知識界開啟一片智慧之窗，營造一座百花綻放的世界文明公園，

任君遨遊、取菁吸蜜、嘉惠學子！